高职高专教育“十二五”规划建设教材
服务区域经济、骨干院校建设项目成果系列教材

动物病理诊断实务

车有权　鲁兆宁　主编

中国农业大学出版社
·北京·

内容简介

本教材是以高职高专人才培养目标为指导，严格按照黑龙江农业职业技术学院学年学分制人才培养方案的要求进行编写的，突出了关键知识和主要技能。介绍了动物疾病的基本病理过程，病变发生的原因与机制，组织器官病变基本特征，以及病理检查技术。为使学生尽快掌握动物尸体剖检技术，我们对版面顺序进行了调整，将这部分内容放在教材的前部，也希望任课教师能够尽早讲解此内容并安排实验课。同时为了使学生对临床课程有初步的了解，利用病理课程所学到的理论知识和技能解决实际问题，我们增加了临床病理实务单元，重点介绍了部分动物常发、危害严重的疾病的病变特点。各章最后均附有与临床实践紧密结合的复习思考题，目的在于促使学生加强预习和复习，更好地掌握本章节的内容。

本教材还配有相应的彩色图片，这些图片，是编者总结多年的临床经验而精心挑选出来的，图片所展示的内容，均为临床剖检中非常有价值的知识点，希望同学们认真观察和思考。

图书在版编目(CIP)数据

动物病理诊断实务/车有权，鲁兆宁主编.—北京：中国农业大学出版社，2014.9(2018.1 重印)
ISBN 978-7-5655-1025-0

Ⅰ.①动…　Ⅱ.①车…　②鲁…　Ⅲ.①兽医学-病理学-诊断-高等职业教育-教材
Ⅳ.①S852.3

中国版本图书馆 CIP 数据核字(2014)第 162522 号

书　　名　动物病理诊断实务
作　　者　车有权　鲁兆宁　主编

策划编辑　陈　阳　伍　斌　　**责任编辑**　王艳欣
封面设计　郑　川　　**责任校对**　王晓凤　陈　莹
出版发行　中国农业大学出版社
社　　址　北京市海淀区圆明园西路 2 号　　**邮政编码**　100193
电　　话　发行部 010-62818525，8625　　读者服务部 010-62732336
　　　　　编辑部 010-62732617，2618　　出　版　部 010-62733440
网　　址　http://www.cau.edu.cn/caup　　**e-mail** cbsszs @ cau.edu.cn
经　　销　新华书店
印　　刷　涿州市星河印刷有限公司
版　　次　2014 年 9 月第 1 版　　2018 年 1 月第 2 次印刷
规　　格　787×1 092　　16 开本　　14.5 印张　　360 千字　　插页 1
定　　价　32.00 元

编审委员会

编 写 人 员

主　　编　车有权　黑龙江农业职业技术学院

　　　　　鲁兆宁　黑龙江农业职业技术学院

参编人员　苏成君　黑龙江省宝泉岭农垦青杨养殖有限公司

　　　　　李成明　佳木斯市郊区兽医卫生防疫站

审　　核　李凤刚　黑龙江农业职业技术学院

总　序

黑龙江农业职业技术学院坐落在华夏东极、最佳生态环境魅力城市佳木斯市，耕耘在世界三大黑土带、美丽富饶的三江平原，融入我国发达的北大荒现代化大农业，已走过66年的办学历程。学院历经逆境求存、困境崛起、深化改革、全面跨越，取得了辉煌成就。在长期的培养实用人才、服务区域经济的实践中，我院形成了"大力发展农业职业教育不动摇、根植三江沃土不动摇和为'三农'服务不动摇"的办学理念。我院20世纪90年代初就在农业职业教育领域率先实施模块式教学，引领全国农业教学改革。在漫漫职教路上以不断探索、深化改革、努力创新来紧跟国家导向、适应社会发展、满足人民需求。以服务为宗旨、就业为导向，不断创新办学模式；依专业创建各具特色的人才培养模式；尽心倾力服务三农，融入区域经济建设，结出人才培养、服务地方、学院发展硕果。

在人才培养、社会服务过程中，我们觉得有必要以一套教材为载体，按照行业、企业标准，依据实际生产过程组织教学内容，制定课程标准，将相关专业培养技术技能人才、服务区域经济发展及教育教学改革成果、科学研究成果有机融合，旨在提高教学效果、提升人才培养质量，提高对生产一线人员再培训的针对性、指导性和精准度，提升为"三农"服务的水平。

本套教材我们主要推介我院农学、动物科学两个分院，这两个分院的主干专业分别得到了国家财政重点建设资金的支持，也是我院骨干院校建设的重点建设专业，在教育教学改革研究与实践及为"三农"服务等方面均取得了显著成绩。

农学类专业是我院1948年建校初期就有的元老级专业，从2008年开始在农学类专业中进行"校企轮换　三循环周期"人才培养模式改革，即3+3模式。配合此项改革，我们又陆续进行了课程重组、公司运营模式下的教学管理、公司绩效考核制度等项改革，效果显著，得到了企业、学生、学生家长的认同。连续多年农学专业毕业生提前一年就被用人单位全部抢定，就业率连年达到100%。

农学类专业教材围绕北方主要种植的四大农作物(水稻、大豆、玉米、马铃薯)的生产技术进行编写，包括《水稻生产流程》、《大豆生产流程》、《玉米生产流程》、《马铃薯生产流程》、《水稻植保措施及应用》、《大豆植保措施及应用》、《玉米植保措施及应用》、《马铃薯植保措施及应用》、《水稻生产与管理》、《大豆生产与管理》、《玉米生产与管理》、《马铃薯生产与管理》共12本教材，这套教材将作物栽培、植物保护、土壤肥料等知识融合为一体，使教学内容更贴近生产实际需要。每本教材包括播前准备、播种(育苗移栽)、田间管理、收获及贮藏等项目。每个项目由技术培训、技术推广和知识文库三部分组成，技术培训为教师讲解内容。技术推广主要锻炼学生查阅资料文献、自主学习、制作PPT、团队协作等方面的能力。知识文库为帮助学生进一步学习和实践，拓展知识面而设置。教材力求贴近农业生产实际，以作物为基础，以作物生产流程为主线，瞄准就业岗位群，突出职业培养能力，做到“学中做、做中学”。

畜牧兽医专业也是我院1948年建校初期设立的传统优势专业，近年来，他们坚持以提高人才培养质量建设为核心，紧密结合区域经济发展和行业进步，不断改革、创新与实践，通过深化校企合作、工学结合不断丰富自身内涵建设，在课程建设与改革，尤其是专业教材建设上取得了一系列独具特色的成果。

此次利用畜牧兽医专业列入中央财政重点支持专业和教育部重点实验实训基地建设的契机，根据学院建设骨干院校项目的统一部署，充分运用近年来专业教学改革的成果，组织了理论功底深厚、职教经验丰富的专家和生产技能纯熟的企业能工巧匠共同开发了《畜禽环境控制技术》、《动物营养与饲料配制技术》、《动物繁育技术》、《兽医实用技术》、《动物病理诊断实务》、《禽生产技术》、《猪生产技术》、《禽病防治技术》和《猪病防治技术》等九部畜牧兽医专业的校本教材。

畜牧兽医专业教材主要在以下四个方面做了有益的探索：一是教材编写突出企业属性，情境、标准、程序等紧贴或模拟企业生产实际，紧跟行业变化，重在实用；二是突出技能属性，围绕技能编写教材，重在技能培养、训练与养成，期望使学科型教材力争让位于以能力为本位的教育；三是突出地域属性，紧紧依托北方畜牧生产实际，突出解决寒地畜禽品种生产中的关键问题；四是突出多功能属性，教材既是理论讲义、实验实习指导手册，同时也具备生产指导的功用。

畜牧兽医专业教材充分贯彻了畜牧兽医行业职业岗位能力培养这一主题，以常规技术为基础，以关键技术为重点，以先进技术为导向，将素质教育、技能培养和创新实践有机地融为一体。希望通过它的出版不仅较好地满足我们及兄弟院校相关专业的教学需要，而且对北方地区畜牧兽医及其相关专业的高职高专专业建设、课程建设与改革、提高教学质量等方面也能起到积极的推动作用。

本套教材也适用于基层农业技术人员、农业生产者培训及自学。

在此还要感谢拜耳作物科学（中国）有限公司、先正达（中国）投资有限公司、陶氏益农（中国）有限公司、巴斯夫（中国）有限公司、黑龙江共青农场青林猪场、山东益生种畜禽股份有限公司、内蒙古新浩基农牧发展有限公司、北京大北农饲料科技有限公司等单位长期以来与我们密切合作、共谋职业教育，共同育人、携手发展。感谢各行业、企业的有关领导和专家对本套教材编写出版的鼎力支持。

黑龙江农业职业技术学院院长：

2014年6月13日

前　言

高职高专教材不是本科教材的压缩饼干，更不是中专教材的发面馒头，必须具有高职高专特色。总结多年从事畜牧兽医工作的实际经验，结合当前本地区畜牧业发展趋势，适应时代需要，培养畜牧兽医一线岗位的高技术应用型人才，成为我们高职高专畜牧兽医及相关专业的根本任务。根据教育部《关于加强高职高专人才培养工作的意见》和“建设国家级骨干专业”的总要求，我们编写了本教材。

本教材除绪论外，共分十七章，分别介绍了动物疾病的原因、基本病理现象的形成和特点、动物器官病理等。为了与临床实践紧密结合，增加了临床病理一章，就部分动物疾病的发病机理、病变特点做了介绍。内容编排上尽量做到循序渐进，难易兼顾，语言叙述力求表达准确、简洁通俗。在使用本教材过程中，可根据当时当地实际以及专业、学时不同等特点，进行适当调整。

教材编写分工如下：绪论、第二章、第三章、第四章、第六章、第七章、第八章、第十章、第十一章、第十二章由车有权老师编写，第一章及实训指导的实训一、实训二由苏成君编写，实训三至实训十一由李成明编写，其余各章节由鲁兆宁老师编写，李凤刚教授对本书进行了审定。

本教材在编写过程中，参考了大量国内外专业文献和资料，在此谨对文献、资料的作者表示衷心的感谢！由于编者水平有限，教材中会有不少缺点和错误，有的观点可能不被同行所接受，敬请使用本教材的各位师生和读者提出宝贵意见，以便加以改进。

编　者

2014 年 9 月

目　录

绪论……1

第一单元　病理诊断技术

第一章　尸体剖检诊断技术……4
第一节　尸体变化……4
第二节　尸体剖检前的准备及尸体剖检的注意事项……6
第三节　动物尸体剖检术式……7
第四节　器官组织检查的方法……12
第五节　尸体剖检记录……13
第六节　病料采集与送检……14
第七节　病理诊断分析……15

第二单元　基础病理实务

第二章　疾病概论……20
第一节　疾病概述……20
第二节　疾病的原因……20
第三节　疾病的分类……23
第四节　发病学……24
第五节　疾病的转归……26
第三章　应激与疾病……29
第四章　血液循环障碍……35
第一节　充血……35
第二节　出血……39
第三节　血栓形成……41
第四节　栓塞……44
第五节　梗死……45
第六节　贫血……47
第五章　水肿……52
第一节　水肿概述……52
第二节　水肿的原因和机理……52

第三节 常见水肿的病理变化 …… 55
第四节 水肿的结局和影响 …… 57
第六章 脱水与酸中毒 …… 59
第一节 脱水 …… 59
第二节 酸碱平衡紊乱 …… 63
第七章 细胞与组织损伤 …… 70
第一节 萎缩 …… 70
第二节 变性 …… 71
第三节 坏死 …… 75
第八章 适应与修复 …… 80
第一节 代偿 …… 80
第二节 修复 …… 81
第三节 适应 …… 89
第九章 缺氧 …… 92
第一节 缺氧的原因和类型 …… 92
第二节 缺氧对机体的影响 …… 95
第十章 炎症 …… 98
第一节 炎症概述 …… 98
第二节 炎症的基本病理变化 …… 99
第三节 炎症分类 …… 106
第四节 炎症经过和结局 …… 110
第十一章 败血症 …… 113
第一节 败血症概念 …… 113
第二节 原因和类型 …… 114
第三节 病理变化和发病机理 …… 115
第十二章 发热 …… 118
第一节 发热概述 …… 118
第二节 发热原因和机制 …… 120
第三节 发热经过与热型 …… 122
第四节 发热时机能和代谢变化 …… 124
第五节 发热的意义和处理原则 …… 126
第十三章 休克 …… 128
第一节 休克概述 …… 128
第二节 休克的原因和类型 …… 129
第三节 休克过程及机理 …… 131
第四节 休克时机体病理变化 …… 133
第五节 休克的防治原则 …… 134
第十四章 黄疸 …… 136
第一节 胆红素的正常代谢 …… 136

第二节 溶血性黄疸……138
第三节 实质性黄疸……138
第四节 阻塞性黄疸……139
第十五章 肿瘤……141
第一节 肿瘤的概念……141
第二节 肿瘤的生物学特性……141
第三节 良性肿瘤与恶性肿瘤的区别……145
第四节 肿瘤的命名与分类……146
第五节 肿瘤的病因学与发病学简介……147

第三单元 器官病理实务

第十六章 器官病理……150
第一节 皮肤病理……150
第二节 淋巴结病理……153
第三节 心脏病理……154
第四节 肺脏病理……156
第五节 肝脏病理……159
第六节 脾脏病理……161
第七节 胃肠病理……162
第八节 肾脏病理……165
第九节 骨、关节、肌肉病理……166
第十节 生殖器官病理……168
第十一节 脑、脊髓病理……170

第四单元 临床病理实务

第十七章 临床病理……174
第一节 营养与代谢病病理……174
第二节 中毒病病理……176
第三节 细菌性传染病病理……178
第四节 病毒性传染病病理……186
第五节 寄生虫病病理……198
实训指导……203
实训一 局部血液循环障碍……203
实训二 水肿……204
实训三 脱水……205
实训四 细胞与组织损伤……205
实训五 适应与修复……207
实训六 炎症……208
实训七 肿瘤……209

实训八 器官病理……………………………………………………………… 211
实训九 尸体剖检诊断技术…………………………………………………… 215
实训十 病理大体标本制作技术……………………………………………… 215
实训十一 组织切片技术……………………………………………………… 216
附:实践技能考核项目 ……………………………………………………… 219
参考文献……………………………………………………………………… 220

绪　论

一、动物病理诊断实务的概念

动物病理诊断实务，是教授学生通过观察、分析、检验患病动物机体功能、代谢及形态结构的变化以及动物尸体的病理变化，揭示动物疾病原因的科学。

二、动物病理诊断实务的基本内容

本教材主要包含病理诊断技术、基础病理实务、器官病理实务和临床病理实务四个方面的内容。

病理诊断技术的重点放在病死畜禽尸体剖检技术和病理诊断综合分析两个方面，临床病理检验技术在其他课程中进行阐述。

基础病理实务部分主要讲述各种疾病共同的病理过程、发病原因、发病机制、病理变化及其转归等普遍规律，内容包括血液循环障碍、水肿、酸碱平衡紊乱、损伤与修复、缺氧、炎症、败血症、发热、休克、黄疸、肿瘤等。这部分内容以理论思维为主，重点强调病理过程的发生发展和表现；技能方面侧重于活体动物临床观察、血粪尿检验、诊断等。

器官病理实务重点介绍了动物细胞、组织的损伤及各个器官所发生的常见疾病的病因、发病机制、病理变化，还讲述了每个病理过程对动物健康及生命的影响。在技能方面，以大体观察器官的形态变化和通过显微镜观察细胞水平的变化为主。

临床病理实务使学生的理论知识和技能向临床应用贴近，重点讲述了一些动物常见多发危害严重的疾病的病理发生规律、病理特征。

三、动物病理诊断实务的研究对象、方法

研究对象主要是患病动物、实验动物以及出现病变的器官和组织，目的不同，采取不同的研究方法。

(一)尸体剖检、大体观察

运用病理知识和技能，对濒死动物或动物尸体进行解剖检查，直接观察各系统、各器官的病理变化，综合分析死亡原因，评价临床诊断的正确性以及临床防治措施的有效性，从而反馈性地指导临床防治工作；同时，通过尸体剖检，可以采集需要的病理材料，为进一步诊断治疗措施的实施提供资源条件。

(二)组织学观察

将尸体解剖采取的病变组织制成切片，或将病变部位脱落的细胞制成涂片，进行染色“加

工”,在光学显微镜下观察更细微的病变,提高病理诊断的准确性。

(三)临床病理检查

采集发病动物的血液、尿液、粪便等进行实验室检查,分析动物发病原因,评价临床诊断的正确性和防治措施的有效性。有时通过简单临床病理检查即可确定病因,从而对动物迅速采取防治措施。

(四)动物实验

在人工控制条件下,使健康的实验动物发生与发病动物相同的疾病,观察实验动物的发病过程和规律,从而为临床诊断提供科学依据、线索或材料。

(五)活体组织检查

简称活检,从患病动物活体直接采取病料进行病理检查,例如穿刺采取猪扁桃体进行酶联免疫法检查,刮取病犬皮屑进行螨虫检查等。

四、动物病理诊断实务的地位

动物病理诊断实务是一门实践性很强的学科,是联系基础学科与临床学科的桥梁和纽带,作为研究疾病的普遍规律和本质的科学,动物病理学被誉为“动物医学的哲学”。动物解剖学、组织学、生理学、微生物学、生物化学、免疫学等是动物病理诊断实务的基础,同时,动物病理诊断实务又是内科、外科、产科、传染病、寄生虫病等课程的基础。本课程是培养动物医学专业、畜牧兽医专业高技能专业人才的核心课程。

五、动物病理诊断实务的学习方法

首先,要求学生学会动物尸体的剖检方法,这是必须掌握的技术,与其他诊断方法相比,是非常简单、省时、省事、较准确的方法。

第二,学会认识动物尸体各器官的病理变化的前提是认识正常健康器官的形态结构,有比较才能鉴别。

第三,要从理论和实践上掌握动物疾病的基本病理过程。

第四,学会将自己看到的病理过程与疾病的病因联系起来,从而确定病因。

大家一定要牢记:任何疾病都是一群(组)病理过程的有机综合。在以后的学习中,还要记住每个疾病的主要特征和病理变化是什么,即要根据病理变化想到可能是什么病,又要考虑哪些疾病会出现这种病理变化。

要将临床表现与病理变化结合起来。一般情况下,一定的临床表现必定要在病理上有所反映,同时,看到病理变化,就要想到临床表现是什么样。

这里要明确指出:病理、传染病、寄生虫等教科书,是先写病名,后讲病理变化,而在实际工作中正好相反,我们是先看到病理变化,然后通过综合分析这些病理变化来判断疾病的种类和具体病因;因此同学们在剖检之前,不要妄下结论,以免误诊。

最后,要求同学们课前一定要预习,课后必须复习。预习,不仅要通读教科书的某章节,而且要在通读过程中搞清楚哪些内容是已经学过的,要把这些学过的内容再复习一下;课后复习,就是要巩固学习内容,发现上课时没有搞懂的问题,寻求解决问题的办法或待再次上课时或其他时间向老师请教。

第一单元　病理诊断技术

第一章　尸体剖检诊断技术

动物尸体剖检的目的是观察病死动物各器官的病理变化，经过分析判断，做出剖检诊断，最后确定动物死亡原因和发病原因；如果死亡动物来自动物群体，应注意全群动物的防治工作。

进行病理剖检的要求是：

(1)做好自身防护，保障术者及周围人群的人身安全。尽量减少人员、物品的流动，特殊情况下，应禁止闲杂人员观看。

(2)防止环境污染，防止自然疫源性疾病的形成和疫源扩散；禁止食用任何病死动物。

(3)剖检过程要做到动作敏捷、快速，鸡、鸭、鹅的剖检诊断应在 15 min 内完成，猪的剖检诊断应控制在 45 min 之内。

(4)对动物尸体各部分，必须进行全面检查。

(5)客观描述、详细记录每个过程和病理变化。有条件的可以录像、拍照。

(6)根据病理变化，作出客观的病理解剖学诊断；结合流行病学情况、临床表现、免疫情况、饲养管理情况以及药物预防、治疗情况进行科学分析和推理判断，最后做出综合性诊断。

第一节　尸体变化

动物死亡后，尸体受体内酶的作用、细菌的发酵分解，再加上外界环境的影响，逐渐发生一系列的死后变化，这些变化称为尸体现象。其中包括尸冷、尸僵、尸斑、血液凝固、尸体自溶与腐败等。这些变化，可能与疾病本身关系密切，也可能和疾病无关，应分清是死后尸体的变化还是活着时就存在，是否是疾病造成的等等。

一、尸冷

动物死亡后，由于代谢停止，尸体温度逐渐下降到环境温度的水平，在 18～21℃环境下，一般每小时下降 1℃。尸温检查有助于确定死亡时间，这在法医鉴定中是必须解决的问题。肥胖动物尸冷慢一些，消瘦动物尸冷快。在一定的时间内动物正常的体温减去尸温等于死亡时间。

例如：猪的正常体温是 38.5℃，假如测得的尸温是 25℃，环境温度也是 25℃，那么 38.5－25＝13.5，此猪死亡已经 14 h 左右了。尸温必然大于或等于环境温度，差是多少，死亡就是几个小时。

二、尸僵

动物死亡后，尸体的肌肉发生僵硬，各个关节不能改变死亡时的状态，称为尸僵。尸僵一般在动物死后1～6 h开始发生，经10～24 h尸僵完全，在死后24 h开始缓解。尸僵的发生和缓解一般是按头部、颈部、前肢、体躯和后肢顺序进行，但也有时是相反的方向。环境气温较高时，尸僵出现较早，解僵也较快，寒冷时尸僵出现较晚，解僵也较迟。死于败血症的动物，尸僵不显著或不出现；心力衰竭或心肌变性、心肌炎时，尸僵不出现或不完全，这种心肌质度瘫软无力，心脏扩张，心室内充满血液。死于有机磷中毒、破伤风、急性发热性疾病的动物，尸僵出现较早而且完全。动物死亡后6～8 h，如果人为破坏尸僵，则不能再出现尸僵。

三、尸斑

尸斑是动物死亡后，未凝固的血液由于重力作用，沉降到尸体下部而出现的色斑。在尸斑的初期，如果翻动尸体或变更尸体着地位置，则尸斑不明显或不出现。尸斑在尸体倒卧侧的皮肤、肺、肝脏、肾等表现均很明显，但要注意与生前的充血、瘀血相区别，在采取病料时，如果没有特异病变、特殊需要，最好不采取这些部位的组织。

四、血液凝固

血液凝固是指血液在血管内的凝聚。死亡较慢者，血凝块往往分为两层，上层呈鸡油样，为血浆层，下层为暗红色，为红细胞层；死亡较快时，血凝块呈一致的暗紫红色。死于败血症及一氧化碳中毒的动物，血液凝固不良或不凝固；死于窒息缺氧的动物，一般在死后0.5～1 h的时候血液还是凝固的，2～3 h后，由于血液严重缺氧，纤溶酶生成增多，使纤维蛋白降解，原本凝固的纤维蛋白血块溶解而使血液重新呈现流动状态，形似血液凝固不良或不凝固，此时的血液与败血症时的血液形态相似，动物尸体难以发现败血症的蛛丝马迹，肺的变化一般以广泛的实变和部分肺叶的气肿为主。

五、自溶和腐败

尸体腐败表现为腹围膨大、尸绿、尸臭、内脏器官腐败等，死于败血症或有大面积化脓的动物尸体极易腐败。患梭菌性疾病的动物死亡后易于腐败，牛、羊等草食动物尸体腐败迅速。尸体自溶和腐败破坏生前病变，给剖检工作带来困难，因此，动物死后剖检越早越好，特别是草食动物。

六、角膜浑浊

动物死后，角膜逐渐浑浊，呈灰白色。由于尸体角膜浑浊随时间推移而逐渐加重，因此，角膜浑浊的程度可用于估计死亡时间。一般死后8～12 h角膜呈轻度薄雾状浑浊；18～24 h可见角膜表面有小皱褶出现，浑浊程度加重，但仍可透视瞳孔；48 h后则角膜高度浑浊，不能看到瞳孔。周围环境温度越高，角膜浑浊越快，反之在尸体冷藏情况下，则角膜浑浊的速度显著减慢。

七、昆虫、动物对尸体的毁坏

昆虫及其他动物常损害尸体，加速尸体的毁坏。动物死后不久，苍蝇就在眼角、鼻孔、口角、外耳道、肛门、外阴部或创口等处产卵，在夏季30℃的气温条件下，苍蝇的卵经8～14 h即可孵化成蝇蛆，蛆每日生长0.24～0.3 cm，4～5 d后可达1.2 cm即潜入附近的泥土中变成蛹，过1周左右破壳成幼蝇。因此，夏季若在尸体周围发现蛹壳和幼蝇即可推断动物死亡时间至少已经2周。春秋季节蛆每日生长0.1 cm，约经12 d才成蛹，又经2周成蝇。

第二节 尸体剖检前的准备及尸体剖检的注意事项

一、尸体剖检前的准备

(一)场地的选择

尸体剖检，特别是剖检传染病尸体，一般应在剖检室进行，以便消毒和防止病原扩散。如果条件不允许必须在室外剖检时，应选择地势较高，环境干燥，远离水源、公路、房舍和畜舍的地点进行。剖检前挖一个2 m的深坑，剖检后将内脏连同尸体、被污染物、被污染土层等投入坑内，再撒上石灰或10%石灰水等消毒药物，然后用土掩埋。掩埋炭疽病的尸体时，应在掩埋处设立明显的永久标志，表明不允许在此动土取水、种植植物。

(二)尸体剖检常用的器械和药品

尸体剖检所用器械和药品可繁可简，应根据动物死前症状、尸体特点以及剖检目的准备器械和药品。一般应准备的器械包括解剖刀、剥皮刀、外科刀、脑刀、外科剪、肠剪、骨剪、骨钳、镊子、骨锯、双刃锯、斧头、骨凿、探针、量尺、量杯、注射器、针头、天平、磨刀棒、磨刀石、胶皮手套、棉线手套等。常用的消毒液包括3%～5%来苏儿、石炭酸、70%酒精、3%～5%碘酒。还应准备凡士林、滑石粉、肥皂、棉花、纱布、装检验样品的灭菌平皿、棉拭子、固定组织用的装有10%福尔马林或95%酒精的广口瓶。

(三)剖检人员的防护

剖检人员特别是在剖检传染病尸体时，应穿工作服，外罩胶皮或塑料围裙，戴胶手套、线手套、工作帽，穿胶鞋，必要时戴口罩和防护眼镜。尽量禁止无关人员旁观。

二、尸体剖检的注意事项

(一)剖检时间

越早越好，尸体发绿、角膜浑浊的动物尸体不能剖检，尸体自溶、腐败难于辨认原有病变时失去剖检意义。

(二)光线

尽量安排在白天日光下进行，必须在晚上剖检时，所用灯光不能影响各个器官原有的光泽、颜色。

(三)了解病史

剖检前,应先了解病畜所在地区的疾病流行情况、病畜死前病史,各种检查情况和结果,治疗用药情况,还应询问和检查动物饲养管理情况、生长情况等。

(四)剖检后的处理

剖检动物尸体后,应对周围污染物、土壤、污水进行彻底清理掩埋,有条件时应将动物尸体进行焚烧处理。

第三节 动物尸体剖检术式

由于动物种类不同,体型大小不一,以及剖检条件、目的不一样,剖检术式并不是固定不变的。只要不影响判断和方便操作,可根据具体情况灵活掌握。但为了全面系统地检查尸体的病理变化,防止漏检误判,必须遵循基本的剖检规程。

首先,要对尸体进行认真的外部检查,做到胸中有数,为重点剖检提供线索。内容包括:①畜别、品种、性别、年龄、毛色等基本特征;②被毛的光泽度,皮肤的完整性及弹性,有无脱毛、创伤,有无皮下水肿和气肿;③肌肉发育情况及尸体营养状态;④可视黏膜色泽,天然孔的开闭状态,有无分泌物、排泄物及其性状、数量;⑤检查尸体变化。

对于尚未死亡的动物,通常采用放血致死,如有特殊需要,也可采用注射药物、静脉注射空气致死。

内部检查从剥皮开始,边切开边检查。通常先打开腹腔,然后检查胸腔、口腔和颈部、骨盆腔。如有必要,再检查脑、脊髓、骨和关节等。在采出脏器前,应先观察脏器位置和概貌,经初步检查后采出做详细检查。

通常情况下,先取与发病和致死原因最有关系的器官进行检查,与该病理过程发生发展有联系的器官可一并检查。或考虑到对环境的污染,应先检查口腔器官,再检查胸腔器官,之后再检查腹腔脏器中的脾和肝脏,最后检查胃肠道。总之,检查顺序服从于检查目的和现场的情况,不应墨守成规。既要细致搜索和观察重点的病变,又要照顾到全身一般性检查。脏器在检查前要注意保持其原有的湿润程度和色彩,尽量缩短其在外界环境中暴露的时间。

一、反刍动物的尸体剖检术式

(一)外部检查

包括检查畜别、品种、年龄、性别、毛色、营养状态、皮肤和可视黏膜以及部分尸征等。

(二)内部检查

包括剥皮、皮下检查、体腔的剖开及内脏器官的采出等。

1. 剥皮

将尸体仰卧,自下颌部起沿腹部正中线切开皮肤,至脐部后将切线分为两条,绕开生殖器或乳房,最后于尾根部会合。再沿四肢内侧的正中线切开皮肤,到球节作一环形切线,然后剥下全身皮肤(图 1-1)。传染病尸体,一般不剥皮。在剥皮过程中,应注意检查皮下的变化。

2. 切离前、后肢

为了便于操作,反刍动物的尸体剖检,通常采取左侧卧位。先将右侧前、后肢切离,将前肢和后肢分别向前后牵引,切断肢内侧肌肉、关节囊、血管、神经和结缔组织,再切离其外、前、后三方面肌肉即可取下。

3. 腹腔脏器采出

(1)切开腹腔　先将母畜乳房或公畜外生殖器从腹壁切除,然后从肷窝沿肋弓切开腹壁至剑状软骨,再从肷窝沿髂骨体切开腹壁至耻骨前缘(图 1-2)。注意不要刺破肠管,造成粪水污染。

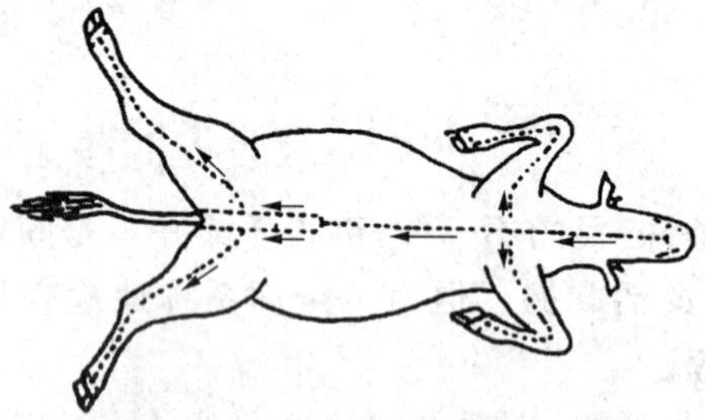

图 1-1　动物剖检剥皮顺序

图 1-2　腹腔打开切线

切开腹腔后,检查有无肠变位、腹膜炎、腹水或腹腔积血等。

(2)腹腔器官采出　先将网膜切除,并依次采出小肠、大肠、胃和其他器官。

切取网膜:检查网膜的一般情况,然后将两层网膜撕下。

采出小肠:提起盲肠的盲端,沿盲肠体向前,在三角形的回盲韧带处分离一段回肠,在距盲肠约 15 cm 处作双重结扎,从结扎间切断。再抓住回肠断端向身前牵引,使肠系膜呈紧张状态,在接近小肠部切断肠系膜。由回肠向前分离至十二指肠空肠曲,再作双重结扎,于两结扎间切断,即可取出全部小肠。采出小肠的同时,要边切边检查肠系膜和淋巴结等有无变化。

采出大肠:先在骨盆口找出直肠,将直肠内粪便向前挤压并在直肠末端作一次结扎,在结扎后方切断直肠。抓住直肠断端,由后向前分离直肠系膜至前肠系膜根部。再把横结肠、肠盘与十二指肠回行部之间的联系切断。最后切断前肠系膜根部的血管、神经和结缔组织,可取出整个大肠。

采出胃、十二指肠和脾:先将胆管、胰管与十二指肠之间的联系切断,然后分离十二指肠系膜。将瘤胃向后牵引,露出食管,并在末端结扎切断。再用力向后下方牵引瘤胃,切离瘤胃与背部联系的组织,切断脾膈韧带,将胃、十二指肠及脾脏同时采出。

采出胰、肝、肾和肾上腺:胰脏可从肝叶开始逐渐切下或将胰脏附于肝门部和肝脏一同取出,也可随腔动脉、肠系膜一并采出。

采出肝脏时,先切断左叶周围的韧带及后腔静脉,然后切断右叶周围的韧带、门静脉和肝动脉(勿伤右肾),便可采出肝脏。

采出肾脏和肾上腺时,首先应检查输尿管的状态,然后先取右肾,即沿腰肌剥离其周围的脂肪囊,并切断肾门处的血管和输尿管,采出左肾。左肾用同样方法采出。肾上腺可与肾脏同时采出,也可单独采出。

4. 胸腔脏器采出

(1)锯开胸腔　锯开胸腔之前，应先检查肋骨的高低及肋骨与肋软骨结合部的状态。然后将膈的右半部从季肋部切下，用锯把右侧肋骨的上下两端锯断，只留第一肋骨，即可将右胸腔全部暴露，应注意检查右侧胸腔液的量和性状，胸膜的色泽，有无充血、出血或粘连等。

(2)心脏的采出　先在心包右侧中央作十字形切口，将手洗净，把食指和中指插入心包腔，提取心尖，检查心包液的量和性状。然后沿心脏的右侧纵沟左右各 1 cm 处，切开左、右心室，检查血量及其性状；最后将左手拇指和食指分别伸入左、右心室的切口内，轻轻提取心脏，切断心基部的血管，取出心脏。

(3)肺脏的采出　先切断纵隔的背侧部，检查胸腔液的量和性状；然后切断纵隔的后部；最后切断胸腔前部的纵隔、气管、食管和胸主动脉，并在气管轮上做一小切口，将食指和中指伸入切口牵引气管，将肺脏取出。

(4)胸主动脉的采出　胸主动脉可单独采出，或与肺同时采出，必要时可将胸主动脉和腹主动脉一并采出。

5. 骨盆腔脏器采出

先锯断髂骨体，然后锯断耻骨和坐骨的髋臼支，除去锯断的骨体，盆腔即暴露。切离直肠与盆腔上壁的结缔组织，母畜还应切离子宫和卵巢，再由盆腔下壁切离膀胱颈、阴道及生殖腺等，最后切断附着于直肠的肌肉，将肛门、阴门做圆形切离，即可取出骨盆腔脏器。

6. 口腔及颈部器官采出

先切断咬肌，在下颌骨的第一臼齿前，锯断左侧下颌支，再切断下颌支内面的肌肉和后缘的腮腺、下颌关节的韧带及冠状突周围的肌肉，将左侧下颌支取下。左手握住舌体，切断舌骨支及其周围组织，将喉、气管和食管的周围组织切离，直至胸腔入口处，即可采出口腔及颈部器官。

7. 颅腔的打开与脑采出

(1)切断头部　沿寰枕关节切断颈部，使头与颈分离，然后除去下颌骨体及右侧下颌支，切除颅顶部附着的肌肉。

(2)取脑　先沿两眼的后缘用锯横行锯断，再沿两角外缘与第一锯相接锯开，并于两角的中间纵锯一正中线，然后两手握住左右两角，用力向外分开，使颅顶骨分成左右两半，脑即可取出。

8. 鼻腔锯开

沿鼻中线两侧各 1 cm 纵行锯开鼻骨、额骨，暴露鼻腔、鼻中隔、鼻甲骨及鼻窦。

9. 脊髓采出

剔去椎弓两侧的肌肉，凿(锯)断椎体，暴露椎管，切断脊神经，即可取出脊髓。

上述各体腔的打开和内脏的采出，是系统剖检的程序。实际工作中，可根据生前的病性，进行重点剖检，适当地改变或取舍某些剖检程序。

二、猪的尸体剖检术式

(一)外部检查

除一般检查外，要详细了解病死猪的生前情况，以便缩小对所患疾病的考虑范围，剖检时有重点地进行检查。

(二)内部检查

一般不剥皮，采用背位姿势。先切断四肢内侧的所有肌肉和髋关节的圆韧带，使四肢平摊，借以抵住躯体，保持仰卧。然后从颈、胸、腹的正中线切开皮肤，只腹部剥皮。如能确定不是传染病死亡，皮肤有加工利用价值时，可仍按常规方法剥皮，然后再切断四肢内侧肌肉，使尸体保持背位。

1. 皮下检查

皮下检查在剥皮过程中进行。查看皮下有无充血、炎症、出血、瘀血、水肿(多呈胶冻样)，体表淋巴结的大小、颜色，有无出血、充血，有无水肿、坏死、化脓等。断奶前仔猪还要检查肋骨和肋软骨交界处有无串珠样肿大。

2. 腹腔剖开和腹腔脏器采出

从剑状软骨后方沿白线由前向后切开腹壁至耻骨前缘，观察腹腔中有无渗出物及数量、性状，腹膜及腹腔器官浆膜是否光滑，肠壁有无粘连，再沿肋弓将腹壁两侧切开，则腹腔器官全部暴露。

采出脾脏和网膜：在左季肋部提起脾脏，并在接近脾脏根部切断网膜和其他联系后取出脾脏，然后将网膜从其附着部分离采出。

采出空肠和回肠：将结肠盘向右侧牵引，盲肠拉向左侧，显露回盲韧带与回肠。在离盲肠约 15 cm 处，将回肠作双重结扎并切断。然后握住回肠断端，用刀切离回肠、空肠上附着的肠系膜，直至十二指肠空肠曲，在空肠起始部作双重结扎并切断，取出空肠和回肠。一边分离一边检查肠系膜、肠浆膜、肠系膜淋巴结有无肿胀、出血、坏死等。

采出大肠：在骨盆腔口分离直肠，将其中粪便挤向前方作一次结扎，在结扎后方切断直肠。从直肠断端向前方分离肠系膜，至前肠系膜根部。分离结肠与十二指肠、胰腺之间的联系，切断前肠系膜根部血管、神经和结缔组织，以及结肠与背部之间的联系，即可取出大肠。

依次采出胃和十二指肠，肾脏和肾上腺，胰腺和肝脏。

3. 胸腔剖开及胸腔脏器采出

用刀先分离胸壁两侧表面的脂肪和肌肉，检查胸腔的压力，切断两侧肋骨与肋软骨的结合部，再切断其他软组织，除去胸壁腹面，胸腔即可露出。检查胸腔、心包腔有无积液及其性状，胸膜是否光滑，有无粘连。

分离咽、喉头、气管、食道周围的肌肉和结缔组织，将喉头、气管、食道、心和肺一同采出。

4. 颅腔剖开

可在脏器检查完后进行。清除头部的皮肤和肌肉，在两眼眶之间横劈额骨，然后再将两侧颞骨(与颧骨平行)及枕骨髁劈开，即可掀掉颅顶骨，暴露颅腔。检查脑膜有无充血、出血。必要时，取材送检。

剖检小猪时，可自下颌沿颈部、腹部正中线至肛门切开，暴露胸腹腔，切开耻骨联合露出骨盆腔。然后将口腔，颈部，胸腔、腹腔和骨盆腔的器官一起取出。

三、鸡的尸体剖检术式

(一)外部检查

了解死鸡的种别、性别、年龄，生前症状，发病和治疗经过，死亡数及饲养管理状况。观察全身羽毛是否光洁,有无污染、蓬乱、脱毛,泄殖腔周围的羽毛有无粪便污染,皮肤、关节及脚趾有无肿胀或其他异常。检查冠、肉垂和面部的颜色、厚度、有无痘疹等。压挤鼻孔和鼻窝下窦,观察有无液体流出,口腔有无黏液。检查两眼虹彩的颜色。最后触摸腹部有无变软或积有液体。

(二)致死

如为活鸡,用脱颈法或颈部放血致死。

(三)内部检查

剖检前用水或消毒液将尸体表面及羽毛浸湿,以防剖检时绒毛和尘埃飞扬。将尸体仰卧于搪瓷盘内或垫纸上,用力掰开两腿,使髋关节脱位,拔掉颈、胸、腹正中部的羽毛(不拔也可),在胸骨嵴部纵行切开皮肤,然后向前、后延伸至嘴角和肛门,向两侧剥离颈、胸、腹部皮肤。观察皮下有无充血、出血、水肿、坏死等病变,注意胸部肌肉的丰满程度、颜色,有无出血、坏死,龙骨是否变形、弯曲。在颈椎两侧寻找并观察胸腺的大小及颜色,有无出血、坏死点。检查嗉囊内容物的数量及性状,腹围大小,腹壁的颜色等。

在后腹部,将腹壁横行切开。顺切口的两侧分别向前剪断胸肋骨(注意别剪破肝和肺)、乌喙骨及锁骨,最后把整个胸壁翻向头部,显露整个胸腔和腹腔。

如进行细菌分离,应采用无菌技术打开胸、腹腔,采取病料进行分离接种。

体腔打开后,注意观察各脏器的位置、颜色、浆膜的状况,体腔内有无液体,各脏器之间有无粘连。然后分别取出各个内脏器官。可先将心脏连同心包一起剪离,再取出肝。在食管末端将其切断,向后牵拉腺胃,边牵拉边剪断胃肠与背部的联系,然后在泄殖腔前切断直肠(或连同泄殖腔一同取出),即可将胃肠道、胰、脾一同取出。在分离肠系膜时,要注意肠系膜是否光滑,有无肿瘤。在胃肠采出时,注意检查在泄殖腔背侧的法氏囊(原位检查即可,也可采出)。

气囊在禽类分布很广,胸腔、腹腔皆有,在体腔打开、内脏器官采取过程中,随时注意检查,主要看气囊的厚薄,有无渗出物、霉斑等。

肺和肾陷藏于肋间隙内及腰荐骨的凹陷处,可用外科刀柄或手术剪剥离取出。取出肾脏时,要注意输尿管的检查。

卵巢、输卵管、睾丸可在原位检查,注意其大小、形状、颜色(注意和同日龄鸡比较),卵黄发育状况和病变。输卵管位于左侧,右侧已退化,只见一水泡样结构。

口腔、颈部器官检查时,剪开一侧口角,观察鼻后孔、腭裂及喉口有无分泌物堵塞,口腔黏膜有无伪膜。再剪开喉头、气管、食道及嗉囊,观察管腔及黏膜的性状,有无渗出物及其性状,黏膜的颜色,有无出血、伪膜等,注意嗉囊内容物的数量、性状及内膜的变化。

脑的采出,可先用刀剥离头部皮肤,再剪除颅顶骨,即可露出大脑和小脑,剪断脑下部神经,将脑取出。

外周神经检查,在大腿内侧,剥离内收肌,即可暴露坐骨神经;在脊椎的两侧,仔细地将肾脏剔除,露出腰荐神经丛。对比观察两侧神经的粗细、横纹及色彩、光滑度。

(四)鹅、鸭剖检

方法与鸡相同,所不同的是,鹅、鸭有两对淋巴结,一对颈胸淋巴结位于颈的基部,紧贴颈静脉,呈纺锤形;另一对为腰淋巴结,位于腹主动脉两侧,呈长圆形。剖检时要注意检查。

第四节 器官组织检查的方法

一、淋巴结

要特别注意颌下淋巴结、颈浅淋巴结、髂下淋巴结、肠系膜淋巴结、肺门淋巴结等的检查。注意其大小、颜色、硬度，与其周围组织的关系及横切面的变化。

二、肺脏

首先检查其大小、色泽、重量、质度、弹性、有无病灶及表面附着物等。然后用剪刀将支气管剪开，注意检查支气管黏膜的色泽和表面附着物的数量、黏稠度。最后将整个肺脏纵横切数刀，观察切面有无病变，切面流出物的数量、色泽变化等(图 1-3)。

三、心脏

先检查心脏纵沟、冠状沟的脂肪量和性状，有无出血。然后检查心脏的外形、大小、色泽及心外膜的性状。最后切开心脏检查心腔。沿纵沟两侧切开右心室及肺动脉、左心室及主动脉。检查心腔内血液的性状，心内膜、心瓣膜是否光滑，有无变形、增厚，心肌的色泽、质度，心壁的厚薄等(图 1-4)。

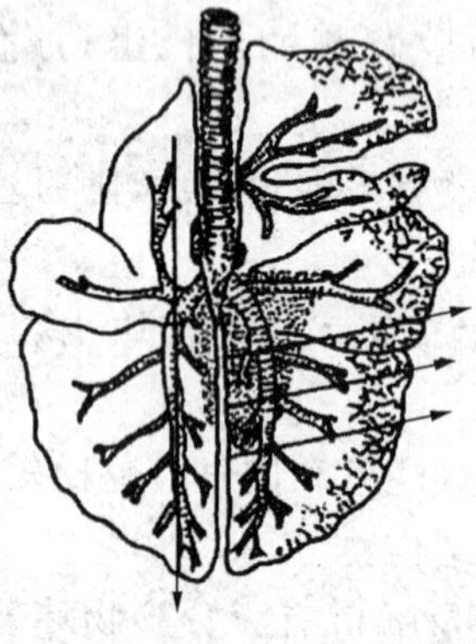

图 1-3 肺检查方法示意图

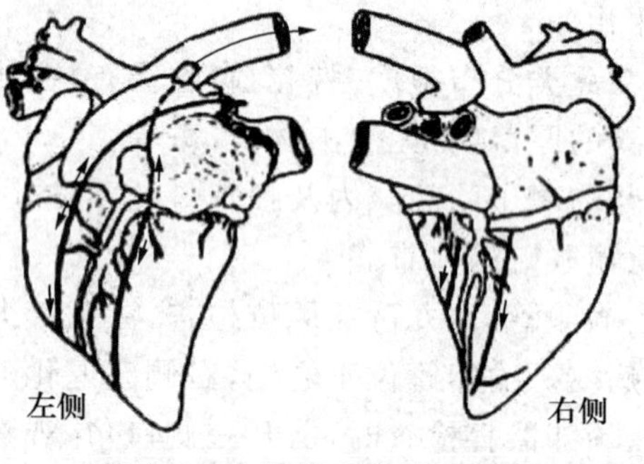

图 1-4 心脏检查方法示意图

四、脾脏

脾脏摘出后，注意其形态、大小、质度；然后纵行切开，检查脾小梁、脾髓的颜色，红、白髓的比例，脾髓是否容易刮脱。

五、肝脏

先检查肝门部的动脉、静脉、胆管和淋巴结。然后检查肝脏的形态、大小、色泽、包膜性状，有无出血、结节、坏死等。最后切开肝组织，观察切面的色泽、质度和含血量等情况。注意切面是否隆突，肝小叶结构是否清晰，有无脓肿、寄生虫性结节和坏死等。

六、肾脏

先检查肾脏的形态、大小、色泽和质度，然后由肾的外侧面向肾门部将肾脏纵切为相等的两半（禽除外），检查包膜是否容易剥离，肾表面是否光滑，皮质和髓质的颜色、质度、比例、结构，肾盂黏膜是否光滑，肾盂内有无结石等（图 1-5）。

七、胃

检查胃的大小、质度，浆膜的色泽、有无粘连，胃壁有无破裂和穿孔等，然后沿胃大弯剖开胃，检查胃内容物的性状、黏膜的变化等。

反刍动物胃的检查，特别要注意网胃有无创伤，是否与膈相粘连。如果没有粘连，可将瘤胃、网胃、瓣胃、皱胃之间的联系分离，使 4 个胃展开。然后沿皱胃小弯与瓣胃、网胃之大弯剪开；瘤胃则沿背缘和腹缘剪开，检查胃内容物及黏膜的情况（图 1-6）。

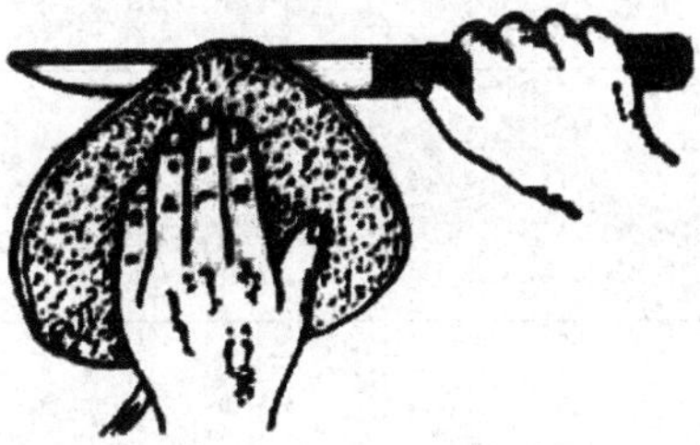

图 1-5 肾检查方法示意图

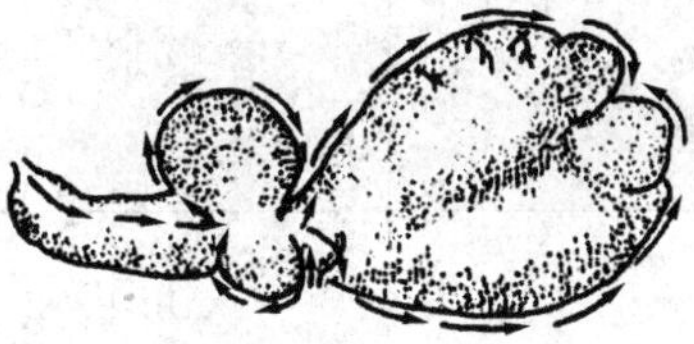

图 1-6 复胃检查方法示意图

八、肠管

十二指肠、空肠、回肠、大肠、直肠分段进行检查。在检查时，先检查肠管浆膜面的情况。然后沿肠系膜附着处剪开肠腔，检查肠内容物及黏膜情况。

九、骨盆腔器官

公畜生殖系统的检查：从腹侧剪开膀胱、输尿管、阴茎，检查输尿管开口及膀胱、尿道黏膜，尿道中有无结石，包皮、龟头有无异常分泌物；切开睾丸及副性腺检查有无异常。

母畜生殖系统的检查：沿腹侧剪开膀胱，沿背侧剪开子宫及阴道，检查黏膜、内腔有无异常；检查卵巢形状，卵泡、黄体的发育情况，输卵管是否扩张等。

第五节 尸体剖检记录

剖检记录是综合分析疾病的原始资料，也是尸体剖检报告的重要依据，必须遵守系统、客观、准确的原则，对病变的形态、大小、重量、位置、色彩、硬度、性质、切面的结构变化等都要客观地描述和说明，应尽可能用数据表示，避免使用诊断术语或名词来代替。有的病变用文字难以表达时，可绘图补充说明，有的可以拍照或将整个器官保存下来。

剖检记录最好与剖检同时进行，专人记录，与剖检顺序一致(表1-1)。

表1-1　动物尸体剖检记录

剖检号									
畜主		畜种		性别		年龄		特征	
临床摘要及临床诊断									
死亡日期		年　月　日							
剖检地点						剖检时间		年　月　日　时	
剖检所见									
病理解剖学诊断									
结论									
剖检者			（签字）：　年　月　日				记录人签字：		

第六节　病料采集与送检

在尸体剖检时，为了进一步做出确切诊断，往往需要采取病料送实验室进一步检查。送检时，应严格按病料的采取、保存和寄送方法进行。

一、病理组织学检验材料

采样时要选取病变典型的部位，并保持主要组织结构的完整性，如肾脏应包括皮质、髓质和肾盂，胃肠应包括从黏膜到浆膜的完整组织等。采取的病料应包括病变组织和周围正常组织。切取组织块时，刀要锋利，应注意不要使组织受到挤压和损伤，切面要平整。要求组织块厚度5 mm，面积1.5～3 cm^2，易变形的组织应平放在纸片上，一同放入固定液中。

采取的病料应立即用10%福尔马林或95%酒精溶液固定，固定液量为组织块体积的5～10倍。容器底应垫脱脂棉，以防组织固定不良或变形，固定时间为12～24 h。已固定的组织，可用固定液浸湿的脱脂棉或纱布包裹，置于玻璃瓶封固或用不透水塑料袋包装于木匣内送检。送检的病理组织材料要有编号、组织块名称、数量、送检说明书和送检单，供检验单位诊断时参考。

二、微生物学检验材料

采集的病料要新鲜，最好在病畜死后即行采取，不要超过 6 h。以无菌操作法将采取的组织病料置于灭菌容器内，避免外界污染。

病料采集的部位，根据生前表现和诊断目的而定。如急性败血性疾病，可采取心血、脾、肝、肾、淋巴结等组织。生前有神经症状的，可采取脑、脊髓或脑脊液。局部性疾病，可采取病变部位的组织如坏死组织、脓肿病灶、局部淋巴结及渗出液等材料。如果不能确定是什么病时，则尽可能地全面采集病料。

脏器疑被污染时，可先用烧红的金属片在器官表面烧烙，然后除去烧烙过的组织，从深部采病料；采集体腔液时可用注射器吸取；脓汁可用消毒棉签收集，放入消毒试管内；胃肠内容物可收集放入消毒广口瓶内或剪一段肠管两端扎好，直接送检；血液涂片固定后，两张涂片涂面向内，用火柴杆隔开扎好，用厚纸包好送检；小动物可整个尸体包在不漏水的塑料袋中送检；对疑似病毒性疾病的病料，应放入 50% 甘油生理盐水溶液中，置于灭菌的玻璃容器内密封、送检。

送检的微生物学检验材料要有编号、送检说明书和送检报告单。同时，应在冷藏条件下派专人送检。

三、中毒病检验材料

应采取肝、胃等脏器的组织，血液，较多的胃肠内容物，食后剩余的饲草、饲料，分别装入清洁的容器内，并且注意切勿与任何化学药剂接触混合，密封后在冷藏条件下(装于放有冰块的保温瓶)送出。

第七节 病理诊断分析

一、影响病理变化的因素

任何病变都是机体损伤和抗损伤相互作用的结果，病变的发生和形成与多种因素有关。

(一)致病因素的特性

不同的病因，其致病方式、作用部位以及引起的损伤不同。即使同一病因，由于其强度、毒力差异，对病变的形成也有明显影响。特别是生物性致病因素，由于其致病力、侵袭力差异，往往引起不同组织器官不同性质的病变。有些还表现出典型的病理变化，如鸡新城疫，典型病理变化表现为呼吸道黏膜潮红、附有黏液，消化道腺胃乳头出血、小肠黏膜枣核样出血坏死等。

(二)机体内部因素

机体的营养、免疫状况、年龄、品种差异，以及药物使用等，可引起疾病的非典型过程，影响临床示病症状和典型病变的出现。例如，进行过新城疫免疫的鸡群如患新城疫，就会出现非典型的病理变化，给剖检诊断带来困难。

(三)病程

疾病是一个不断发展变化的过程，组织器官的形态学变化随着疾病的不同阶段而表现不一。由于病变形成需要时间，所以最急性病例往往不出现明显的或典型的病变。例如，猪丹毒的皮肤疹块具有特征性，但是只有在亚急性期才表现出来，而在最急性和急性期没有表现。

(四)混合感染和继发感染

混合感染和继发感染大大增加了疾病剖检变化的复杂性，剖检时应注意识别，总结时要辩证地分析。

二、病变的认识和分析

任何一种病变，都是在正常形态的基础上发展而来的。一般情况下往往都是先出现代谢和机能变化，然后是形态学变化(机械性致病因素引发的疾病除外)。正确认识和科学分析器官组织病变，是病理学诊断的前提。病理形态千变万化，要善于从大量现象中去粗取精、去伪存真、由表及里，用辩证的、发展的观点去分析病变，才能认识病变的本质和发生发展的全过程。

(一)病变的识别

要准确识别病变，首先要对正常器官组织的形态、结构有清楚的认识，通过对比观察，从而发现并识别病变的部位、性质。

1. 正确认识病变性质

任何一个病变发生于不同组织器官，尽管表现都不可能完全一样，但其病变的基本特征是一致的。如脂肪变性，由于发生的组织器官不同，疾病的轻重程度不同，但其体积、色泽、质度、弹性、切面以及细胞的形态学变化均有其基本特征，掌握各个病变的基本特征，对识别病变的性质十分重要。

2. 注意鉴别生前病变和死后变化

动物生前由疾病过程引起的病变，如瘀血、出血、肿胀、坏死、炎性渗出等，往往有几种变化同时出现，死后变化则多呈单一性。例如胃肠生前破裂，破裂口边缘有炎症、肿胀、纤维素渗出等变化，而死后破裂，破口边缘没有其他反应。

生前病变是病因与机体相互作用的结果，有一定的特征性或特异性，具有病症诊断意义。如鸡腺胃乳头出血、坏死，可诊断为急性鸡新城疫。死后变化与疾病无关，不但没有诊断价值，尸体自溶与腐败还会影响病变的识别，干扰诊断的建立。

3. 注意濒死期病变

急性死亡的濒死期病变不应作为疾病的诊断依据，但可作为追索死亡时间的参考。例如，濒死期往往出现左心内膜出血，肺尖部瘀血出血等。这在法兽医学上具有一定的价值。

(二)病变的分析

病变的产生是一个复杂的过程，反映了致病因素和机体相互作用、消长的关系。组织器官的形态学改变是直观的，可以通过肉眼观察或镜检加以识别。但隐藏于其后的发生原因、形成过程及机制等，则需要通过科学细致的分析才能明确。

1. 分清病变的主次

任何一种疾病，都可能在多个组织器官出现多种病理变化，有的是损伤引起的，有些是抗损伤过程造成的新的损伤。应分清病理过程的主次，找出疾病的主要形态学变化。特别是一些传染病，应找出最主要的病理变化，由此去分析和判断，最后做出科学的诊断。

2. 分析病变的先后

病变出现的先后，要根据病变的特征、新旧程度来分析。如淋巴结出血，急性的、新鲜的出血色泽较鲜艳；慢性的、陈旧的出血则较暗淡。有的要根据形成过程判断其先后。如猪瘟扣状肿的形成，结核结节、肿瘤的原发灶和转移灶等。

3. 分清局部和全身的关系

局部疾病可以在全身反映，全身性疾病可以在局部表现。一个脏器的病变可以引起另一器官发生病变。如尿路感染可引起肾炎；胃肠炎可引起肝变性；器官的炎症往往引起该器官所属淋巴结的变化。因此，分析病理变化要注意局部变化和全身其他部位病变的联系。

(三)全面观察，综合分析

正确的解剖诊断，必须建立在详细剖检、全面观察的基础上。同一疾病的典型病变不一定在一个动物身上全部表现出来，一个病例往往代表该疾病的某一侧面，有条件时应多剖检几个病例，才能够全面地、客观地、真实地反映出该疾病的病理特征，即所谓病变群。然后对收集的大量的感性材料进行分析，还要结合临床流行病学诊断、临床症状诊断、微生物学与免疫学诊断、临床诊治等情况，综合分析病因，探索死因，做出较准确的诊断。也就是说，诊断是分析判断出来的，而不是单纯依靠肉眼直接看到的。

三、病理诊断错误的原因

病理诊断在动物诊疗实践中具有十分重要的地位。但和其他科学一样，不是万能的，更不是绝对正确的。造成病理误诊的原因很多，绝大多数的误诊原因在于观察和分析方法错误。当然，也不能排除由于工作草率，把标本遗失、号码颠倒、样本污染以及报告抄写错误等不应当发生的错误所造成的误诊。了解病理诊断的局限性和制约因素，尽量减少导致误诊的因素，才能减少病理的误诊和漏诊。

(一)认识方法偏误

正确的病理诊断是以病变的形态特征为基础，揭示疾病的本质。在多数情况下，既要以形态学变化特征为客观指标，又要结合临床资料、病理理论、技术和个人的经验等进行鉴别、分析、综合，才能做出比较合乎实际的诊断。对病变认识上的错误是引起误诊的重要原因，究其根源，主要是病理理论和实践欠缺。

(二)病检材料不当

取材部位与诊断结果密切相关，尸检取材不足或不当，不按规范取材，缺乏病变组织学特点，组织严重挤压或牵拉，使组织细胞严重变形，取出的组织标本未及时固定或固定不透等，都会影响病理诊断。

(三)疾病的复杂性

各种疾病都有一个逐渐发展的过程，有些疾病的早期病变未得到充分表现，病理变化不典型，而有些疾病的后期因器官组织适应与修复、结构重建，掩盖了原发病变；同一疾病，可以表现出不同的病理形态，同一种病理变化可见于多种疾病，如肺巨细胞肉芽肿可见于结核、恶性肿瘤、霉菌感染等多种疾病，仅凭活检标本中见到巨细胞肉芽肿很难明确诊断出是哪种疾病。特别是存在混合感染、继发感染的动物，在尸体上同时表现多种疾病的病理变化，各个病理变化之间有时是冲突的，有时是相辅相成的，使病变难以准确描述和定性。

(四)病理知识不足

病理的科学水平一直在发展中，许多疾病的发生过程和机制不明确或未肯定，例如许多肿瘤划不清良恶界限等，这些都是病理工作者所面临的课题，需要在实践中不断探索。

复习思考题

1. 尸体的变化有哪些？
2. 尸体剖检应做哪些准备工作？
3. 尸体剖检中如何才能做到如实反映尸体的病理变化，防止病原扩散和剖检人员自身感染？
4. 简述猪、鸡的尸体剖检方法。
5. 尸体剖检中应注意哪些事项？
6. 如何采集微生物检查的病料？病理材料采集的方法和要求、注意事项有哪些？
7. 尸体剖检记录的基本要求有哪些？
8. 如何鉴别尸斑与瘀血、血栓与血凝块、生前臌气与死后臌气？
9. 根据你的理解，你认为本课程对你所学专业有何作用？对于老师的讲解有什么意见？
10. 你认为怎样才能学好本门课程？
11. 为什么说病理诊断分析技术是动物病理诊断实务的核心？

第二单元　基础病理实务

第二章 疾病概论

第一节 疾病概述

疾病是相对于健康而言的。

所谓健康，是指动物机体各部分的结构和功能完整，在神经和体液的调节下，各系统、器官、组织、细胞之间的各种活动相互协调，保持着相对稳定和动态平衡，使机体完全适应不断变化的外部环境并实现正常的生存、生长或繁殖。就动物个体而言，健康有明确的衡量指标，包括正常的血压、心率、脉搏、呼吸频率，正常的精神状态、健全的体魄以及适度的反应性。

疾病是指动物机体在各种有害因素的作用下发生的损伤和抗损伤的斗争过程，在此过程中，动物有机体由于某些组织、器官、系统的功能、代谢、形态结构出现了变化，从而表现出一系列症状和体征，生产力下降，经济价值降低。总而言之，疾病是机体表现出的有别于健康的一切形态的总称，健康的动物是相似的，不健康(疾病)的动物各有不同。

在此明确指出，受科学技术发展程度的制约，人类对动物疾病本质的认识从非常肤浅到比较深刻，经历了漫长的历史过程，而且这个过程还将延续下去；同时，某些疾病状态，是当代技术不能明确测定和定论的，许多古老的疾病至今悬而未决，成为千古之谜团。但是我们坚信，随着科学技术的日新月异，手段的不断提高，人类对疾病的认识会更加深刻，更加明确。

第二节 疾病的原因

疾病的原因简称病因，又称致病因素，概括起来可分为外界致病因素和内部致病因素两方面。一些文献中还描述了诱发因素。掌握病因的分类方法，对于今后从事动物疾病诊断、防病、治病工作具有非常重要的意义。

一、外界致病因素

外界致病因素是指动物机体正常机能、物质代谢以外的因素。

(一)生物性因素

就目前来说,在我国,生物性因素是最常见、最重要、损害最严重的致病因素。《中华人民共和国动物防疫法》将这些致病因素所致疾病称为疫病,分为传染病和寄生虫病。主要由细菌、病毒、真菌、霉菌、立克次氏体、钩端螺旋体以及寄生虫等引起。

生物性因素所致疾病的共同特点:

(1)有一定的潜伏期。

(2)有特定的侵入门户和部位。消化道、呼吸道、皮肤等经常成为病原微生物入侵机体的门户。

(3)有相同或相似的临床表现和病理变化。如发热,血液中白细胞比例的变化等。呼吸道传染病会表现为咳嗽、呼吸困难,而消化道传染病则表现为腹泻、下痢等。

(4)动物机体产生免疫反应,恢复健康的动物产生一定的免疫抵抗力。

(5)具有传染性。

(6)具有群发性。

(7)免疫系统和单核巨噬细胞系统有明显的反应。

(8)免疫接种、药物预防是我国目前防控此类疾病常用的方法。

(二)化学性因素

1. 外源性毒物

(1)无机毒物:酸、碱、重金属盐,能使蛋白质发生变性。

(2)有机毒物:醇、乙醚、氰化物、有机磷农药、动植物毒性物质等。生物性毒素如蛇毒、毒蕈等。

(3)工业毒物:CO、H_2S、SO_2 等。

2. 内源性毒物

(1)滞留性自体中毒:如尿酸或尿素排除障碍引起尿毒症或痛风;胆汁排除障碍引起黄疸。

(2)吸收性自体中毒:腐败的肠道内容物、脓肿坏死组织崩解产物被血液吸收引起中毒。

(3)组织性自体中毒:代谢障碍,产生大量代谢产物而引起中毒,如乳酸堆积引起的酸中毒。

化学性因素致病的共同特点:

(1)某些化学物质对机体的组织、器官有选择性的毒害作用。

(2)化学性因素的致病作用除与毒物本身的性质、剂量等有关外,在一定程度上还决定于其作用部位和整体的功能状态;与动物的种类、性别、年龄、营养状况、个体情况以及饲养管理条件都有关系。

(3)化学毒物进入机体后,常蓄积一定量后才能引起发病。特别是反刍动物,由于庞大的瘤胃中有许多内容物,毒物要经一段时间才能到达小肠进行吸收,引起发病。

(4)除慢性中毒外,一般都有一短暂的潜伏期。

(5)突发、群发,食欲旺盛、健壮的动物先发生,症状也最明显、最严重;发病数量较多,时间较为集中;没有采食到可疑饲料或饮水的动物(包括哺乳期幼龄动物)不发病。

(6)网状内皮系统及淋巴系统一般无反应,因为毒物抑制网状内皮系统发生变化,但常见的出血一般是由血管损伤造成的。

(7)一般体温不高。

(8)抗生素治疗无效,特效解毒药物有效,但不是每种毒物中毒都有特效解毒药物。

(三)物理性因素

(1)温度因素:高温、低温。

(2)光和放射能的致病作用:体内有光感应物质、紫外线、X 射线和镭射线。

(3)电流的致病作用。

(4)机械性因素:创伤、挫伤、骨折等。

物理性因素致病的共同特点:

(1)病因只在疾病开始的一刻起作用,不参与以后的疾病发展过程。

(2)除光能外,一般没有潜伏期,或最多只有几个小时的潜伏期。

(3)作用结果都会产生明显的组织损伤。

(4)发病没有规律性,但往往与饲养管理和环境有关。

(5)受损器官出现典型病理变化,相关淋巴结变化明显,其他淋巴结无变化。

(6)网状内皮系统无变化。

(四)营养性因素

任何一种营养缺乏或过剩,都会对机体产生不利的影响,能量、蛋白质、维生素、矿物质缺乏等是过去最常见的营养性因素,从目前的饲养方式看,各种营养素的平衡已成为此类疾病的重要环节。

营养性因素的致病特点是:

(1)多发于幼畜,成年留有后遗症。母畜发生营养缺乏时,其后代出生后不久即表现出缺乏症状。

(2)网状内皮系统无反应。

(3)细胞膜系统损伤明显。

(4)发病与饲草、饲料、饮水有极为密切的关系。

(5)发病动物体温不高。

(6)抗生素治疗无效。

二、机体内部因素

(一)防御功能及免疫功能

1. 屏障功能

机体的屏障结构包括皮肤、黏膜、骨骼、肌肉、淋巴结、血脑屏障、胎盘屏障等。当屏障结构受到破坏或其功能障碍时,造成机体防御能力下降而发生疾病。

2. 吞噬和杀菌作用

分布于各器官、组织的单核巨噬细胞系统可以吞噬处理病原体、异物以及衰老的细胞等;血液中的中性粒细胞可吞噬抗原抗体复合物,减弱有害物质的作用;唾液、胃液、泪液、汗液有杀灭病原体的作用。当机体的吞噬和杀菌能力降低时,容易发生感染性疾病。

3. 解毒功能

肝脏是机体的解毒器官,通过强大的生物反应过程,将来自血液中的各种有害物质转化为无害或危害较低的物质，再通过肾脏排出体外。当肝脏功能降低时，解毒功能也降低，容易发生自体中毒。

4. 排除功能

呼吸道、消化道及肾脏均可将有害物质排出体外，当排除功能降低时，有害物质在体内积聚，造成疾病。

5. 特异性免疫反应

机体的特异性免疫反应是通过 T、B 细胞实现的，当机体免疫器官受损时，免疫功能就会降低，例如猪感染了圆环病毒、鸡患传染性贫血等疾病，都会严重影响机体的特异性免疫功能，出现各种感染或肿瘤性疾病。我们平常说的某动物对某种疾病的免疫力低，强调的就是这种特异性免疫功能。

(二)营养状况

机体的营养状况是构成抵抗力的重要物质基础，长期营养不良的动物，对各种疾病的抵抗力均降低。例如，长期蛋白质缺乏的动物，不仅瘦弱，而且机体内免疫球蛋白含量也降低。

(三)种属、品种、品系、遗传因素

动物种属不同，对同一致病因素的反应性也不同，这是物种在进化过程中获得的先天性非特异性免疫能力。

(四)年龄与性别

动物因年龄与性别不同，对一些致病因素也会有不同的反应，掌握某些疾病的年龄和性别特征，对于及时确诊及采取防控措施尤为重要。小鹅瘟主要发生于 3～21 日龄的小鹅，稍大一些的鹅感染性明显降低，因此，做好种鹅的小鹅瘟疫苗免疫接种，对于防控雏鹅小鹅瘟会起到至关重要的作用。

三、疾病发生的诱因

疾病的发生除了内、外因等直接因素外，还有发病的条件，即所谓的诱因。诱因的种类繁多，动物的生存环境、社会的科技水平、一定的社会制度都可成为重要的诱发因素。按照动物的生物学特性，创造适合动物生长、繁殖的生存环境已经成为我国养殖业面临的重要课题。

第三节 疾病的分类

疾病有很多分类方法，可以按照病原分类，也可按照发病过程分类。这里仅介绍病原学的分类方法，因为这种分类方法最直接地切入了诊断的主题。

按照疾病发生的原因分类：

一、疫病

《中华人民共和国动物防疫法》将由各种微生物和寄生虫引起的疾病统称为动物疫病。此类疾病是我国养殖业面临的主要疾病，其发病率高、危害严重、损失巨大，而且直接关系到人类的食品安全和人体健康，具有非常重要的公共卫生意义。

二、普通病

将除疫病以外的疾病统称为普通病。主要包括物理性致病因素、化学性致病因素以及营养性因素引发的疾病，这类疾病与饲养条件、管理水平以及社会环境有极为密切的关系，重要疫病得到有效控制的地区及养殖场，普通病成为日常应对的重要对象。

第四节 发 病 学

研究疾病发生及发展的一般规律和共同机制，探讨疾病是如何发生的科学称为发病学。不同疾病各有其特殊性和不同的发病机制，但就所有疾病而言又有其共同的发病机制和发病规律。

一、疾病发生的一般机理

不同病因作用于动物机体，其致病方式虽然各不一样，但归纳起来，可以分为如下几个方面。

(一)直接损伤作用

某些致病因素可以直接作用于组织器官。如高温所致的烧伤、烫伤；强酸强碱对组织的腐蚀作用；机械性因素引起的创伤。某些病因在进入机体后有选择性地作用于某一组织或器官，引起相应的病理变化。如四氯化碳引起肝脏坏死。

(二)对神经系统功能的作用

致病因素可以直接或间接影响神经系统的功能而影响疾病的发生和发展。

1. 直接作用于神经中枢

在感染、中毒、缺氧等情况下，致病因素可直接作用于神经中枢，引起神经功能障碍。如狂犬病、各种脑炎、一氧化碳中毒、中枢神经创伤等。

2. 神经反射作用

病因作用于感受器，通过反射活动引起相应的疾病或病理变化。如饲料中毒时出现的呕吐与腹泻；破伤风引起的神经感觉敏感；缺氧时氧分压下降刺激颈静脉窦及主动脉弓的化学感受器，使呼吸加深加快；烈日照射皮肤，达到一定的时间可引起局部充血；以及失血引起的反射性交感神经兴奋等都是通过神经反射而引起的损伤与抗损伤反应。

(三)对体液的作用

体液是机体活动的内环境，某些致病因素可使体液的质、量发生改变，使内环境稳定性遭到破坏，引起一系列的病理损伤。如大失血可引起机体脱水和酸中毒，水肿时体液量增多等。体液的酸碱度、渗透压和各种电解质含量及比例改变、激素和神经介质增多或减少、酶活性的改变等都可引起机体出现一系列的变化，导致严重后果。

(四)对细胞和分子的作用

细胞是生物机体最基本的结构、功能单位。致病因素作用于机体后,直接或间接作用于组织细胞,造成某些细胞代谢功能障碍,引起细胞的自我调节紊乱,这是疾病发生的细胞机制。

细胞的全部生命活动都是由分子来完成的,在疾病过程中细胞的病变均涉及分子水平的变化。随着分子生物学的快速发展,分子病理学也随之不断发展。人们对疾病的认识从细胞水平提高到了分子水平,即从分子(如基因、蛋白质)水平阐述疾病发生的机制,这是当前生物医学发展的重要方向。

需要注意的是,在许多情况下,上述四种致病方式在疾病发生过程中不是孤立的,而是常偶联在一起,只是在不同疾病的不同发展阶段以某一作用为主。在致病因素直接作用于组织的同时,也作用于组织中的神经系统。致病因素引起组织损伤后,产生的各种组织崩解产物及代谢产物也可进入体液,引起一系列的病理变化。

二、疾病发展的基本规律

(一)损伤和抗损伤的相互关系

疾病是损伤与抗损伤的斗争过程。致病因素作用于机体后,一方面可使机体的功能、代谢、形态结构发生损伤;另一方面也激发机体各种抗损伤性的防御、代偿、适应和修复反应。这种损伤与抗损伤的斗争贯穿于疾病的始终。如果损伤较轻,机体充分动员抗损伤反应并有及时、适当的治疗,即可逐渐好转而恢复健康;如果损伤严重,抗损伤反应不足以抗衡损伤导致的功能、代谢、形态结构的改变,又无适当的治疗,则疾病逐渐恶化而最终导致死亡。例如仔猪患传染性胃肠炎时,可引起机体小肠上皮细胞变性、坏死、脱落等损伤,同时又导致肠管蠕动加强、分泌增强、呕吐、腹泻等抗损伤反应,以便排出有害物质。如果病理损伤不严重,机体通过上述抗损伤反应,可逐渐好转直至痊愈。反之,如果机体抵抗力不强,冠状病毒未能清除,造成损伤严重,则病情逐渐加剧,以至于仔猪因脱水、酸中毒以及严重的营养不良而死亡。

此外,疾病过程中,损伤和抗损伤双方在一定条件下可以互相转化。如上述例子中,如果呕吐、腹泻这种抗损伤反应过于剧烈,则机体丧失大量的水分和电解质,造成机体脱水和酸中毒,对机体又是一种新的损伤。所以正确区分疾病过程中的损伤和抗损伤反应,有着重要的实践意义。在治疗疾病时,应具体问题具体分析,采取适当的治疗措施,加强抗损伤反应而去除或减轻损伤变化,促进疾病的康复。

(二)因果转化关系

因果转化是疾病发生发展的基本规律之一。原始病因作用于机体引起的损伤(结果),又可引起新的病变,成为新的病理变化的原因。原因与结果不断转换,形成链式发展的疾病过程。

例如机械力造成创伤,使血管破裂而引起大出血,大出血使心输出量减少和血压下降,血压下降可造成组织供血减少和缺氧,组织缺氧又可导致中枢神经、呼吸及循环各系统功能下降,引起失血性休克。这种因果转化,使疾病在链式发展过程中不断恶化而形成恶性循环。如果及时采取止血、补充血容量等措施,即可在某一环节上切断因果转化和疾病的链式发展,阻断恶性循环,使疾病向着有利于康复的方向发展。

值得注意的是,疾病过程的因果转化有时很复杂,同一个原因可能引出几个结果,要注意掌握因果转化链上的主要病理变化结果,即主导环节,采取合理的医疗措施,预防其主导环节的发生或切断主导环节的发展,防止恶性因果转化,提高机体的抵抗力,使其形成良性转化。

(三)局部与整体的关系

机体是一个统一的整体,任何疾病都是完整统一机体的复杂反应,局部病理变化是全身反应的一个组成部分,它既受整体影响,又影响整体,二者有着内在的密切联系,不可分割。如炎症是局部的,但常常会引起全身性反应。炎症能否扩散,多取决于全身状况。所以,在治疗疾病时,既要考虑局部用药,又要针对全身状态增加营养,提高机体抵抗力。

有时局部病理变化可能成为整体疾患的主导环节,如肠梗阻、恶性肿瘤等。另外,局部病变,有的还是整体疾病的标志,如口蹄疫时的口蹄部病变、猪丹毒的皮肤疹块、猪瘟的肠扣状肿等。因此,在进行疾病诊治时,既要有整体观念,又不能忽视局部变化,只有进行全面具体的分析,才能正确认识和防治疾病。

第五节　疾病的转归

疾病从致病因素开始作用于机体到结束的整个过程,称为疾病的经过或疾病过程。由于损伤和抗损伤矛盾双方力量的对比不断变化,疾病的经过常呈现不同的阶段性,有的疾病经过阶段性表现明显,有的表现不明显。一般由生物性致病因素引起的传染病,其阶段性表现明显,通常可分为四个阶段,即潜伏期、前驱期、症状明显期和转归期。

一、潜伏期

从致病因素作用于机体开始,到机体出现最初的临床症状为止的一段时间称为潜伏期。潜伏期的长短主要取决于微生物的致病能力、机体所处的环境及自身的免疫力(抵抗力)。一般来说,微生物的毒力强,机体抵抗力弱时,潜伏期短,反之则长。如猪瘟自然感染的潜伏期一般为5～7 d;鸡新城疫的潜伏期为3～5 d;猪丹毒的潜伏期为3～5 d。有的疾病潜伏期与致病因素的作用部位有关,如狂犬病病毒入侵部位离中枢神经系统越近,则潜伏期越短。不同种类的动物患有相同传染病时,往往潜伏期不同,例如犬患犬瘟热的潜伏期一般为4 d,而在狐狸、貉子和貂患犬瘟热时往往潜伏期要长一些或更为短暂。

了解潜伏期的意义非常重要:

(1)潜伏期短的传染病,一般来势比较凶猛,传播速度快,动物发病率高,损失也非常集中而明显;潜伏期长的传染病一般来势缓慢,传播速度慢,动物在短期内发病数量少,一定时间内往往难以估计损失情况。

(2)根据潜伏期,判断动物感染的时间,从而查明感染来源,以备采取相应的消毒、隔离措施。

(3)根据传染病的潜伏期可以判断诊断的正确性以及对于这种传染病应该采取哪些措施,评估已经采取的措施的有效性。动物群中没有感染的动物或处于潜伏期的动物可以进行紧急接种,而已经感染发病的动物应使用高免血清治疗。当所有动物都采取防控措施后,在一个潜伏期过后,如果防控措施明显有效,则不再出现新发病动物,如果继续发生新的病例,说明采取的措施效果不佳或诊断错误，应立即修正。

(4)在一些国家或国际上法定的动物传染病控制方面，是根据潜伏期来确定对疫区的封锁时间的，某一个地方如果发生法定传染病，国家或地方有关部门下达封锁令，封锁时间一般是这种病最长潜伏期的时间。

二、前驱期

从疾病出现最初症状开始，到疾病的主要症状出现为止的这一段时期称前驱期。前驱期长短可由数小时到数天不等。在这一段时期内，机体的活动及反应性均有所改变，损伤与抗损伤变化均加重，出现一些非特征性的临床症状，如精神沉郁、食欲减退、呼吸和脉搏增数、体温升高、生产性能降低等。在此期如果治疗得当，机体防御功能增强，疾病可向好的方面转化，反之，疾病将继续发展。

三、症状明显期

症状明显期是指疾病的特征性症状或全部主要症状表现出来的时期。不同疾病在这一时期持续的时间是不一样的，如口蹄疫为1～2周；马腺疫为1周左右。在这一时期里，动物机体的损伤与抗损伤达到一个新的水平，但以病因造成的损伤更具有优势，故患病动物呈现出一系列的特征性症状。研究此期机体的功能、代谢和形态结构的变化，对疾病的正确诊断和合理治疗有着十分重要的意义。

四、转归期

转归期是指疾病的最后阶段。在这一阶段中，如果机体的防御功能、代偿适应和修复能力得到充分的发挥，治疗措施得当，抗损伤过程占优势，则疾病好转，逐渐向康复发展；反之，机体的抵抗力减弱，则损伤加剧，再加上治疗措施的不力，疾病逐渐恶化，甚至死亡。疾病的转归可分为完全康复、不完全康复和死亡。

(一)完全康复

也称为痊愈。此时，病因作用停止，患病动物的临床症状消失，损伤的组织细胞形态结构、功能和代谢完全恢复正常，机体内部各器官系统之间以及机体与外界环境之间的平衡关系完全恢复，重新建立“稳态”，动物的生产能力也恢复正常。传染病痊愈后的机体还能获得特异性免疫力。

(二)不完全康复

也称不完全痊愈。特点是虽然病因作用停止，临床主要症状基本消失，但机体的形态结构、功能和代谢未能完全恢复正常，机体处于病理状态，往往遗留下某些持久性的损伤残迹，机体借助于代偿作用来维持正常生命活动。如心内膜炎时瓣膜孔狭窄；风湿病遗留下的心瓣膜病变；类风湿性关节炎遗留下的关节畸形；乳腺炎造成的结缔组织增生等。这些病理状态常可因负荷过重导致代偿失调而引起疾病再发。

(三)死亡

死亡是生命活动的终止。死亡过程有其特殊规律，机体的瞬间死亡称为急死或骤死，往往没有任何前驱症状而突然死亡，常见于生命重要器官的严重损伤，如心肌梗死和脑溢血等。一般疾病的死亡,有一定的发展过程,可分为三个阶段。

1. 濒死期

又称临终期,是临床死亡的一种特殊状态,此时全身各系统功能活动严重障碍和失调,脑干以上中枢神经功能丧失或深度抑制,脑干以下功能尚存,主要表现为反射基本消失,心跳变慢,血压下降,呼吸时断时续,体温降低,粪尿失禁等。

2. 临床死亡期

此期的主要特征为心跳、呼吸停止,各种反射消失,瞳孔散大,延髓处于深度抑制和功能丧失状态,但细胞组织仍维持微弱代谢。

在濒死期或临床死亡期,因机体重要器官的代谢活动尚未停止,此时若采取急救措施,机体有复活的可能,因此,这两期也称死亡的可逆时期。

3. 生物学死亡期

是死亡的不可逆阶段。此时从大脑皮层开始,各器官组织细胞代谢活动停止,出现不可逆的变化,是动物真正死亡的时期。

复习思考题

1. 哪些因素可引起动物发生疾病?
2. 各种致病因素引发的动物疾病有什么特点?
3. 哪些情况可证明某动物群发生了传染病?
4. 动物疾病是怎么分类的?
5. 疾病的发生要经历哪些过程?了解动物传染病的潜伏期有什么意义?

第三章　应激与疾病

应激是动物机体对各种外界刺激产生的一种全身适应性反应，可以扩大机体的适应范围。应激本身不是一种疾病，但却是诱发多种疾病发生的原因。在兽医临床中，往往有一些疾病找不到特异性病原，实际上很多是由应激引起的。随着畜牧业经济的发展，养殖规模和饲养方式的变化，应激因素已越来越受到人们的重视。采取各种措施，防止动物不良的应激反应，对于保护畜禽健康、提高养殖效益具有十分重要的意义。

一、应激与应激原

（一）应激

也称应激反应，是指机体在受到各种外界或体内因素的强烈刺激或长期作用时，出现的以交感神经过度兴奋和肾上腺皮质功能异常增强为主要特点的非特异性全身反应。

任何刺激，只要达到一定的强度，除了引起与刺激因素直接相关的特异性变化外，还可以引起与刺激因素性质无直接关系的全身性非特异性反应，如心跳加快、血压升高、肌肉紧张、分解代谢加快、血浆中某些蛋白的浓度升高等，以提高机体的适应能力和维持内环境的稳定。因此可以认为，应激是机体应对各种内外因素刺激时出现的一种非特异性防御反应。

应激反应可分为急性和慢性两种情况，急性应激是指机体受到突然的刺激发生的应激（如惊吓），慢性应激是指机体长期而持久的紧张状态（如猪水肿病）。

（二）应激原

引起应激反应的各种刺激因素，称为应激原。任何刺激因素只要达到一定强度，都可成为应激原。来自于外界的应激原有气温剧变、手术、感染、缺氧、中毒、运输时震动或拥挤、注射、噪声、过度劳役、断奶、断喙等。动物体内因素如饥饿、各种因素引起的精神紧张、内分泌激素增加、酶和血液成分改变等，既可以是应激原，也可以是应激反应的一部分。

二、应激过程

应激原持续作用于机体，表现为动态的连续过程，并最终导致内环境紊乱和疾病，被称为全身适应综合征。常分为 3 期：动员期、抵抗期、衰竭期。

（一）动员期

机体防御机制快速动员；以交感-肾上腺髓质系统兴奋为主。动物在应激原的刺激下，一方面出现各种损伤现象；另一方面进行抗损伤反应的动员，但主要表现为损伤现象。

(二)抵抗期

以肾上腺皮质激素增多为主;对特定应激原的抵抗程度增强。机体对应激原已获得最大适应,损伤现象消失或减轻。

(三)衰竭期

虽然肾上腺皮质激素增高,但糖皮质激素(GC)受体数量和亲和力均下降;出现应激相关疾病的表现。由于应激原过强或作用时间过久,前一时期所产生的抵抗力和反应性最后耗竭,又出现第一期的各种表现。肾上腺皮质功能降低,机体内环境明显失衡,应激反应的负效应陆续显现,器官功能衰退甚至休克、死亡都可在此期出现。

总之,三个阶段是一个连续过程;且上述三个阶段并不一定都依次出现,多数应激只引起第一、第二期的变化,只有少数严重的应激反应才进入第三期。

三、应激时机体的病理生理变化

(一)神经内分泌反应

主要表现为交感-肾上腺髓质系统兴奋、儿茶酚胺分泌增多和下丘脑-垂体-肾上腺皮质分泌增多为主的一系列神经内分泌反应,以适应强烈刺激,提高机体抗病的能力。

1. 交感-肾上腺髓质反应

应激时,交感神经兴奋,肾上腺髓质分泌增多,血浆中肾上腺素、去甲肾上腺素和多巴胺的浓度迅速增高,使动物心率加快、呼吸加深加快、血糖和血压升高、血液重分布,以保证心、脑和骨骼肌的血液供应。通过这些变化可以充分动员机体的潜在力量,应付环境的急剧变化,以保持内环境的相对恒定。但也会给机体带来不利的影响,如能量消耗过多,心肌耗氧量增加,易导致心肌缺血;外周小血管收缩,导致组织缺血;儿茶酚胺可促使血小板数目增多及黏附聚集性增强,增加了血液黏滞度,促进血栓形成。

2. 下丘脑-垂体-肾上腺皮质变化

应激时,通过下丘脑-垂体前叶-肾上腺皮质系统相互作用,产生大量的糖皮质激素,并快速释放到循环血液中。这是应激最重要的一个反应,对机体的抗有害刺激起着极为重要的作用。关于其提高机体对刺激的抵抗力的机制,目前认为,糖皮质激素有促进蛋白质分解和糖异生作用,可以补充肝糖原的储备,提高血糖水平;可提高心血管对儿茶酚胺的敏感性;抑制化学介质的生成、释放和激活,防止发生过强的炎症、变态反应等。肾上腺皮质分泌的皮质类固醇如果长时期增多,对身体能起破坏作用。如能逐渐减慢抗体的产生,损伤胸腺及淋巴结,使机体的免疫功能下降等。

3. 其他激素分泌变化

除上述内分泌变化外,应激时机体多种激素分泌也会发生改变。如血浆中促肾上腺皮质激素(ACTH)、抗利尿激素(ADH)、醛固酮、胰高血糖素、生长激素等常增多,而血浆胰岛素含量通常偏低。胰高血糖素能促进糖原异生和肝糖原分解,是引起应激性高血糖的重要激素。生长激素分泌增多,具有促进脂肪的分解和动员,抑制细胞对葡萄糖的利用而升高血糖,促进氨基酸合成蛋白质、保护组织的作用。这些激素的变化,相互促进,以维持体内环境平衡协调,增强机体的非特异性抵抗力。

(二)物质代谢变化

严重应激时,代谢率升高十分显著。机体处于分解代谢大于合成代谢状态,其意义在于为机体应付“紧急情况”提供足够的能量。但如持续时间长,则可因消耗过多,造成物质代谢的负平衡,导致患畜出现消瘦、衰弱、抵抗力下降等不良后果。超高代谢主要与儿茶酚胺分泌量的增加密切相关。

1. 糖代谢的变化

应激时,由于糖原分解和糖异生增强,可出现应激性高血糖或应激性糖尿。主要是由于儿茶酚胺、胰高血糖素、生长激素、肾上腺糖皮质激素等促进糖原分解和糖原异生以及胰岛素的相对不足所致。肝糖原和肌糖原在应激的开始阶段有短暂的减少,随后由于糖的异生作用加强而得到补充。组织对葡萄糖的利用减少(但脑组织不受影响)。这些变化与应激的强度相平行。

2. 脂肪代谢的变化

由于肾上腺素、去甲肾上腺素、胰高血糖素等脂解激素增多,脂肪的动员和分解加强,因而血中游离脂肪酸和酮体有不同程度的增加,同时组织对脂肪酸的利用增加。

3. 蛋白质代谢的变化

蛋白质分解加强,而合成减弱,尿氮排出量增多,出现负氮平衡。严重应激时,负氮平衡可持续较久。

(三)机体机能变化

1. 循环系统变化

应激时,由于交感神经兴奋和儿茶酚胺释放增多,心血管系统整体功能全面提高,出现心率加快、心收缩力加强、外周总阻力增高以及血液的重分布等变化,有利于提高心输出量,提高血压,保证心、脑和骨骼肌的血液供应,有十分重要的防御代偿意义。但同时也因外周小血管收缩,微循环血液灌流量减少,导致皮肤、腹腔内脏和肾缺血缺氧,心肌耗氧量增多、心肌坏死等。当应激原的作用强烈而持久时,会导致循环衰竭而使重要器官损害,引起休克甚至死亡。

2. 消化道变化

应激时,由于交感-肾上腺髓质系统的兴奋,使胃和十二指肠黏膜的小血管也发生收缩,胃肠黏膜的血液灌流量显著减少,于是黏膜发生缺血缺氧,导致黏膜损伤。同时糖皮质激素分泌过多抑制黏膜的修复。前列腺素的降低减少了胃黏液的合成,加强了胃酸及胃蛋白酶的分泌,可以使胃肠黏膜上皮细胞变性,甚至坏死,并易受胃酸和蛋白酶的消化而引起出血、糜烂以至溃疡。因此胃肠黏膜急性出血、糜烂或溃疡是应激的主要特征之一,常称为急性应激性溃疡。

3. 血液变化

急性应激时外周血中白细胞数目增多,临床上常用外周血液的嗜酸性粒细胞计数作为应激的指标之一。血小板数增多、黏附力增强、部分凝血因子浓度升高,表现出抗感染能力和凝血能力增强,但也易于引起血栓和弥散性血管内凝血(DIC)。由于儿茶酚胺分泌增多,促使血管内皮细胞释放出纤溶酶原激活物,引起纤溶酶活性增强。

慢性应激时,动物机体可出现贫血,血清铁降低,状似缺铁性贫血,但骨髓中铁含量正常或稍增高,补铁治疗无效,红细胞寿命常缩短至 80 d 左右,其机制可能与单核巨噬细胞系统对红细胞的破坏加速有关。

4. 泌尿机能变化

应激时，肾血管收缩，肾血流量减少，肾小球滤过率降低，抗利尿激素(ADH)分泌增加，水的重吸收增强，出现尿少症状。肾泌尿功能变化的防御意义在于减少水、钠的排出，有利于维持循环血量。但肾缺血引起泌尿功能障碍，可导致内环境紊乱。

5. 免疫功能变化

免疫功能变化较为复杂，这主要是由于神经内分泌功能变化，可以多重途径和水平改变机体的免疫力。急性应激时，血浆中非特异性急性期蛋白(如 α1 抗胰蛋白酶、纤维蛋白原、纤溶酶原、凝血因子Ⅷ等)的变化，对机体有重要的防御意义。而持续强烈的应激反应时，血清中出现多种免疫抑制因子，抑制巨噬细胞对抗原的吞噬和处理，抑制 NK 细胞的杀伤活性，阻碍淋巴细胞 DNA 合成，损伤浆细胞，使细胞免疫和体液免疫均受到抑制。这种免疫抑制可保护机体免受更严重的损伤，但也降低了机体的免疫功能和对病原体的抵抗力。

6. 主要病理变化

应激引起的器官形态学变化主要见于肾上腺、肺脏和消化道。

(1)肾上腺　急性应激时，肾上腺体积变小，颜色浅黄色，有散在的小出血点。当应激原很快消除后，肾上腺能迅速再现脂肪颗粒和表现正常脂质水平。当应激原弱而持久时，可见肾上腺皮质增厚，腺体宽度增加。长期应激，可见肾上腺肿大。肾上腺病变可作为应激的指征。

(2)肺脏　尸检时可见肺充血，间质性和肺泡性肺水肿、瘀血、出血，局限性肺不张，肺泡内透明膜形成及肺毛细血管内微血栓形成等，具有这些病理变化的肺称为休克肺。

(3)消化道　胃肠黏膜出血、糜烂或溃疡。由应激引起的消化道溃疡，称为应激性溃疡。主要发生在胃和十二指肠黏膜，表现为黏膜缺损、多发糜烂，或表现为单个或多个溃疡。

四、应激在畜牧兽医实践中的意义

应激可分为生理性(良性)应激和病理性(恶性)应激。生理性应激是日常生活的重要组成部分，动物总是处于一定的应激状态下，如果没有应激反应，机体将无法适应随时变化的内外环境。适度的应激可以激发体内神经内分泌系统变化，引起机体功能和代谢改变，维持机体平衡，提高了机体对内外环境因素的适应能力。当应激反应过于强烈或持久，超过了机体的代偿限度，内环境的稳定性破坏，这就意味着疾病的开始甚至死亡的到来，这种应激就称为病理性应激。

在现代化的畜牧业规模经营和生产管理中，存在着很多应激原，这些应激原可引起机体表现出不同的临床症状和病理反应，使动物的生产性能下降，甚至发病、死亡。因此在畜牧兽医实践中，应激已被人们越来越重视。从改良品种、改善饲养管理条件和方式、注重动物福利、调整饲料配方等各个方面，采取多种措施，尽量减轻或避免应激原引起的病理反应，以防止应激性疾病的发生。

五、动物应激性疾病

(一)猪应激综合征(PSS)

是指严重的应激引起猪的非特异性应答反应的症候群，多见于应激敏感猪。如注射药物、断奶、运输、驱赶、捕捉、鞭打、斗殴、过冷过热、强烈噪声等都可成为应激原而引起应激反应。根据应激的程度和持续时间，临床上常见有以下几种类型。

1. 猝死性应激综合征

受强烈应激原的刺激时，无任何临床症状而突然死亡。如配种时公猪过度兴奋而猝死；追赶时猪过于惊恐、运输途中过度拥挤等，都可能因神经过于紧张，引起虚脱或休克，造成猝然死亡。

2. 急性应激综合征

如运输途中过热、拥挤，病猪表现颤抖、呼吸困难、黏膜发绀、皮肤潮红或出现紫斑、肌肉僵硬、体温增高，直至死亡，称恶性过热综合征。因饥饿、惊恐、严寒、中毒等因素刺激，病猪交错出现体温升高、血糖上升、血压增高等，称全身适应性综合征。

3. 慢性应激综合征

应激原强度不大，但持续或间断反复引起较轻反应。病猪生产性能降低，防卫机能减弱，容易继发感染，引发各种疾病。

剖检因应激死亡的猪只时，可见尸僵发生快，某些肌肉苍白、柔软、切面多汁，严重者如烂肉样，称白肌肉（PSE 肉），尤以背最长肌明显。有的肌肉颜色暗红，质地粗硬，切面干燥，称黑硬干猪肉（DFD 肉）。也有的表现为心肌苍白变性，或肺水肿、细支气管充满泡沫等。

（二）猪咬尾症

多见于仔猪断奶分群饲养时，常从一两头仔猪咬尾开始，多头仔猪咬成一团。常因猪群密度太大，饲料中缺乏蛋白质或某些氨基酸、维生素、矿物质和微量元素等引起。

（三）猪胃溃疡

是猪的一种慢性应激病。目前认为，饲料过烫、过冷，谷物粉碎过细，饲料中粗纤维含量不足，惊恐，饥渴等多种应激因素，引起机体肾上腺皮质机能亢进，导致胃酸分泌过多而使胃黏膜受损，从而诱发本病。

患病猪平时症状不明显，常于运动、斗殴和运输中，因胃溃疡灶大出血而突然死亡。剖检可见胃壁质软、膨大，胃内充满血块、未凝固的血液及黄褐色水样液状内容物，有时有发酵酸败气味。胃食管区黏膜表面出现不规则皱纹，粗糙不平，易于揭起，或见弥漫性、不规则的糜烂、溃疡和瘢痕病灶混合存在。

（四）禽的应激综合征

多因气候突变、管理不当、营养失调、通风不良、噪声等引起。鸡生长发育受阻，采食量减少。产蛋鸡产蛋率下降，蛋重减轻，蛋内容物稀薄，破蛋、软蛋比率增加。公鸡精液品质降低，受精率、孵化率降低。长期在应激环境下，鸡只免疫水平降低，往往伴随有继发性疾病的发生。

（五）牛运输热

由应激因素引起的细菌和病毒混合感染。多见于长途运输、拥挤、过冷过热、噪声及去势等引起应激反应时，牛只发生多种病原微生物感染，临床上表现为发热与支气管肺炎症状。

复习思考题

1. 调查你所在的地区引起动物疾病的常见因素有哪些？根据调查结果，就预防工作提出你的见解。

2. 某鸡场附近有一饲料厂，饲料厂开业庆典鸣放鞭炮，鸡场出现大量死亡鸡只，试分析其可能的原因。

3. 某猪场饲养肉猪 1 000 头，入秋后 1 周内有 80 多头猪陆续发病，轻微咳嗽、拉稀，请分析其可能的病因。如要确定病因，还需做哪些检查？

4. 某猪场在对断乳仔猪分群后，有少数猪只出现发热，食欲不振等，用抗生素治疗效果不明显。剖检个别病死猪，发现肾上腺肿大，胃肠黏膜出血、糜烂。据此，请分析该猪群的发病原因。

5. 调查一个规模化养殖场，分析该场可能的应激原，并提出防止应激性疾病的措施。

6. 通过本章学习，试说明应从哪些方面、采取哪些措施预防动物疾病发生。

第四章　血液循环障碍

血液循环是血液在心血管系统中周而复始流动的过程，是动物机体重要的生理机能。正常的血液循环不仅依赖于心脏血管系统的正常结构和机能，还与神经和体液调节，机体各器官、系统（如血液和呼吸系统）之间有着密切的联系。无论是心脏血管系统本身及其调节过程发生损伤或障碍，或者是血液、呼吸系统出现病理过程，都可招致血液循环障碍，从而引起器官和组织的功能紊乱、代谢失调、形态结构发生变化。血液循环障碍是动物机体在各种疾病过程中发生病理变化的基础，如组织细胞的变性、坏死以及炎症等都与血液循环障碍有密切关系。

血液循环障碍分为全身性和局部性两种类型。全身性血液循环障碍是整个心血管系统功能障碍或血液的质和量改变的结果，如心力衰竭、休克、血稠、血红蛋白机能改变等。局部血液循环障碍是病因作用于机体局部而引起的个别器官或局部组织发生的病变过程，可表现为局部血量异常，如充血、瘀血、贫血；血液性状和血管内容物改变，如血栓形成和栓塞；以及血管壁通透性或完整性的改变，如水肿、出血等。

全身和局部血液循环障碍虽然在表现形式和对机体的影响上有所不同，但又有着密切的关系。如右心衰竭引起的肝瘀血是全身性血液循环障碍在肝脏局部的表现；而冠状动脉痉挛引起的心肌缺血，使心肌收缩力减弱，可导致全身血液循环障碍。

本章主要论述局部血液循环障碍。

第一节　充　血

局部组织或器官的血管内血液含量增多的现象，称为充血。按照发生机理，可将充血分为动脉性充血和静脉性充血（瘀血）两种类型（图 4-1）。

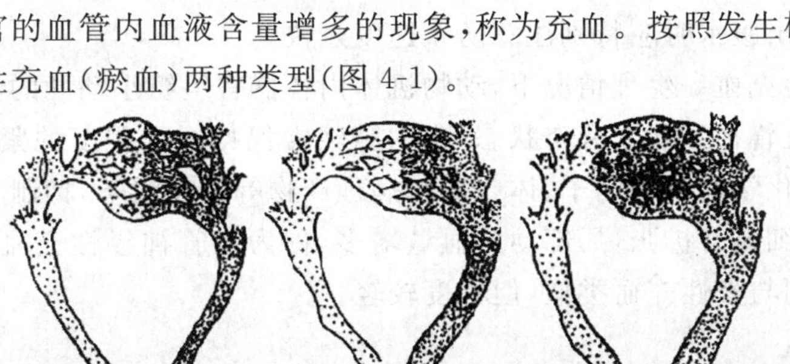

图 4-1　充血示意图

一、动脉性充血

局部组织或器官的小动脉及毛细血管扩张，流入过多的血液，而静脉回流正常，使组织或器官内血液增多的现象称为动脉性充血，一般简称为充血。

(一)原因和类型

凡是能引起小动脉及毛细血管扩张的任何因素，都能引起局部组织和器官充血。根据其发生的原因和机理不同，可分为生理性充血和病理性充血。

1. 生理性充血

在生理情况下，当器官、组织功能活动增强时，该器官组织的小动脉和毛细血管反射性地扩张，引起的充血。如妊娠时的子宫充血、采食后胃肠充血、运动时横纹肌充血等。

2. 病理性充血

见于各种病理过程。致病因素作用于局部组织引起的充血，称为病理性充血。根据病因可分为以下几种类型：

(1)侧支性充血　当某一动脉内腔狭窄或受阻时，如动脉血栓、栓塞或受压迫，局部组织供血减少或中断，其周围的动脉吻合枝（侧支）为了恢复血液供应，发生反射性扩张而充血，建立侧支循环，补偿缺血组织血液供应。侧支性充血对于机体具有代偿性意义(图4-2)。

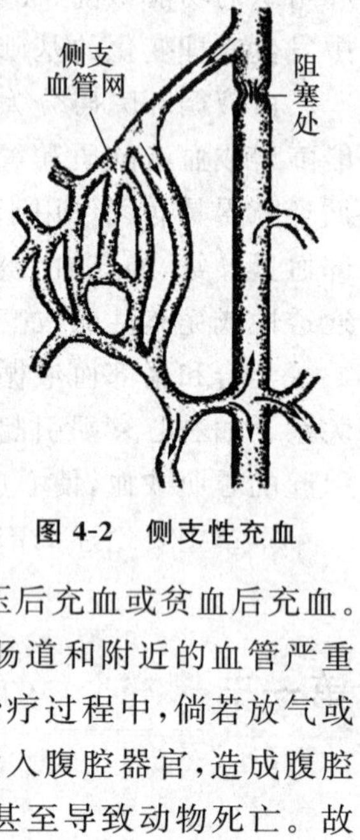

图4-2　侧支性充血

(2)炎性充血　是最常见的充血类型。在炎症发生过程中，由于致病因子的直接刺激，以及炎症时组织所释放的血管活性物质如激肽、组胺、白细胞三烯、5-羟色胺等的作用，促使小动脉和毛细血管迅速扩张引起充血，主要在炎症早期、急性炎症、炎灶边缘表现最为明显。

(3)减压后充血　动物机体局部组织内血管持续受到压迫，在发生局部性缺血的同时，血管张力大大下降。当压力突然解除，受压组织内的小动脉和毛细血管反射性扩张，引起局部充血的现象称之为减压后充血或贫血后充血。如牛羊瘤胃臌气、腹腔积水等疾病情况下，由于腹腔内压显著增大，胃肠道和附近的血管严重受压，血液被挤压到腹腔以外的血管中去，造成腹腔内器官贫血。在治疗过程中，倘若放气或排出腹水的速度过快，会导致腹腔内压突然降低，使得过量血液迅速涌入腹腔器官，造成腹腔以外器官的血量短时间内明显减少，血压下降，严重者可出现脑贫血，甚至导致动物死亡。故施行瘤胃放气或排出腹水时应特别注意防止速度过快。

(4)血管神经性充血　生理情况下，动物机体内各器官组织小动脉的舒张和收缩受植物神经支配，如交感缩血管神经处于兴奋状态，小动脉经常保持一定程度的紧张性。在温热、摩擦等物理因子或各种化学性致病因子、体内局部病理产物等的刺激下，抑制了缩血管神经的兴奋性，导致小动脉、毛细血管扩张，局部动脉血量增多，称为血管神经性充血，也称之为刺激性充血，通常认为其机制与炎性充血类似，但程度较轻。

(二)病理变化

充血的局部组织由于小动脉扩张、血流加快，血氧含量丰富，代谢旺盛，因此局部组织温度升高，出现腺体或黏膜分泌增多等机能加强现象，血管有明显的搏动感。如发生在体表，局部温度升高比较明显。由于局部微循环内氧合血红蛋白增多,局部组织呈鲜红色。微循环内血液灌注量增多,使体积轻度增大。

显微镜下,可见充血组织中微动脉和毛细血管扩张,毛细血管数目增多,血管内充满大量血细胞。由于充血多见于急性炎症,此时在充血组织中还可见渗出的炎症细胞和浆液,以及局部实质细胞的变性和坏死等病理变化。

值得注意的是,动物死亡时由于动脉发生痉挛性收缩,使原来扩张充血的小动脉变为空虚状态,故临床上充血现象大多不明显。有些病例,由于动物生前心力衰竭导致全身性瘀血,或因死后的沉积性瘀血,常常掩盖生前的充血现象。

(三)结局和对机体的影响

充血是机体防御、适应性反应之一,多为暂时性反应,病因消除后局部血量即可恢复正常。充血时,由于血流量增加和血流速度加快,一方面可以输送更多的氧、营养物质、抗病因子等,从而增强了局部组织的抗病能力;另一方面,可将局部产生的代谢产物和致病因子及时排除,这对消除病因和修复组织损伤均有积极作用。临床上采用的热敷、涂擦刺激剂、红外线等理疗方法治疗某些疾病,就是充血机理在实践中的应用。

但是,如病因持续较久较强时,会导致血管壁紧张度下降或丧失,血流速度逐渐减慢,进而发生瘀血、水肿和出血等变化,甚至血流停滞。此外,充血发生的部位不同,对机体的影响也有很大差异。如脑和脑膜发生严重充血时,常可因颅内压升高而使动物发生神经机能障碍,甚至昏迷死亡;血管病变严重时可能因充血而发生破裂性出血。

二、静脉性充血

静脉血液回流受阻而淤积于小静脉和毛细血管内,引起局部组织或器官内血量增多,称为静脉性充血,简称瘀血。

(一)原因和类型

1. 局部瘀血

主要见于局部静脉受压和静脉管腔阻塞。当静脉受到周边组织如水肿、肿瘤、寄生虫结节等压迫时,导致静脉管腔狭窄或闭塞,静脉血液回流受阻,则相应部位的器官和组织发生瘀血。例如,妊娠子宫压迫髂静脉引起的后肢静脉瘀血;肠扭转、肠套叠时引起肠系膜和肠管瘀血;肿瘤压迫静脉或绷带包扎过紧引起局部瘀血等。

静脉管腔阻塞常见于静脉血栓形成和栓塞,由于静脉分支多,只有当静脉管腔阻塞且侧支循环回流受阻时,才会发生静脉性充血。

2. 全身瘀血

常见于动物心力衰竭和胸内压增高。心力衰竭时,心脏收缩力减弱,心输出量减少,心腔积血,导致静脉血回流心脏时受阻,血液淤积于静脉系统。二尖瓣瓣膜病和原发性高血压引起左心功能不全时,可导致肺瘀血。肺源性心脏病引起右心功能不全可造成肝、肾和后肢等器官瘀血,引起体循环瘀血。胸内压增高(胸腔积液或气胸)时,腔静脉受压使静脉血液回流障碍,可引起全身性瘀血。

(二)病理变化

急性瘀血的组织和器官由于大量血液淤积在静脉和毛细血管内而肿胀,此时血流缓慢,血氧消耗过多,组织缺氧,血液内氧合血红蛋白减少,还原性血红蛋白增多,使局部呈暗红色,甚至蓝紫色,这种现象称为发绀。体表瘀血区血流缓慢,毛细血管扩张,使散热增加,局部温度降低。镜检可见,小静脉和毛细血管明显扩张,充满大量血细胞。

若瘀血时间较久,静脉血压升高,局部组织代谢产物蓄积,可导致毛细血管通透性升高,血浆大量渗出,引起瘀血性水肿。瘀血区毛细血管损伤严重时,红细胞可透过损伤的内皮细胞间隙和基底膜进入组织,发生漏出性出血。如瘀血持续发展,组织严重缺氧,实质细胞变性、坏死,间质结缔组织增生,可引起组织纤维化,称瘀血性硬化。

临床上,动物肺脏和肝脏的瘀血较常见。

1. 肺瘀血

主要因左心功能不全或左心衰竭,左心腔内压力升高,引起肺静脉回流受阻所致。急性肺瘀血时,眼观肺脏呈暗红色,体积肿胀,边缘钝圆,质地稍硬,重量增加,被膜紧张而光滑,切面外翻,从切面上流出大量泡沫状血样液体。光镜下可见肺内小静脉以及肺泡壁毛细血管扩张充血,肺泡壁增厚,肺泡腔内充满淡红色的水肿液及数量不等的红细胞。

慢性肺瘀血时,可见肺泡壁变厚及纤维化,肺脏质地变硬,伴有肺水肿和肺出血。长期肺瘀血还会引起肺间质结缔组织增生,同时伴有大量含铁血黄素在肺泡腔和肺间质内沉积,肺呈棕褐色硬化。光镜下,常在肺泡腔内见到吞噬有红细胞或含铁血黄素的巨噬细胞,因其多见于心力衰竭病例,故又称为"心衰细胞"(图 4-3)。肺瘀血动物临床上有明显气促、发绀及咳出大量粉红色泡沫痰等症状。

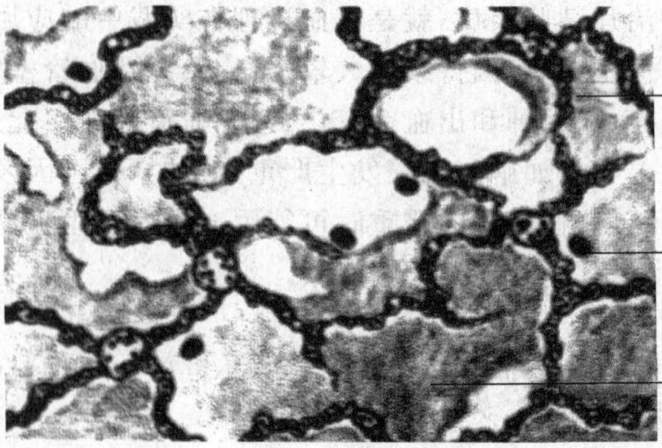

图 4-3 慢性肺瘀血

A. 肺泡壁毛细血管扩张,充满红细胞

B. 心衰细胞 C. 肺泡腔内水肿液

2. 肝瘀血

主要见于右心功能不全或右心衰竭,肝静脉和后腔静脉回流受阻,致使肝小叶中央静脉及肝窦扩张瘀血。急性肝瘀血时,临床表现为恶心、呕吐、食欲下降,眼观肝脏体积增大,被膜紧张,边缘钝圆,重量增加,呈暗红色,质地变硬,切面外翻,从切面流出许多暗红色凝固不良的血液。镜下可见肝小叶中央静脉及窦状隙扩张,充满血液。

慢性肝瘀血时,肝小叶中央严重瘀血呈暗红色,肝小叶周边肝细胞因瘀血、缺氧,发生脂肪变性而呈黄色,在肝切面形成暗红色瘀血区与土黄色的脂变区相间的网格状花纹,眼观似槟榔状,故称为"槟榔肝"。光镜下可见肝静脉、中央静脉和肝窦扩张瘀血,肝小叶中央部肝细胞因缺氧和受压发生萎缩和坏死,肝小叶周边部肝细胞发生脂肪变性。长期慢性肝瘀血可致肝脏瘀血性硬化。

(三)结局和对机体的影响

瘀血对机体的影响取决于瘀血持续的时间、瘀血的程度、发生的部位等因素。短时间轻度瘀血可在消除病因或形成侧支循环后消退,机体可以完全恢复。长期瘀血时,局部组织毛细血管内流体静压升高,血管壁通透性升高,使血液中的液体大量进入组织而引发水肿。持续长时间的瘀血,由于组织缺氧、营养物质不足、代谢障碍、代谢产物蓄积等,可引起组织细胞萎缩、变性和坏死。另外,当心、脑等生命重要器官发生瘀血时,虽然持续时间不长,仍可引起动物死亡。

第二节 出 血

血液(红细胞)流出血管或心腔之外称为出血。血液流出体外称为外出血;而血液流入组织间隙或体腔内称为内出血。

一、原因和类型

(一)破裂性出血

心血管壁的完整性遭到破坏而引起的出血称为破裂性出血,一般发生在局部,可发生于心脏和各种血管。刀伤、咬伤、刺伤等各种机械损伤,溃疡、炎症和恶性肿瘤对血管壁的侵蚀,都能引起血管破裂性出血。血管在发生血管瘤(如鸡白血病病毒引起的血管瘤)、动脉硬化的基础上血压突然升高,也可导致血管破裂而出血。食道、胃的出血可表现为呕血;食道、胃、小肠的出血由于胃酸、小肠消化液的作用,随粪便排出体外呈现柏油样;而动物大肠的出血表现为粪便潜血阳性,或者眼观粪便中带血,或者全部为血液。肾结石引起的出血表现为血尿,是由于结石刮破输尿管造成的。

(二)渗出性出血

小血管壁的通透性升高,血液通过增大的内皮细胞间隙及损伤的基底膜缓慢地渗出血管外,称渗出性出血。临床上称之为"渗血"。其相关因素有:

1. 血管壁损害

常由于瘀血、缺氧、感染、中毒等因素引起。如瘀血和缺氧时,毛细血管内皮细胞因缺氧发生变性,酸性代谢产物损伤基底膜,加之毛细血管内流体静压升高等而引起出血;各种感染性疾病、蛇毒及有机磷中毒时,可致毛细血管壁损伤,通透性增强;维生素 C 缺乏时毛细血管内皮细胞接合处的基质和血管外的胶原基质形成能力降低,使血管脆性和通透性增加;某些药物或食物可使机体产生过敏反应而损伤毛细血管,使血管壁通透性增高等,均可引起渗出性出血。

2. 血小板减少或功能障碍

血小板对毛细血管内皮细胞具有营养和支持功能,如血小板减少或功能缺陷、脾功能亢进、再生障碍性贫血、急性白血病等,也可致渗出性出血。

3. 凝血因子缺乏

如凝血因子Ⅷ(血友病 A)、Ⅸ(血友病 B)、纤维蛋白原、凝血酶原等因子的先天性缺乏;维生素 K 缺乏、严重肝脏疾病等,引起凝血因子合成减少;弥散性血管内凝血(DIC)时,凝血因子消耗过多等,均可引起继发性广泛出血。

二、病理变化

由于出血的原因、速度和部位以及损伤血管类型、局部组织性质的不同而有差异。

(一)积血

血液流入体腔称为积血，如胸腔积血、腹腔积血、心包腔积血、颅腔积血等，常见于破裂性出血。

(二)血肿

大量血液局限在皮下、器官被膜下和组织间隙内，形成局限性血液质块，称为血肿，如脑血肿、皮下血肿等，常见于血管破裂。

(三)出血斑

皮肤、黏膜、浆膜和实质器官的渗出性出血，形成直径在 1 mm 以内的点状出血称为瘀点，直径在 1～10 mm 的称瘀斑。很多传染病(如鸡瘟、猪瘟、兔瘟等)、寄生虫病(如球虫病)、中毒病(如霉菌毒素中毒)以及瘀血、炎症等都因渗出性出血，引起全身组织广泛的出血斑点。出血时，由于红细胞弥散性浸润于组织间隙，使组织呈大片暗红色，称为出血性浸润。机体有全身性出血倾向，各组织出现广泛性出血点，称为出血性素质。少量组织内出血时，只有在镜检时见红细胞出现于血管外。出血区的颜色随出血发生的时间而不同，通常新鲜的出血斑点呈红色，陈旧的出血斑点呈暗红色。

临床上，要注意出血与充血的鉴别。充血组织指压褪色，出血时指压不褪色，且出血灶边缘一般较明显。鸡肺脏静脉瘀血时，从外表看常呈斑点状暗红色，常误认为是出血；胃肠瘀血在动物死后易发生溶血，往往被误认为是出血。实际上在某一病变组织内充血和出血往往同时存在，所以充血和出血的鉴别比较困难，要注意仔细检查，确诊需进行病理组织学检查。

注意血肿与肿瘤的区别。血肿早期一般呈暗红色，后因红细胞崩解，血红蛋白分解成含铁血黄素和橙色血质，颜色变为淡黄色，血肿一般逐渐缩小，而肿瘤一般颜色不变，体积逐渐增大，必要时可穿刺检查。

三、对机体的影响

出血对机体的影响取决于出血量、出血部位、出血速度和持续时间。大动脉、大静脉的破裂性出血，短时间内丧失大量血液，其失血量达循环血量[一般循环血量占总血量的 80%，各种动物总血量占体重的比例(参考值)分别为马 9.8%，犬 7.7%，牛 8%，山羊 7.1%，绵羊 6.7%，猪 4.6%]的 20%～25%时，即可发生出血性休克。心脏破裂出血引起心包积血，可因心包填塞而导致急性心功能不全。脑出血，即使出血量不多，也可引起神经机能障碍；脑干出血常因重要神经中枢受损而导致死亡。长期持续的小出血可引起贫血。

一般小血管破裂性出血时，受损的血管收缩，局部血栓形成和流出的血液凝固，多可自行止血。流入组织内的血液量少时，红细胞可被吞噬细胞吞噬，出血灶完全吸收而不留痕迹。若出血量较多，则红细胞被破坏，血红蛋白分解为含铁血黄素，沉着在组织中或被吞噬细胞吞噬。大的血肿因吸收困难，常在血肿周围形成结缔组织包囊，随后血肿通常被新生的肉芽组织取代(机化)。

第三节 血栓形成

在活体动物的心脏或血管内，血液中某些成分析出、凝集或凝固，形成固体物质的过程，称为血栓形成。形成的固体物质称为血栓。

血液中存在着相互平衡的凝血系统和抗凝血系统，在生理状态下，血液中的凝血因子不断被激活，产生一定量的凝血酶，形成纤维蛋白附着在血管内膜；另一方面，激活的抗凝血系统——纤维蛋白溶解系统不断将这些微量的纤维蛋白溶解，而被激活的凝血因子逐渐被单核巨噬系统吞噬消灭，这两种相互拮抗的系统维持着动态的平衡。而在某些病因的作用下，平衡被打破，凝血系统占主导地位，则使得血液在局部形成血栓。

一、血栓形成的条件和机理

(一)心血管内膜的损伤

生理状态下，心脏和血管内膜是光滑的，血小板不易黏附在内膜上，凝血因子Ⅻ处于未激活状态，这对保证血液的流体状态和防止血栓形成具有重要作用。

当心脏和血管内膜受到物理、化学和生物性致病因素刺激时，内膜受损，内皮细胞发生变性、坏死和脱落，暴露内膜下的胶原纤维等组织，凝血因子Ⅻ与胶原纤维接触而被激活，启动内源性凝血系统，释放凝血酶；另一方面，内膜受损后表面变粗糙，胶原纤维与血小板接触，有利于血小板的沉积和黏附，激活血小板释放 ADP、去甲肾上腺素、血栓素 A2 等多种血小板因子，激发凝血过程，其中 ADP 对血小板聚集具有积极作用，血栓素 A2 使血小板聚集成堆不易分散，是血小板的强促聚物。同时，内膜损伤可以释放组织凝血因子，激活外源性凝血系统。血栓形成从内皮损伤后局部形成血小板聚集物开始，随着局部状态(发生部位、血流速度等)不同，血栓状态各异。

心血管内膜的损伤多见于各种炎症，如牛肺疫的肺血管炎、慢性猪丹毒的心内膜炎等均有血栓形成，而药物、机械性刺激等也可引起血管内膜损伤，导致血栓形成。

(二)血流状态的改变

主要指血流速度缓慢、产生漩涡或血流停滞。正常情况下，血液中有形成分如血细胞和血小板等处于血流中的轴流状态，外周是一层处于边流的血浆带，将血液中的有形成分和血管壁隔离，避免血小板与血管壁直接接触。当血流速度变慢或产生漩涡时，轴流与边流界限混淆，促使血小板进入边流，开始与血管内膜接触，进而可能粘连于内膜。血流缓慢引起局部组织缺氧，可导致内皮细胞变性、坏死，内皮受损，胶原纤维暴露于血流，组织细胞合成、释放抗凝因子的功能丧失，从而激活内源性和外源性凝血系统。

血流缓慢和产生漩涡有利于被激活的各种凝血因子聚集，在局部达到凝血所需浓度，为血栓形成创造条件。据统计，静脉发生血栓的概率比动脉发生血栓高出 4 倍，说明血流速度变慢是血栓形成的重要条件。另外，静脉瓣处血流易产生漩涡、静脉血黏度高等使得静脉发生血栓概率大大提高。相反，心脏和动脉的血流较快，不易形成血栓，只有在发生某些病理过程而使血流状态改变时，才会有血栓形成，如动脉瘤内血流产生漩涡时常并发血栓形成。

（三）血液性质的改变

主要是指血液凝固性增加，常见于血液中凝血因子激活、血小板增多或血小板黏性增加，为血栓形成创造了条件。例如，弥散性血管内凝血时，体内凝血系统被激活，使血液凝固性增高；严重创伤、产后和大手术后，血液中血小板数量增多、黏性增加，同时凝血因子（Ⅶ、Ⅻ）含量亦增加，血液呈高凝状态。

在血栓形成过程中，上述因素往往两个或三个同时存在、互相影响，共同促进血栓形成。例如，在急性传染性疾病的血栓形成中，有病原毒素刺激血管壁造成的损伤，也有血液凝固性的增高，还伴有血流速度减慢。在一定条件下，血栓形成过程中往往是某种因素占主导作用，例如发生在心脏内的疣状心内膜炎，如果没有心内膜的损伤，血栓很难形成。

二、血栓形成过程和类型

血栓形成是一个渐进发展的过程（图4-4）。首先是血小板自血流析出并黏附于受损的血管内膜上，黏附的血小板发生黏性变态，即肿胀，形成伪足样突起和变形并相互聚集。与此同时，由于内源性和外源性凝血系统启动而产生凝血酶，作用于纤维蛋白原使之转变为纤维蛋白，作用于血小板黏集堆，使其不断增大，形成以血小板为主要成分的小丘状血栓。这种由血小板析出、黏集而成的血栓称为析出性血栓，肉眼观察为灰白色，故又称为白色血栓，其表面粗糙，有波纹，质硬，与血管壁紧密粘连。白色血栓通常见于心脏和动脉系统，这是由于心脏和动脉的血流速度快，局部形成的凝血因子被迅速稀释、冲散，血液凝固不易发生。白色血栓还见于静脉血栓的起始部，即构成血栓的头部，在以后血栓继续发展、延续的过程中，可进而形成血栓的体部和尾部。

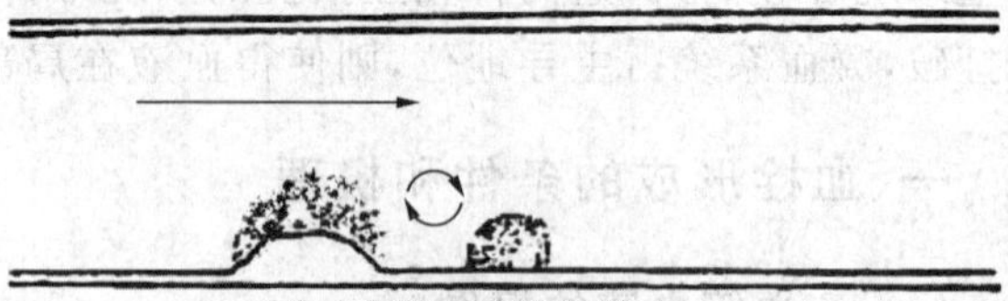
1.血小板沉着在血管壁上

2.血小板形成小梁，并有白细胞附着

3.血液凝固，纤维蛋白网形成

图 4-4 血栓形成过程

白色血栓构成血栓的起始部后，阻碍血流并产生漩涡，血小板继续不断析出和黏集，使血栓头部不断增大，而且沿血流方向又形成新的血小板黏集堆，呈分支小梁状，形如珊瑚，其表面黏附许多白细胞。此时血小板梁之间血流逐渐变慢，局部凝血因子的浓度逐渐增高，于是发生凝血过程。可溶性纤维蛋白变为不溶性纤维蛋白，呈细网状位于血小板梁之间，其中网罗的主要是红细胞。于是形成肉眼观察为红、白相间的层状结构，其中红色部分是血液凝固所致的血栓，白色部分是血小板析出、黏集形成的血栓。这两种交错形成的血栓称为混合性血栓，构成静脉延续性血栓的体部。

此后，血栓的头、体部可进一步增大并顺血流方向延伸。当血管腔大部分或完全被阻塞后，局部血流极度缓慢或停止，血液发生凝固，形成连续于血栓体的条索状血栓，这种凝固性血栓肉眼观察为暗红色，故称为红色血栓，构成静脉延续性血栓的尾部。刚形成的红色血栓，表面光滑、湿润并富有弹性，与死后血凝块一样；以后随着其水分减少而逐渐变干，表面粗糙，失去弹性。镜检红色血栓可见纤维蛋白网眼内充满红细胞、白细胞。

此外，还有一种透明血栓，主要由纤维蛋白构成，发生于微循环小血管（主要是毛细血管和微静脉），只能在显微镜下见到，故又称微血栓。镜检毛细血管伊红染成红色、均质、无结构的团块或网状纤维蛋白。透明血栓常见于弥散性血管内凝血。

三、血栓的结局和对机体的影响

（一）血栓的结局

1. 软化、溶解、吸收

血栓的软化和溶解是由于其中的纤维蛋白溶解系统被激活，使纤维蛋白变为可溶性多肽，同时血栓内的中性粒细胞崩解，释放的蛋白溶解酶也可使血栓中的蛋白性物质溶解。小的血栓可被溶解吸收；较大的血栓在软化过程中可部分脱落而成为血栓性栓子，并随血流运行至其他部位的小血管内，引发阻塞（栓塞）。

2. 机化

血栓形成后 1～2 d，从血管壁向血栓内长入内皮细胞和成纤维细胞，随即形成肉芽组织，逐渐溶解、吸收、取代血栓，称为血栓的机化。机化的血栓与血管壁牢固地粘连，不会脱落。血栓在机化过程中，由于血栓自溶或收缩，在血栓内部或血管壁之间出现裂隙，裂隙被增殖的内皮细胞覆盖，形成相互连接的管道，使血流得以部分地流通。这种使已阻塞的血管重新恢复血流的现象称为再通。

3. 钙化

没有发生软化或机化的血栓，可因钙盐沉着而变成坚硬的钙化团块，形成结石。动脉血栓钙化形成的结石称动脉石，静脉血栓钙化后形成静脉石。

（二）血栓对机体的影响

1. 阻止出血

血栓形成是机体自行止血的防御反应，形成的血栓堵塞血管破裂口，可阻止出血。炎症灶周围小血管内的血栓形成，可防止病原体蔓延扩散。

2. 阻塞血管

血栓形成可阻断血流，引起血液循环障碍，其影响程度取决于被阻塞的血管种类和大小，阻塞的程度、部位以及局部侧支循环建立的情况。动脉血栓未完全阻塞管腔时，可引起局部缺血而发生变性或萎缩，如完全阻塞又缺乏有效的侧支循环，可引起局部缺血性坏死（梗死），发生在重要器官的梗死（脑梗死、心肌梗死）则可因相应的机能障碍而导致严重后果。静脉血栓形成后，若未能及时建立侧支循环，则可引起瘀血、水肿、出血及坏死。

3. 栓塞

血栓的整体或部分脱落形成栓子，随血流运行引起栓塞。

4. 心瓣膜变形

心瓣膜血栓的机化可引起瓣膜增厚、粘连而造成瓣膜口狭窄，引起瓣膜卷曲、缩短而致瓣膜关闭不全，影响心脏的正常供血功能。

5. 微血栓形成

微循环小血管中大量微血栓形成，可引起器官、组织的坏死和功能障碍，同时由于凝血因子和血小板大量被消耗，又可导致全身广泛出血和休克。

第四节 栓　　塞

循环血液中出现不溶于血液的异常物质，随血流运行并阻塞血管腔的过程，称为栓塞。阻塞血管的异常物质，称为栓子。

栓子在体内运行的途径一般与血流的方向是一致的，由肺静脉、左心或动脉系统来的栓子，随动脉血流运行，最后停留在脾、肾、脑等器官的小动脉和毛细血管内，形成栓塞。来自右心及静脉系统的栓子，经右心室进入肺动脉，最后在肺小动脉分支或毛细血管内形成栓塞。来自门静脉的栓子，大多随血流进入肝脏，一般在肝脏的门静脉分支处形成栓塞。

一、栓塞的类型

(一)血栓性栓塞

由脱落的血栓引起的栓塞，是栓塞中最常见的一种。来自静脉和右心的血栓栓子引起肺小动脉分支栓塞时，一般不会有严重影响，这是因为肺动脉和支气管动脉之间有丰富的吻合枝，支气管动脉的血液可经吻合枝供应该区肺组织。但若肺脏已发生严重瘀血，或被栓塞的动脉较多，则因侧支循环不能有效代偿，可导致局部肺组织出血性梗死，临床上患病动物可出现呼吸急促、黏膜发绀、休克，甚至突然死亡。来自动脉及左心的栓子通常较少，可随血流运行引起全身组织器官栓塞，如心、脑发生栓塞，则会导致动物突然死亡。

(二)脂肪性栓塞

是指脂肪滴进入血流并阻塞血管引起的栓塞。多见于长骨骨折、骨手术和脂肪组织挫伤，此时脂肪细胞受损而破裂，所释出的脂滴通过破裂的血管进入血流。此外，血脂过高也可能在血液中形成脂肪滴，临床上还可见于误将含脂质的药物注入血管引起脂肪性栓塞。

进入静脉的脂肪滴随血流运行可引起肺小动脉和毛细血管的栓塞；小的脂肪滴可通过肺泡壁毛细血管，经肺静脉和左心引起全身各器官的栓塞。肺少量脂肪栓塞时，只阻塞一些毛细血管和细静脉，脂肪栓子可被血液内酯酶分解或由巨噬细胞吞噬而清除，一般对机体无明显影响。大量脂肪滴阻塞肺毛细血管则可引起肺内循环血量减少，如果肺内循环血量减少 3/4，就会导致急性右心衰竭。严重肺脂肪栓塞时，肺呈现水肿和出血，镜检可见肺泡壁毛细血管和小动脉内有脂滴。

(三)气体性栓塞

是指大量空气进入血液或溶解于血液内的气体迅速游离，在循环血液中形成气泡引起的栓塞。多见于外伤、手术时导致的大静脉破裂，胎盘早期剥离导致的子宫静脉破裂，静脉注射时误将空气带入血流。空气随血液进入右心后，由于心脏搏动将空气和心腔内血液搅拌形成大量泡沫状液体，后者具有压缩性，其容积可随心脏的收缩和舒张而缩小和增大，且占据心腔不易被排出，从而阻碍静脉血回流和向肺动脉供血，严重时可导致急性心力衰竭。尸检可见右心腔内有大量泡沫状血液。空气栓子进入肺动脉分支可造成肺的气体性栓塞。部分气泡可能通过肺泡壁毛细血管进入循环，引起动脉系统分支栓塞。

(四)其他栓塞

1. 组织性栓塞

多见于组织外伤、坏死及恶性肿瘤等，其组织碎片或细胞团块进入血流并阻塞血管。由恶性肿瘤细胞构成的栓子，随血流运行，可在局部引起转移瘤。

2. 寄生虫性栓塞

由某些寄生虫或虫卵进入血流所引起的栓塞，如血吸虫寄生在门静脉系统内，其虫卵常造成肝门静脉分支栓塞，或逆流阻塞肠壁小静脉。

3. 细菌性栓塞

通常是由感染灶中的病原菌以菌团形式阻塞毛细血管，或细菌随血栓栓子进入血流而引起的栓塞。此时除引起一般栓塞的后果外，还可以在全身各处形成新的感染灶，导致病原菌的播散。

二、栓塞对机体的影响

栓塞对机体的影响取决于栓子的大小、栓塞的部位以及能否迅速建立有效的侧支循环。如果栓子数量多，使肺动脉分支广泛栓塞，或者栓子大，将肺动脉主干或大分支栓塞，则可导致病畜呼吸困难、黏膜发绀、休克，甚至突然死亡。左心和动脉系统的栓子可引起全身各器官的动脉栓塞，如果缺乏有效的侧支循环，则可导致局部缺血和坏死（梗死）。心脏和脑发生栓塞时，其后果严重。

第五节 梗 死

由于动脉血流断绝，局部组织器官因缺血而发生的坏死，称为梗死。多数器官具有丰富的血管吻合枝，当某一动脉分支闭塞时，可通过侧支循环维持局部血液供应。当动脉迅速闭塞或吻合枝少、不能建立有效的侧支循环时，就会引起梗死。

一、梗死的原因

动脉闭塞所致局部缺血是引起梗死的根本原因，而缺乏有效的侧支循环则是梗死发生的重要条件。

(一)动脉阻塞

血栓形成和栓塞是引起动脉阻塞而导致梗死的最常见的原因，如心冠状动脉血栓形成引起的心肌梗死和肾小叶间动脉栓塞引起的肾梗死等。

(二)动脉受压

动脉受机械性压迫而致管腔闭塞。例如，肿瘤压迫动脉所致管腔闭塞而引起的局部组织梗死；肠扭转时肠系膜静脉首先受压而引起瘀血，随后肠系膜动脉也受压而致输入血量减少，甚至完全阻断，从而导致肠梗死（图 4-5）。

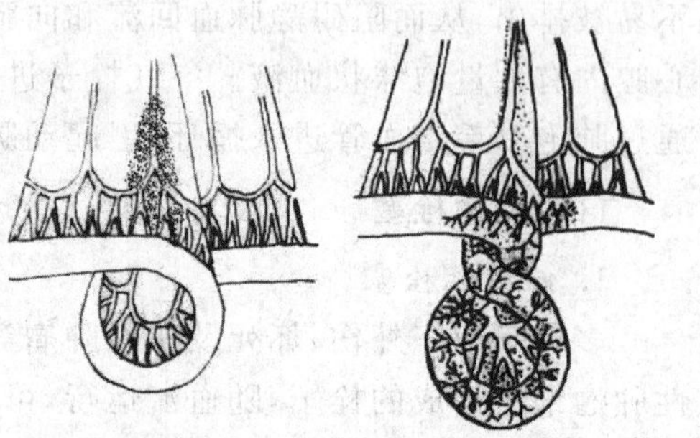
图 4-5 肠扭转引起肠梗死

（三）动脉痉挛

单纯动脉痉挛一般不会引起梗死，通常多在动脉发生病变（动脉粥样硬化）的基础上，某些病因引起持续性痉挛而加重缺血，导致梗死形成。

二、梗死的类型和病理变化

梗死的基本病理变化是局部组织的坏死。梗死的形状取决于该器官的动脉血管分布，一般肾、脾梗死时切面呈倒三角形，心肌梗死时呈不规则形，肠梗死呈节段状。心、肾、脾梗死为凝固性坏死，脑的梗死为液化性坏死。根据局部血管分布、坏死灶的颜色等情况，可将梗死分为贫血性梗死和出血性梗死。

（一）贫血性梗死

又称为白色梗死，多发生于血管吻合枝较少、组织结构较紧密的器官，如肾、脾、心等。由于这些器官的侧支循环不充分，梗死过程中局部组织缺氧而使其毛细血管壁通透性增高，血液可经通透性增高的血管壁漏出血管外。但由于组织紧密和吻合枝少，梗死灶内出血量不多。随着坏死组织膨胀对血管的挤压和漏出的红细胞发生溶解，一般在 24～36 h 后梗死灶即呈灰白色。眼观梗死灶灰黄或灰白色，大小不一，稍隆起、硬实，有红色的充血、出血和炎性反应带环绕，与周围界限清晰。镜检可见梗死灶内细胞核崩解、消失，胞浆呈颗粒状，梗死区结构模糊不清，但原组织结构轮廓尚存（图 4-6）。

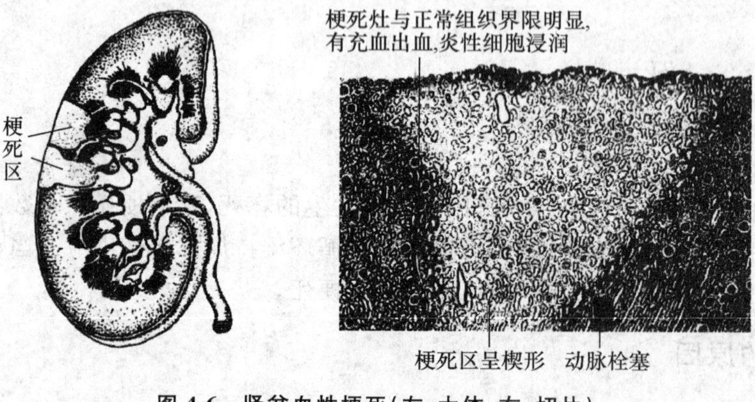

图 4-6 肾贫血性梗死（左：大体，右：切片）

（二）出血性梗死

又称为红色梗死，多发生于血管吻合枝较多、组织结构较疏松的器官，如肺、肠等，其特点是梗死灶内因明显的出血而呈红色。其发生原因除动脉闭塞而导致血流中断外，还必须具备高度瘀血这个条件。例如，肺梗死的发生除肺动脉分支阻塞外，还必须有肺瘀血存在。这是因为肺有肺动脉和支气管动脉双重血液供应，二者之间有丰富的吻合枝；在肺循环正常的情况下，肺动脉分支阻塞时由于支气管动脉可通过吻合枝建立有效的侧支循环，故不会引起梗死。

但在左心功能不全而致肺高度瘀血的条件下，由于肺静脉压增高，靠支气管动脉的压力不足以克服肺静脉阻力，有效的侧支循环难以建立，从而使局部肺组织发生梗死。此时梗死灶血管内淤积的大量血液可通过毛细血管壁漏出，肺泡腔、细支气管和肺间质内因有多量血液而呈明显的出血，因此肺梗死灶呈暗红色(图 4-7)。肠发生梗死时梗死的肠段也因明显出血而呈暗红色。

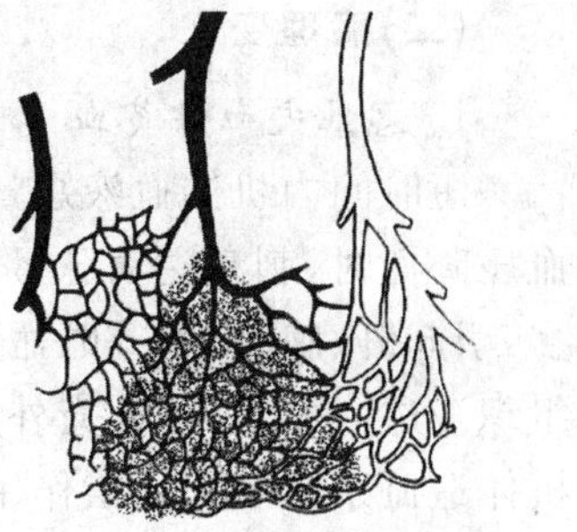

图 4-7 出血性梗死示意图

由细菌性栓塞所引起的梗死，称为败血性梗死。梗死灶内组织坏死并有细菌感染，是病原菌血源性播散所致的新感染灶。眼观可见梗死灶呈紫红色，体积稍肿大，质地硬实，其他情况与贫血性梗死相似。镜检可见，除组织细胞凝固性坏死，梗死灶内充满大量红细胞。

三、梗死的结局和影响

发生梗死的组织，其机能完全丧失。梗死对机体的影响取决于梗死的发生部位和大小。心脏或脑的梗死常可引起严重的机能障碍，甚至导致机体死亡。一般器官的梗死，如果范围较小而且代偿机能充分，通常对机体影响不大；如果范围较大而且代偿机能不足，就会出现不同程度的机能障碍。

梗死形成时，小的梗死灶经酶解后，发生自溶，可被完全吸收。不能被完全吸收的梗死灶，其周围出现充血、出血带并有中性粒细胞和单核细胞渗出，随后肉芽组织从梗死周围长入坏死灶内，将坏死组织溶解、吸收，并完全取代(机化)，日后局部留下灰白色的瘢痕。如果梗死灶过大而不能完全机化时，则由肉芽组织形成包囊将其包裹，其中的坏死组织可发生钙盐沉着(钙化)。脑梗死液化形成囊腔，其周围为神经胶质细胞增生形成的包囊。出血性梗死灶由于大量红细胞被巨噬细胞吞噬后形成含铁血黄素，机化后的瘢痕组织带有褐色。

第六节 贫 血

循环血液总量减少或单位容积外周血液中血红蛋白量、红细胞数低于同龄、同性别健康动物的正常值，称为贫血。动物的原发性贫血很少，多继发于某些疾病。病因不同，贫血可分为多种类型。临床上，贫血动物常出现疲倦无力，消瘦，被毛杂乱无光泽，抵抗力下降，生长发育迟缓，群体整齐度降低等。

一、失血性贫血

因出血导致红细胞大量丧失引起的贫血，称失血性贫血。

(一)原因

各类外伤引起血管或内脏破裂、产后子宫出血，多为急性失血性贫血。寄生虫病(鸡球虫、肝片形吸虫、血吸虫)和出血性胃肠炎、消化道溃疡、肿瘤等长期反复出血性疾病可引起慢性失血性贫血。

(二)病理变化

1. 急性失血性贫血

短时间内机体血液总量减少，但单位容积红细胞数和血红蛋白量正常。当急性失血引起血压降低时，刺激主动脉弓和颈动脉窦的压力感受器，反射性兴奋交感神经，儿茶酚胺分泌增多，引起肝、脾、肌肉等贮血器官内的血管收缩，将血液补充到外周循环；另一方面，血压降低使组织液进入血管，以补充外周血量，但同时血液被稀释，引起正色素性贫血。随着时间的延长，机体造血系统发挥代偿作用，外周血中出现多量的网织红细胞、多染性红细胞和有核红细胞。急性失血性贫血时，若血液大量丧失，体内红细胞数量锐减，可导致缺氧症状，甚至引起低血容量性休克、心衰而死亡。

2. 慢性失血性贫血

初期由于失血量少，机体通过加强骨髓造血功能实现代偿，贫血症状不明显。但长期反复失血，由于铁元素丧失过多，导致缺铁性贫血。血象呈现小红细胞低色素性贫血。未成熟的红细胞增多，大小不均，呈椭圆形、梨形、哑铃形等异常形态。严重时，骨髓造血功能严重衰竭，肝、脾内出现髓外造血灶。动物表现为消瘦、被毛杂乱、可视黏膜苍白等。

3. 内外出血性贫血的区别

内出血时，机体可以对血液进行吸收和利用，而外出血则不可能。例如，体腔内出血动物，往往有60%的红细胞能被重新吸收，一般在1～3 d内吸收完毕。余下部分将被溶解和吞噬，而铁和血浆蛋白能被再利用，因此，内出血时贫血症状一般不明显。

二、溶血性贫血

各种病因造成红细胞溶解所引起的贫血称为溶血性贫血。

(一)原因

1. 生物性因素

多种细菌(钩端螺旋体、溶血性梭菌等)、病毒(猪瘟病毒、鸡传染性贫血病病毒等)、血液寄生虫(锥虫、焦虫等)感染，均能引起动物红细胞损伤，溶血。

2. 物理性因素

高温环境、低渗溶液均能引起红细胞崩解。

3. 化学性因素

含铜、铅、皂苷等化学物质，硝基呋喃妥因、九一四、非那西汀及磺胺等药物，使用不当或过量时，会导致溶血。马属动物对吩噻嗪特别敏感，使用不当会导致溶血性贫血。

4. 有毒植物

如蓖麻籽、栎树叶、金雀枝、毛茛属植物、旋花科植物、秋水仙、黑藜芦及野葱等。一般情况下，因该类植物适口性较差，动物极少采食，中毒现象极少见。只有在缺少饲料的情况下，动物被迫采食时发生中毒和溶血。

5. 代谢性疾病

如乳牛产后血红蛋白尿、动物水中毒等。

6. 免疫反应

常见于新生仔畜免疫溶血性疾病、异型输血、自身免疫溶血性疾病等。

(二)病理变化

一般情况下,血液总量不减少,单位容积红细胞和血红蛋白量明显减少,血浆蛋白浓度升高。骨髓造血功能增强,外周血中网织红细胞明显增多,还可见到有核红细胞和多染性红细胞。病畜临床症状明显,出现黄疸和血红蛋白尿。剖检可见心血管内膜、浆膜、黏膜等部位呈现明显的溶血性黄疸。红细胞大量崩解,单核巨噬细胞系统机能增强。肝、脾明显肿大,并容易出现含铁血黄素沉着。

三、再生障碍性贫血

因骨髓功能不全导致红细胞生成作用降低或缺陷的贫血称再生障碍性贫血。

(一)原因

1. 物理因素

动物长期处在X射线、镭或放射性同位素的辐射环境下,容易造成选择性的骨髓功能不全,以中性粒细胞、淋巴细胞、血小板等显著减少为特征。

2. 化学因素

经三氯乙烯抽提的饲料(豆饼)、蕨类植物、氯霉素、保泰松、抗癌药、某些抗生素、有机砷化合物、苯及其衍生物类化学物质。

3. 生物因素

如马传染性贫血、牛恶性卡他热、鸡传染性贫血、鸡包涵体性肝炎等病毒性疾病。

4. 骨髓疾病

白血病、骨髓瘤等,使骨髓组织破坏或功能抑制,另外慢性肾脏疾病造成促红细胞生成素减少。

(二)病理变化

外周血中正常红细胞和网织红细胞数量呈进行性减少,甚至消失,红细胞大小不均,并呈异形性。除了红细胞减少外,还伴有白细胞、血小板数量的减少,同时皮肤、黏膜有出血和感染等临床症状,动物反复发热,抗贫血药物治疗无效。骨髓造血组织发生脂肪变性和纤维化,红骨髓逐渐被黄骨髓取代。血清中铁和铁蛋白含量增高。

四、营养不良性贫血

因营养物质(造血必需原料)缺乏造成的贫血称营养不良性贫血。

(一)原因

主要由于铜、铁、蛋白质、钴、维生素B_{12}、维生素B_6、叶酸等造血必需原料缺乏或不足所致,临床上以猪、犬等缺铁性贫血最为多见。动物在缺铁的草场放牧或舍饲时,饲料中矿物质补充不足,饲料品质低劣,患有慢性消耗性疾病或消化系统疾病(或功能障碍),造成营养吸收不良或大量丢失等,均可引起营养不良性贫血。

(二)病理变化

一般病程较长,动物形体消瘦,血液变稀薄,血红蛋白含量降低,血色变淡,严重者会出现营养不良性水肿和恶病质。

铁和铜缺乏时，血象呈小红细胞低色素型贫血，红细胞平均体积及血红蛋白平均含量降低。严重时，红细胞大小不均，并呈异形性。缺乏维生素 B_6 引起异形红细胞增多症和红细胞大小不均，猪可能表现为严重的小红细胞低色素型贫血。钴和维生素 B_{12} 缺乏时，由于红细胞成熟障碍，血象为大红细胞高色素型贫血，伴有异形红细胞增多，血红蛋白含量比正常高。叶酸缺乏会引起雏鸡巨红细胞性贫血、白细胞减少，而猪常表现为正常红细胞性贫血。

综上所述，贫血主要见于出血、溶血、骨髓功能不全等病因，仅靠临床症状不容易区分，还需要进行血液实验室检验，另外，尸体剖检所见病理变化特点可做参考。以上四类贫血的不同特点见表 4-1。

表 4-1 不同类型贫血的特点

项目	失血性贫血		溶血性贫血	营养不良性贫血	再生障碍性贫血
	急性失血	慢性失血			
病因	外伤、内脏破裂等	寄生虫病、出血性肠胃炎等	感染、中毒、免疫性溶血等	铁、铜、维生素、蛋白质等缺乏	中毒、病毒性传染病、放射性物质等
血红蛋白量	降低	降低	降低	铁、铜缺乏时降低；维生素 B_{12} 缺乏时升高	降低
血象	后期网状红细胞、有核红细胞增多，见多染性红细胞	红细胞淡染，大小不均，严重者可见异形红细胞	网织、有核红细胞增多，出现多染性红细胞	红细胞染色变淡，体积变小，或出现异形红细胞	红细胞大小不均，出现异形红细胞，白细胞和血小板数量减少
病理变化	贫血性心衰、休克，严重者死亡	可见肝、脾髓外造血灶，肝脏脂变，脾肉变，管状骨内红髓区扩大	贫血，黄疸，脾肿大，血红蛋白尿	出现严重消瘦、水肿等恶病质	可视黏膜出血，或有感染，反复发热，抗贫血药物治疗无效，管状骨红髓区缩小
临床表现	疲倦无力，生长发育变缓，群体整齐度降低，消瘦，毛发杂乱无光泽，抵抗力下降等				

五、贫血对机体的影响

贫血时，动物体内会发生一系列病理生理变化，有些是贫血造成组织缺氧的直接结果，有些则是对缺氧的代偿反应。

(一)代偿性反应

为减轻贫血造成的组织缺氧，机体可通过多种方式进行代偿。如增加血红蛋白中氧的释放、器官和组织中血液流量的重新分布；增加心脏输出量和加速血液循环；除再生障碍性贫血外，造血功能增强；因氧化不全产物蓄积，刺激呼吸中枢，可引起呼吸加快等，以满足机体对氧的需求。但也会带来不利的一面，如血液中红细胞增多，血液黏稠，阻力增加，心脏长期负荷过重，可诱发心肌源性扩张，导致循环障碍。

(二)不利反应

红细胞是携带氧和运输氧的工具，贫血时，血液运送氧的能力降低，输送至组织的氧大大减少，结果造成组织缺氧、物质代谢障碍、局部组织酸中毒，随着病程的延长，各器官、组织出现细胞萎缩、变性、坏死。贫血还会引起神经兴奋性下降，严重时，精神沉郁；患病动物易疲劳，食欲降低，胃肠消化、蠕动减弱，导致吸收障碍。营养不良性贫血还兼有营养缺乏的症状。

贫血的原因不同，引起的病理过程各异。因此，在临床实践中，应尽快查明病因，对因治疗，才能取得预想的效果。

复习思考题

1. 如果在瘤胃臌气时放气过快会引起什么严重后果？试说明其机理。

2. 静脉输液时，为什么要排尽管中的空气？长期静脉注射时，为什么要避免在同一部位扎针？

3. 出血形成的原因和发生机理是什么？如何鉴别局部组织器官的瘀血、充血和出血？

4. 试比较贫血性梗死和出血性梗死二者病理变化的异同点。

5. 全身性贫血的类型和病变特点有哪些？在一群动物中，若有少数发生全身贫血，试分析其可能的原因，还应进行哪些检查，以便确定其贫血类型？若多数动物发生全身贫血呢？

6. 血栓形成的过程和类型是什么？有何意义？血栓与死后血凝块有何区别？

7. 在兽医临床上，出血性变化常见于哪些(类)疾病？属哪种出血类型？发生于哪些血管？病理变化如何？

8. 某经产母猪出现血尿，根据所学的病理知识，试分析可能由哪些疾病引起。

9. 某羊场有部分羊只，长期拉稀带血，精神差，懒动。生长发育迟缓，被毛粗乱，消瘦，可视黏膜苍白。采食正常，不发热。试分析其发生的病变和可能的病因。

10. 为什么肝瘀血时会发生槟榔肝？是如何发生的？

11. 试述瘀血、缺血、血栓形成、栓塞及梗死间的关系。

第五章 水 肿

第一节 水肿概述

动物体内含有大量的液体，包括水分和溶解于其中的各种物质，统称为体液。它约占动物体重的60%～70%，其中2/3存在于细胞内称细胞内液，1/3存在于细胞外称细胞外液。细胞内液是大多数化学反应进行的场所，而细胞外液主要包括血浆和组织液（细胞间液），此外还有少量的淋巴液、脑脊液等，是组织细胞摄取营养、排出代谢产物、赖以生存的内环境。正常情况下，动物机体水、电解质的摄入与排出保持着动态平衡，细胞间液的产生与回流也保持着动态平衡，一旦这种平衡遭到破坏，即可引起水代谢和酸碱平衡紊乱，各器官系统机能发生障碍，甚至导致严重的后果。

过多的体液在组织间隙或体腔中积聚，称为水肿。通常所称的水肿是指组织间隙内的体液增多，水肿液主要来自于血浆，除蛋白质外其余成分与血浆相同。当大量体液积聚在浆膜腔时称积水或积液，如胸腔积水、心包积水等，是水肿的特殊形式。皮下水肿称为浮肿；细胞内液积聚过多，使细胞肿胀时，称为细胞水肿（如细胞中毒性脑水肿）。水肿不是一种独立的疾病，而是许多疾病中都可出现的一种重要的病理过程和体征。

水肿的分类方法有多种。按发生范围，可分为全身性水肿（机体多处同时或先后发生水肿）和局部性水肿（水肿局限于某个组织或器官）；按部位可分为脑水肿、肺水肿、皮下水肿、喉头水肿、视神经乳头水肿等；按临床表现，可分为隐性水肿（外观不明显，仅体重增加）和显性水肿（局部肿胀，皮肤紧张，按之留痕）；按发生原因可分为心性水肿、肝性水肿、肾性水肿等。

第二节 水肿的原因和机理

不同类型的水肿发生原因和机理不尽相同，但多数具有一些共同的发病环节，主要是血管内外液体交换平衡失调，引起细胞间液生成过多，以及球-管平衡失调导致水、钠在体内潴留。

一、血管内外液体交换失衡

在生理状态下，组织液和血液不断进行交换，生成和回流处于动态平衡，这种恒定是由血管内外多种因素决定的。

促使液体进出毛细血管壁两侧的因素共有四个，即毛细血管血压、组织液胶体渗透压、组织液静水压和血浆胶体渗透压。前两个因素促使组织液生成，而后两个因素则促使回流。这两种力量加之血管壁通透性和淋巴回流等因素决定液体的滤出或回流(图 5-1)。

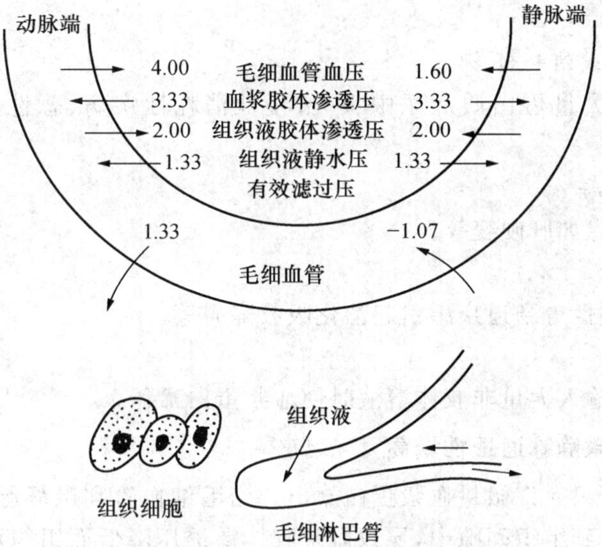

图 5-1　正常血管内外液体交换示意图

(张德兴．人体结构生理学．2006)

在病理条件下，组织液生成和回流之间的动态平衡遭到破坏，组织液生成过多，回流减少，液体积聚于组织间隙中则发生水肿。引起组织液生成大于回流的因素有以下几种。

(一)毛细血管血压(流体静压)升高

生理条件下，动脉端毛细血管流体静压较高，使血浆外流形成组织液后，由于静脉端毛细血管流体静压低，使组织液回流入静脉内。当毛细血管流体静压升高，即可导致动脉端有效滤过压[有效滤过压＝(毛细血管血压＋组织液胶体渗透压)－(组织液静水压＋血浆胶体渗透压)]增高，它有利于毛细血管血浆的滤出而不利于组织液的回收，组织液生成过多，若超过淋巴回流的代偿限度时即可发生水肿。

全身或局部的静脉压升高，可逆向传递到微静脉和毛细血管静脉端，使后者流体静压升高。全身静脉压增高的常见原因是右心衰竭，而肺静脉压增高的常见原因则是左心衰竭，心力衰竭时的腔静脉回流障碍则引起全身性水肿。局部静脉压升高的常见原因是血栓阻塞静脉腔、肿瘤或瘢痕压迫静脉壁等，多引起相应部位的组织水肿或积水。

(二)组织液胶体渗透压升高

组织液胶体渗透压具有阻止组织液进入淋巴管和回流入血的作用，当其升高时，可促进组织液的生成而引起水肿。引起组织液胶体渗透压升高的因素有很多，如毛细血管通透性增高，血浆蛋白渗出，使组织液胶体渗透压升高；局部炎症时，组织细胞变性、坏死，释放大量的小分子物质，如蛋白胨、多肽等，这些因素都可使组织液胶体渗透压升高。

(三)血浆胶体渗透压降低

血浆胶体渗透压是组织液回流入血管的主要动力，它的维持主要取决于血浆蛋白尤其是白蛋白的浓度。当血浆蛋白尤其是白蛋白浓度下降时，可引起毛细血管动脉端有效滤过压增大，静脉端有效滤过压降低，导致液体在组织中潴留，从而引起水肿。这种水肿常为全身性的，其水肿液含蛋白量较低，约 10～30 g/L(称为漏出液)。引起血浆蛋白浓度降低的原因很多，主要有：

1. 血浆蛋白丢失或消耗过多

如肾病综合征时大量蛋白质从尿中丢失；慢性消耗性疾病、恶性肿瘤时使大量蛋白质消耗。

2. 白蛋白合成障碍

见于严重肝脏疾患如肝硬变等。

3. 蛋白摄入不足

见于营养不良、慢性胃肠道疾患引起消化吸收障碍等。

4. 血浆蛋白稀释

大量钠水潴留或输入大量非胶体溶液时使血浆蛋白稀释。

(四)毛细血管和微静脉通透性增高

正常时，毛细血管只允许微量血浆蛋白滤出。当毛细血管和微静脉受损使其通透性增高时，大量血浆蛋白渗出到组织间隙中，导致血浆胶体渗透压降低而组织液胶体渗透压升高，使液体在组织间隙积聚而导致水肿。此型水肿的水肿液蛋白质含量较多(如炎症时引起的水肿)，可达 30～60 g/L 蛋白质，并含有大分子的纤维蛋白原，称之为渗出液。

引起毛细血管和微静脉通透性增高的原因有：细菌毒素、创伤、温度损伤(烧伤、冻伤)、化学损伤及某些变态反应、组织缺氧、酸中毒等。这些因素可以直接损伤毛细血管和微静脉管壁，另一方面，在变态反应和炎症过程中产生的炎症介质，如组胺、激肽等多种生理活性物质，可引起血管内皮细胞收缩，细胞间隙增大，使管壁的通透性升高。

(五)淋巴回流受阻

生理条件下，组织液的一小部分(约 10%)由淋巴回流，淋巴管将多余的组织液及其中少量蛋白质送回到血液循环中。淋巴回流受阻，一方面使组织液不能经淋巴回流入血，另一方面从毛细血管中漏出的蛋白质，使组织液胶体渗透压升高，从而引起水肿。

淋巴液回流障碍最常见于淋巴管炎和淋巴管阻塞，丝虫病引起的腹下、四肢和阴囊的水肿，瘢痕、肿瘤等压迫淋巴管等。严重心功能不全引起静脉淤血和静脉压升高时，也可导致淋巴回流受阻。

二、水、钠潴留

正常机体水、钠摄入与排出的动态平衡主要是在神经-体液调节下实现的，其中肾脏的滤过和重吸收功能尤为重要。正常情况下，肾小球滤出的钠、水总量中只有 0.5%～1%被排出，绝大部分被肾小管重吸收，其中 60%～70%的钠、水由近曲小管重吸收，余下部分由远曲小管和集合管重吸收，肾脏的过滤与重吸收过程主要受抗利尿激素（ADH）、醛固酮、心钠素等激素的调节。如果在病因作用下，肾小球滤过率减少，而肾小管重吸收并未相应减少甚至增强，或肾小球滤过率无明显变化而肾小管重吸收却明显增多时，可使水、钠在体内潴留（肾小球-肾小管失平衡），从而导致水肿。

（一）肾小球滤过率下降

1. 广泛肾小球病变

如急性肾小球肾炎时，肾小球毛细血管内皮细胞增生、肿胀，有时伴发基底膜增厚，使肾小球有效滤过面积减少，可引起原发性肾小球滤过率下降，导致水、钠潴留。在慢性肾小球肾炎时，由于肾小球严重纤维化而影响滤过率。

2. 有效循环血量下降

如充血性心力衰竭、肝硬变腹水和肾病综合征、休克、大量出血时，由于有效循环血量减少，肾血流量亦随之减少，使肾小球滤过率降低。此外，有效循环血量的下降还可反射性引起交感-肾上腺髓质系统和肾素-血管紧张素系统兴奋，使肾小球入球小动脉收缩，导致肾血流量更加减少。它们都能使水、钠在体内潴留。

（二）肾小管重吸收增强

1. 激素原因

醛固酮能促进肾远曲小管对钠的重吸收；ADH 有促进远曲小管和集合管重吸收水的作用。任何能使血浆中醛固酮、ADH 分泌增多的因素都可引起肾小管重吸收水、钠增多。此外，肝功能严重损害，可导致醛固酮和 ADH 灭活减少，加重水肿的发生。

近日还有学者发现利钠激素和心房肽的分泌减少，也可导致水肿的发生。利钠激素有抑制近曲小管重吸收钠与醛固酮相抗衡的作用，故当利钠激素分泌减少时就有利于醛固酮发挥潴钠的作用；心房肽可能通过 cGMP（环磷酸鸟苷）而发挥利钠、利尿和扩血管作用，并能抑制醛固酮和 ADH 的释放。因此，心房肽减少也可导致水、钠潴留而促进水肿的发生。

2. 肾内血流重新分布

动物肾单位可分为两类。靠近肾皮质外 2/3 的肾单位称为皮质肾单位，其肾小管髓袢较短，不进入髓质高渗区，对水、钠的重吸收功能较弱。靠近髓质的内 1/3 肾单位称为髓旁肾单位，其髓袢较长，深入髓质高渗区，重吸收水、钠功能较强。正常时肾血流的 90％通过皮质肾单位，只有小部分通过髓旁肾单位。在某些病理情况下，如心力衰竭时有效循环血量下降，则皮质肾单位的血管收缩，大量的血液流向重吸收水、钠较强的髓旁肾单位。当出现这种肾血流重新分布时，较多的水、钠就被重吸收，造成水、钠潴留。

第三节　常见水肿的病理变化

一般来说，发生水肿的组织器官体积增大，颜色变淡，被膜紧张，切面隆起，有液体流出。但不同组织发生水肿时，其形态学变化又有所不同。

一、皮肤水肿

皮肤水肿的初期或水肿程度轻微时，水肿液与皮下疏松结缔组织中的凝胶网状物(胶原纤维和由透明质酸构成的凝胶基质等)结合而呈隐性水肿。随病情的发展，可产生自由液体，扩散于组织细胞间，指压留痕，称为凹陷性水肿。眼观皮肤肿胀，局部组织因贫血而呈苍白、灰白色，弹性降低，触之如面团。切开皮肤有大量浅黄色液体流出，皮下组织呈淡黄色胶冻状。

镜检，皮下组织的纤维和细胞间隙增宽，有多量液体，间质中胶原纤维肿胀，甚至崩解。结缔组织细胞、肌纤维、腺上皮细胞肿大，胞浆内出现水泡，甚至发生坏死。腺上皮细胞往往与基底膜分离。淋巴管扩张。HE染色标本中水肿液可因蛋白质含量多少而呈深红色、淡红色或不着染(仅见组织疏松或出现空隙)。

二、肺水肿

肺脏发生水肿时，眼观肺脏体积增大，重量增加，质地变实，被膜紧张，边缘钝圆，颜色苍白(如有瘀血、出血则呈暗红色)，肺间质增宽，尤其是猪、牛的肺脏，因富有间质，故增宽尤为明显。肺切面可见大量的白色泡沫状液体流出。

镜检，非炎性水肿时，肺泡壁毛细血管扩张充血，间质增宽，肺泡、间质内可见大量淡红、均质样的浆液，其中混有少量脱落的肺泡上皮。结缔组织疏松呈网状，淋巴管扩张。在炎性水肿时，除有上述病变外，还可见肺泡腔水肿液内混有大量白细胞，蛋白质含量明显增多。慢性水肿时，可见肺泡壁结缔组织增生，有时病变组织发生纤维化。

三、脑水肿

眼观软脑膜充血，脑回变宽而扁平，脑沟变浅。脉络丛血管瘀血，脑室扩张，脑脊液增多。

镜检，软脑膜和脑实质内毛细血管充血，血管周围淋巴间隙扩张，充满水肿液，神经细胞肿胀，体积增大，胞浆内出现大小不等的水泡，核偏位，严重时可见核浓缩甚至消失(神经细胞坏死)。神经细胞内尼氏小体数量明显减少，细胞周围因水肿液积聚而出现空隙。

四、浆膜腔积水

心包腔、胸腔、腹腔等都可发生积水。发生积水时，水肿液一般为淡黄色透明液体。浆膜小血管和毛细血管扩张充血，浆膜面湿润有光泽。如因炎症所引起，则水肿液内含有较多蛋白质，并混有渗出的炎性细胞、纤维蛋白和脱落的间皮细胞，水肿液浑浊黏稠，呈黄白色或黄红色。此时可见浆膜肿胀、充血或出血，表面常被覆薄层或厚层灰白色呈网状的纤维蛋白。根据水肿液含蛋白量的不同，可将其分为渗出液和漏出液，其区别见表10-1。

五、实质器官水肿

肝脏、心脏、肾脏等实质器官发生水肿时，器官的肿胀比较轻微，一般见中度肿大，切面外翻，色泽苍白。肝脏水肿时，水肿液主要积聚在狄氏间隙内，使肝细胞索与窦状隙发生分离。心脏水肿时，心肌纤维之间出现水肿液，相邻心肌纤维彼此分离，间隙增宽，受到挤压的心肌纤维可发生变性。肾脏水肿时，水肿液积聚在肾小管之间，使间隙扩大，肾小管上皮细胞往往变性并与基底膜分离。

第四节 水肿的结局和影响

水肿是一种可逆的病理过程。轻度水肿和持续时间较短的水肿，当病因去除之后，在心血管系统机能改善的条件下，水肿液可被吸收，水肿组织的形态学改变和机能障碍也能恢复正常，对机体影响不大。如果水肿时间较长，组织细胞与毛细血管间距离增大，毛细血管受压，实质器官可因组织缺血、缺氧，继发结缔组织增生而发生纤维化或硬化。这时即便病因去除，组织器官的结构和机能也难以恢复正常。

水肿对机体的影响主要取决于水肿的原因、发生部位、严重程度和持续时间。机体重要器官如心、脑发生水肿时，可造成严重后果，甚至危及生命。水肿对机体的影响表现为有利影响和有害影响两个方面。

一、有利影响

炎性水肿时，水肿液对毒素或其他有害物质有一定的稀释作用；通过炎性渗出能将抗体输送到炎症部位，增强局部抵抗力；水肿液中的蛋白质能吸附有害物质，阻碍其吸收入血，渗出的纤维蛋白凝固可限制微生物在局部的扩散等。

水肿形成在肾脏、心脏病变时有着特别重要的意义。如在肾炎时，大量血浆以水肿液形式贮备于组织间，对减轻血液循环的负担起着“弃卒保车”的作用。心力衰竭时水肿液的形成起着降低静脉压、改善心肌收缩功能的作用。

二、有害影响

水肿对机体的有害影响主要表现在以下几个方面。

1. 管腔不通或通路阻塞

如支气管黏膜水肿可妨碍肺通气。

2. 组织营养障碍

水肿液的存在，加大了组织与血管间物质营养交换的距离，可引起细胞代谢障碍，组织内压升高，血液供应下降，组织营养不良等，从而导致组织抗感染和再生能力下降，长期水肿甚至发生组织萎缩、变性、坏死，结缔组织增生而发生硬化，如在水肿部位继发外伤或溃疡则往往不易愈合。

3. 器官机能障碍

如肺水肿可导致通气与换气障碍；脑水肿时颅内压升高，压迫脑组织可出现神经系统机能障碍；胃黏膜水肿可影响物质的消化和吸收；心包积水时则妨碍心脏的泵血机能，使心外膜与心包产生粘连；急性喉黏膜水肿可引起窒息，甚至死亡。

复习思考题

1. 简述常见水肿的病理变化。了解一下，你所在的地区，有哪些动物疾病会出现全身性或局部组织器官水肿。

2. 简述水肿对机体的影响。

3. 试根据水肿发生的机理，分析母畜在怀孕后期为什么易出现后肢水肿现象。

4. 某猪场有数头50日龄仔猪发病，精神萎靡，食欲减退，步态不稳，易跌倒，病猪倒地侧卧，四肢乱动如游泳动作。病猪体温微升高或正常，眼睑及头颈部水肿。剖检见胃黏膜水肿，切面流出清亮无色至黄色渗出液，全身淋巴结几乎都有水肿和不同程度的肿大。肺水肿，大脑水肿。据此，请分析判断该群仔猪主要病因。可能患有何种疾病？如需确诊还需做哪些检查？

5. 一鸡场1 200余只肉鸡在22日龄时发病，主要表现为精神沉郁，羽毛粗乱，不愿活动，喜欢卧于垫料上，走动时动作缓慢，状似企鹅；食欲减少，增重缓慢；有呼吸困难和拉稀症状。死后检查发现冠和肉垂呈紫红色；皮肤发绀，全身明显瘀血，腹部肿大，解剖发现腹腔中有大量淡黄色透明液体，并有纤维蛋白凝块，呈“果冻样”；心包积液，心脏增大，右心明显扩张，心肌松弛；肝脏肿大或萎缩，表面常有淡黄色胶冻样纤维性凝结块，有的漂浮在腹水中；肺脏瘀血；肾脏肿大、充血，尿酸盐沉着；肠管瘀血，管壁增厚。请根据上述情况对该鸡群所患疾病做出初步判断。如需确诊还需做哪些检查？如何防治该病？

第六章　脱水与酸中毒

第一节　脱　　水

生理条件下，体液的组成、容量和分布都维持在一定的适宜范围内，处于动态平衡。体液的电解质浓度、渗透压和 pH 等理化特性，均在一定范围内保持着相对的稳定性。

机体在某些情况下，由于水和电解质的摄入不足或丧失过多，而引起体液总量减少，并出现一系列功能、代谢紊乱的病理现象，称为脱水。脱水是水和电解质代谢紊乱的一种病理过程，机体丢失水分的同时，也伴有电解质(主要是 Na^{+})的丢失，引起血浆渗透压改变。根据脱水时血浆渗透压的改变，可将脱水分为高渗性脱水、低渗性脱水和等渗性脱水三种类型。

一、高渗性脱水

以水分丧失为主，盐的丧失较少的一种脱水，又称缺水性脱水、单纯性脱水。该型脱水的特点是血液浓缩，血清钠离子浓度、血浆渗透压升高(超过正常最高值)，患畜口渴，尿少、比重增加，细胞脱水，皮肤皱缩。

(一)原因

主要由于饮水不足和低渗性体液丢失过多所致。

1. 饮水不足

动物长时间在沙漠运输或山地、林地放牧，因无水源而饮不到水，同时水消耗过多；因消化道疾病如咽炎、食道阻塞或由于破伤风等疾病引起的饮水障碍。

2. 低渗性体液丢失过多

常见的丢失途径有：

(1)经胃肠道丢失　呕吐、腹泻、胃扩张、肠梗阻、反刍动物瘤胃酸中毒等疾病时，引起大量低渗性消化液丧失。如肠炎时，在短时间内排出大量的低渗性水样粪便。

(2)经皮肤、肺脏丢失　过度使役，过度通气，夏季为调节体温而发生热性喘息，高温下及发热时大出汗等，使大量低渗性体液随皮肤和呼吸运动丢失。

(3)经肾脏丢失　抗利尿激素(ADH)合成、分泌障碍，或由于肾小管上皮细胞代谢障碍而对 ADH 反应性降低，因而经肾脏排出大量低渗尿。

(4)某些药物使用不当　过量使用利尿药，如高渗糖、速尿等；不适当地使用发汗药、解表药和泻下药。

(二)病理生理反应

由于血浆渗透压升高,机体发生以排钠、保水为主的一系列适应、代偿性反应。

(1)血浆渗透压升高,细胞间液的水分转移进入血液增多,以降低血浆渗透压,但这又可使细胞间液渗透压升高。

(2)血浆渗透压升高,可直接刺激丘脑下部视上核的渗透压感受器,反射性地引起患畜产生渴感,饮水增多,但动物饮水障碍时此种代偿方式不能发挥作用。同时,渗透压升高又使脑垂体后叶释放ADH,加强肾小管对水分的重吸收,减少水分排出,使水分尽可能多地保留在体内。

(3)血浆钠离子浓度升高,可通过渗透压感受器抑制肾上腺皮质多形区细胞分泌醛固酮,减弱肾小管对钠离子的重吸收,钠离子随尿排出增多,血浆钠离子浓度得以降低。

(4)脱水时有效循环血量下降,通过容量感受器和渗透压感受器反射性引起ADH分泌增多,远曲小管和集合管重吸收水分增多,故尿量减少,钠离子含量增多,尿比重增大。

经过以上一系列的代偿反应,可使细胞外液得到补充,血浆渗透压降低,循环血量有所恢复,但如果病因持续作用,脱水过程继续发展,机体的适应性代偿能力逐渐降低,进入失代偿阶段,将对机体造成较大的影响。

(三)对机体的影响

1. 脱水热

脱水持续进行,机体血液浓稠,血容量减少而导致循环障碍,从腺体、皮肤、呼吸器官分泌和蒸发的水分减少,散热困难,热量在体内蓄积,引起发热,称脱水热。

2. 酸中毒

因细胞外液渗透压不断升高,细胞内的水分被大量的吸出,造成细胞内脱水。此时细胞皱缩,细胞内氧化酶活性降低,细胞内物质代谢障碍,酸性代谢产物大量蓄积而发生酸中毒。

3. 自体中毒

血浆渗透压升高,组织间液得不到及时更新,加之循环衰竭,大量有毒代谢产物滞留体内而不能迅速排出,引起自体中毒。

上述过程发展到严重阶段,可使脑组织体积缩小,内压降低,引起大脑皮层和皮层下各级中枢的功能相继紊乱,患畜呈现出运动障碍和昏迷等症状,甚至导致死亡。

二、低渗性脱水

脱水时,盐的丧失多于水分的丧失,又称缺盐性脱水。该型脱水的特点是血清钠离子浓度及血浆渗透压均低于正常。血浆容量及组织间液减少,细胞水肿。患病动物无渴感,早期出现多尿及尿比重下降,后期易发生低血容量性休克。

(一)原因

主要由于补液不当或大量钠离子经肾丢失所致。

1. 补液不当

大汗、严重呕吐、腹泻、大面积烧伤时引起体液大量丧失后只补充水分或只补给葡萄糖溶液,忽略了电解质的补充,使血浆和组织间液的钠离子浓度相对减少,渗透压降低。

2. 大量钠离子经肾丢失

(1)慢性肾功能不全或肾上腺皮质机能低下时，醛固酮分泌减少，肾小管对钠离子的重吸收障碍；或泌 H^+ 不足而致钠损失过多。

(2)利尿剂使用不当，如长期使用速尿、利尿酸、双克塞等排钠性利尿剂，使钠排出增加。

(3)某些代谢性疾病如牛酮血症时，机体为排出酮体而使大量钠离子同时被排出；或反复大量排放胸水、腹水也可引起水、钠丢失。

(二)病理生理反应

机体的代偿反应主要为保存钠离子，恢复和维持血浆渗透压。

(1)血浆钠离子浓度降低，使 Na^+/K^+ 比值减小和血容量减少，通过渗透压感受器，使肾上腺皮质分泌醛固酮增多，肾小管对钠的重吸收增强，以升高血浆和细胞间液的渗透压，而尿的比重降低。

(2)血浆渗透压下降，可直接抑制丘脑下部视上核中的渗透压感受器，反射性地抑制ADH分泌，远曲小管和集合管对水的重吸收减少，尿量增多，呈低渗状态，因而血容量更加减少。

(3)血浆渗透压下降，细胞间液钠离子可通过毛细血管壁进入血液内，使血浆晶体渗透压有所升高，以此使血浆渗透压得以调节，但同时又导致细胞间液的渗透压下降。

机体通过上述保钠、排水的调节，可使血浆渗透压有所恢复，血浆钠离子浓度相对升高，如脱水较轻，则可得到缓解而不致对机体产生严重影响，当病因去除并加以适当的治疗之后，病畜可逐渐恢复正常。如果病因未除，钠离子丢失继续加重，则脱水进一步加剧。

(三)对机体的影响

1. 细胞水肿

因细胞间液 Na^+ 不断进入血浆而导致渗透压降低，细胞间液的水分向渗透压较高的细胞内转移，引起细胞水肿。如水分进入脑细胞内，引起脑细胞水肿，可出现神经症状。由于大量的水分在细胞内积聚，使本来已减少的细胞外液进一步下降，严重者导致外周循环衰竭，患畜出现血压下降，四肢厥冷，脉搏细速等症状。

2. 低血容量性休克

严重而持续的低渗性脱水，体液明显减少，水分又大量从尿排出以及进入细胞内，从而导致血浆容量越来越少，有效循环血量减少，血液浓稠，黏度增大，流速减慢，极易发生低血容量性休克。

3. 自体中毒

低渗性脱水发展到严重阶段时，因有效循环血量减少，肾灌流量不足，肾小球滤过率降低、尿量急剧减少，血中非蛋白氮浓度不断升高，从而引起氮质血症。加之细胞水肿，物质代谢和排泄障碍同时发生，有害产物在体内蓄积，病畜可因自体中毒而死亡。

三、等渗性脱水

机体失水、失钠比例大致相等，又称混合性脱水。该型脱水在兽医临床上最为常见，其特点是水和钠同时大量丧失，细胞外液容量减少，血浆渗透压基本无变化。但因肺、皮肤不断排出部分水，可使渗透压稍升高。

(一)原因

呕吐、腹泻时，丢失大量的消化液，其中胰液、胆汁为等渗溶液，而胃肠液为低渗溶液；剧烈而持续的腹痛、肠梗阻、肠变位时，因大量出汗、肠液分泌增多和大量血浆漏入腹腔而丧失大量等渗性体液；大面积烧伤、中暑、大出汗时，大量的体液从皮肤渗出；大量的胸水和腹水形成也可导致等渗性体液的丢失。

(二)病理生理反应

脱水初期阶段，血浆渗透压基本正常。但随着水分不断从皮肤和呼吸道丢失，导致水分的丢失略多于钠盐的丢失，血浆渗透压随之升高。

(1)血浆渗透压升高，刺激丘脑下部视上核渗透压感受器，引起患畜饮欲增加，并通过视上核垂体途径，引起 ADH 释放增多，使尿量减少。同时可通过肾素-血管紧张素-醛固酮系统，导致醛固酮分泌减少，Na^+ 排出增多。

(2)血浆渗透压升高，引起组织间液和细胞内液的水分进入血浆，以维持渗透压。

如果上述代偿性反应不能使血浆渗透压有所恢复，脱水进一步发展，代偿失调，可对机体造成严重的影响。

(三)对机体的影响

(1)脱水初期如处理不及时，患畜经皮肤、呼吸道继续丧失水分，从而转变为高渗性脱水，出现与高渗性脱水相似的变化。也可因处理不当，如输入大量葡萄糖液，使患畜转变为低渗性脱水。

(2)因水、钠同时丢失，所以从组织间液和细胞内吸收而来的水分以及从外界摄入的水分仍不能保持而被排出体外，最终引发低血容量性休克。

(3)细胞外液容量减少而细胞内液量变化不大，使单位体积血液中红细胞数增多，血红蛋白含量增高，红细胞压积增大，血液浓缩，血流变慢。

由此可见，等渗性脱水和高渗性脱水相比，前者缺盐程度较重，若单纯补水，则缺盐症状就会急剧表现出来；与低渗性脱水相比，等渗性脱水的水分损失更多，故细胞外液渗透压升高，细胞内液也随之丧失。因此，等渗性脱水具有高渗性脱水和低渗性脱水的综合特征。

四、脱水的补液原则

兽医临床上，首先应查明脱水的原因，积极治疗原发病。补液时，应根据脱水的类型、程度，以及动物是否能够进食饮水、排泄，看是否有可见的和潜在的液体丢失，同时考虑到每天最基本的需要量，来确定补液量和补液中水和盐的比例。

(一)确定脱水类型

在三种类型的脱水中，细胞外液渗透压变化各不相同，可通过测定血清钠离子浓度来确定脱水的类型，并根据病因、患畜脱水的临床表现，做出正确诊断。

(二)确定补液量

根据脱水时患畜的临床症状，可将脱水分为 3 级。

1. 轻度脱水

临床症状不明显，患畜仅表现为口渴，失水量可达体重的 4%～6%。

2. 中度脱水

患畜口渴，少尿，皮肤和黏膜干燥，眼球内陷，失水量可达体重的 6%～8%。

3. 重度脱水

患畜口干舌燥，眼球深陷，脉搏微弱，静脉塌陷，血液浓缩，四肢无力，共济失调，甚至昏迷，失水量超过体重的 8%～12%。

(三)确定补液中水和盐的比例

高渗性脱水时，血浆钠离子浓度虽然升高，但仍有钠的丢失，故在补足水分的同时，也要适当补充钠盐，补液中水和盐的比例为 2∶1，即两份 5%葡萄糖溶液和一份生理盐水。低渗性脱水时，由于细胞外液钠离子大量丢失，一般要给予生理盐水以恢复细胞外液容量，补液中水和盐的比例为 1∶2；如缺钠严重，则应适当给予高渗盐(10% NaCl)，以迅速提高细胞外液的渗透压。等渗性脱水时，可先给予生理盐水以扩充血容量，一旦血压恢复，可改用 5%葡萄糖加等量生理盐水，补液中水和盐的比例为 1∶1。补液中要注意观察动物的状态，监控心脏和肾脏的功能，一般动物正常排尿后方可补充钾离子。

第二节 酸碱平衡紊乱

机体通过各种缓冲系统以及肺、肾等对体液酸碱度进行调节，维持内环境酸碱度相对恒定的过程称为酸碱平衡。机体不能依靠自身的调节稳定体液的酸碱平衡，从而出现一系列机能代谢变化，称之为酸碱平衡紊乱。

动物在正常生理状态下，每天摄入许多酸碱性饲料和饮水，体内产生许多酸性物质和碱性物质，糖、脂肪、蛋白质完全氧化产生的 CO_2，进入血液与 H_2O 形成碳酸，由于碳酸又在肺部分解出 CO_2 排出体外，因此称碳酸为挥发性酸。蛋白质分解代谢产生的硫酸、磷酸和尿酸等，糖氧化分解过程中产生的柠檬酸、α-酮戊二酸、琥珀酸、苹果酸等，脂肪分解代谢产生的乙酰乙酸、β-羟丁酸等，这些酸不能经肺呼出，过量时必须由肾脏排出体外，故又称固定酸。体内碱性物质主要包括碳酸氢根、氨基酸脱氨基产生的氨等。尽管动物每天摄入和体内产生大量的酸碱性物质，但是健康动物的体液的酸碱性却是基本恒定的，pH 始终稳定在 7.35～7.45 之间。

为什么体液的 pH 会恒定呢？原来，体液的 pH 是由血浆中 $NaHCO_3/H_2CO_3$ 比值决定的，比值为 20∶1 时，血浆的 pH 就会恒定在 7.35～7.45 范围内；如果 $NaHCO_3/H_2CO_3$ 比值小于 20∶1，pH＜7.4，说明 $NaHCO_3$ 少了或者 H_2CO_3 多了，称为酸中毒；反之，若 $NaHCO_3/H_2CO_3$ 比值大于 20∶1，pH＞7.4，则称为碱中毒。

由于血浆中 HCO_3^- 的含量受代谢的影响，对维持体液 pH 来说，$NaHCO_3$ 是代谢性因素，所以把血浆中 $NaHCO_3$ 含量原发性降低(或升高)引起的酸中毒(或碱中毒)称为代谢性酸中毒(或碱中毒)；血浆中 H_2CO_3 的含量受呼吸状况的影响，对维持体液 pH 来说，H_2CO_3 是呼吸性因素，故将血浆中 H_2CO_3 含量原发性升高(或降低)引起的酸中毒(或碱中毒)，称为呼吸性酸中毒(或碱中毒)。

一、酸碱平衡及其调节

动物性饲料主要为蛋白质，在体内分解代谢过程中产生硫酸、磷酸、尿酸等，故肉食动物产酸大于产碱；而草食动物一般产碱大于产酸。机体对酸碱平衡的调节主要是通过以下四个途径实现的。

（一）血液缓冲系统调节

血浆和红细胞内存在弱酸及弱酸盐组成的缓冲对，共同构成血液的缓冲系统。

1. 碳酸氢盐-碳酸缓冲对

细胞外液中为 $NaHCO_3/H_2CO_3$，细胞内为 $KHCO_3/H_2CO_3$，是体内最大的缓冲系统。

2. 磷酸氢盐缓冲对

由 Na_2HPO_4/NaH_2PO_4 构成，是红细胞和其他细胞内的主要缓冲对，特别是在肾小管内，作用更为重要。

3. 血浆蛋白缓冲对

由 NaPr/HPr 构成，主要存在于血浆和细胞内。

4. 血红蛋白缓冲对

由 KHb/HHb 和 $KHbO_2/HHbO_2$ 构成，是红细胞独有的缓冲对。

上述四对缓冲系统，以碳酸氢盐-碳酸缓冲系统的含量最高，其缓冲固定酸的能力占全血缓冲总量的53%。故临床上常用血浆中这一对缓冲系统的量代表体内的缓冲能力，把碳酸氢盐含量称为血浆的碱储。

缓冲系统能有效地将进入血液中的强酸转化为弱酸，强碱转化为弱碱，最大限度降低强酸强碱对机体造成的危害；将体内产生过多的酸或过多的碱转化为可溶性盐类，从而维持体液pH的正常。如：

$$\underset{\text{（乳酸，酸性较强）}}{CH_3CHOHCOOH} + NaHCO_3 \rightarrow CH_3CHOHCOONa + \underset{\text{（弱酸性）}}{H_2CO_3}$$

在上述调节过程中，缓冲对的两个组分发生相互转化，生成的碳酸可继续分解为 CO_2 和 H_2O，CO_2 浓度升高可兴奋呼吸中枢使之排出加快，使 $NaHCO_3/H_2CO_3$ 比值保持相对稳定。

（二）肺脏的调节

肺可通过改变呼吸运动的频率和幅度以控制 CO_2 的排出量，从而调节血浆中的 H_2CO_3 的浓度，维持血浆中 HCO_3^- 和 H_2CO_3 的正常比值，保持pH相对恒定。当动脉血 CO_2 分压升高，氧分压下降，血浆pH降低时，可刺激延髓的中枢化学感受器和主动脉弓、颈动脉体的外周化学感受器，反射性地引起呼吸中枢兴奋，呼吸加深加快，排出 CO_2 增多，使血浆 H_2CO_3 浓度降低。而当动脉血 CO_2 分压降低或血浆pH升高时，呼吸变浅变慢，CO_2 排出减少，血浆中 H_2CO_3 的浓度升高。

（三）肾脏的调节

肾脏主要通过排酸保碱和碱多排碱的方式，排出体内过多的酸或碱，以维持体液的正常pH。非挥发性酸和碱性物质主要通过肾脏排出体外。

1. 泌 H^+ 保钠，H^+-Na^+ 交换

全部肾小管上皮细胞都有分泌 H^+ 的功能。肾小管上皮细胞内含有碳酸酐酶（CA），能催

化 H_2O 和 CO_2 结合生成 H_2CO_3，后者解离成 H^+ 和 HCO_3^-，H^+ 被肾小管上皮细胞主动分泌入小管液，与 Na^+ 进行交换，Na^+ 进入肾小管上皮细胞与 HCO_3^- 结合生成 $NaHCO_3$ 回到血浆。80%～85% $NaHCO_3$ 在近曲小管被重吸收，其余部分在远曲小管和集合管被重吸收，尿中几乎无 $NaHCO_3$，肾小管上皮细胞每分泌一个 H^+，可重吸收一个 Na^+ 和一个 HCO_3^-。当体液 pH 降低时，碳酸酐酶的活性增高，肾小管上皮细胞泌 H^+ 增加，重吸收 HCO_3^- 作用增强；反之，当 pH 升高时，肾小管上皮细胞泌 H^+ 减少，重吸收 HCO_3^- 的作用减弱(图 6-1)。

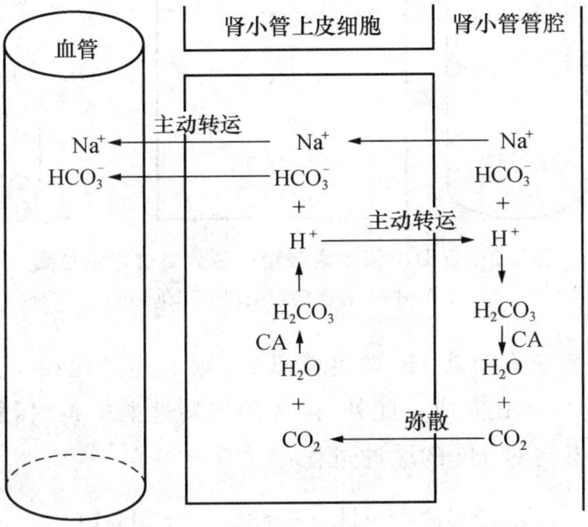

图 6-1 H^+ 分泌和 HCO_3^- 重吸收过程示意图

(张书霞．兽医病理生理学．2005)

2. NH_4^+ 排出，排氨保钠

尿中的 NH_3 大部分由谷氨酰胺酶水解谷氨酰胺产生，少部分 NH_3 通过氨基酸脱氨基作用产生。NH_3 不带电荷，脂溶性，容易通过细胞膜而进入肾小管液，与肾小管上皮细胞分泌的 H^+ 结合生成 NH_4^+。NH_4^+ 带正电荷，水溶性，不容易通过细胞膜返回细胞内，NH_4^+ 与小管液中的强酸盐负离子(大部分是 Cl^-)结合，生成 NH_4Cl 随尿排出，强酸盐的正离子 Na^+ 又与 H^+ 交换进入细胞内，与细胞内的 HCO_3^- 结合形成 $NaHCO_3$ 返回血浆，从而达到排氨保钠，排酸保碱，维持血浆酸碱度的目的(图 6-2)。

小管液中 Cl^- 不但与 NH_4^+ 结合，还可以和分泌的 H^+ 结合，生成 HCl，使小管液 pH 下降，当 pH 下降到 4.5 时，肾小管就停止分泌 H^+，HCl 和 NH_3 生成 NH_4Cl，有助于肾小管上皮细胞进一步分泌 H^+，使 H^+-Na^+ 交换不断地进行下去，从而维持体内酸碱平衡。

3. 碱多排碱

体内碱性物质过多时，血浆 pH 上升，导致肾小管上皮细胞内碳酸酐酶的活性降低，H_2CO_3 生成和 H^+ 分泌均减少，$NaHCO_3$、Na_2HPO_4 等碱性物质重吸收入血浆也相应减少，随尿液大量排出，血浆 pH 得以降低。

(四)组织细胞的调节

组织细胞的调节作用主要是通过细胞内外离子交换进行的。红细胞、肌细胞都能参与这一过程。当细胞间液 H^+ 升高时，H^+ 弥散进入细胞内，而细胞内等量的 K^+ 移至细胞外，以维

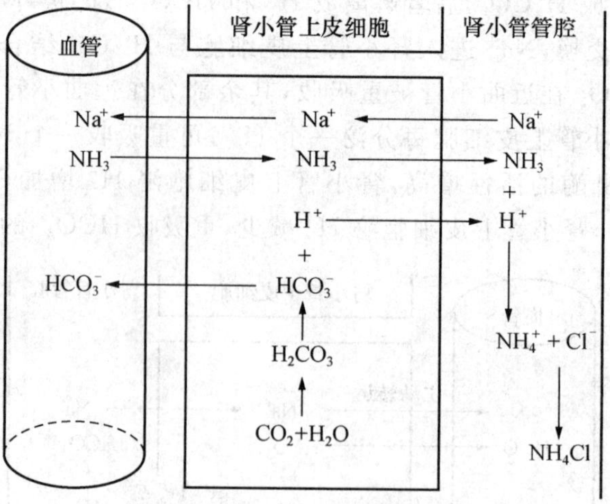

图 6-2 远曲小管和集合管中氨分泌过程示意图

（张书霞．兽医病理生理学．2005）

持细胞内外电荷平衡。当细胞间液 H^+ 浓度降低时，则上述过程相反。细胞内外离子交换及细胞内的缓冲作用约需 2～4 h 完成。此外，持久的代谢性酸中毒时，骨盐中的 $Ca_3(PO_4)_2$ 溶解度增加，并进入血浆，参与对 H^+ 的缓冲过程：

$$Ca_3(PO_4)_2 + 4H^+ \longrightarrow 3Ca^{2+} + 2H_2PO_4^-$$

二、代谢性酸中毒

由于代谢障碍引起体内固定酸生成过多或碱性物质（HCO_3^-）大量丧失，导致酸碱平衡紊乱的现象，称代谢性酸中毒。其特点为血浆 pH 降低，血浆中 HCO_3^- 浓度原发性减少。

（一）发生的原因

1. 体内固定酸增多

主要见于体内酸性物质生成、摄入过多和酸性物质排出障碍等。比如由于发热、缺氧、血液循环障碍或饥饿引起物质代谢紊乱，导致糖、蛋白质、脂肪分解代谢加强，氧化不全产物如乳酸、丙酮酸、酮体、氨基酸等酸性物质生成增多；临床治疗中给予大量的氯化铵、稀盐酸、水杨酸等酸性药物；当肾小管上皮细胞内碳酸酐酶活性降低时，CO_2 和 H_2O 不能生成 H_2CO_3 而导致泌 H^+ 障碍，或因肾小管上皮细胞产 NH_3、排 NH_4^+ 受限，均能导致酸性物质不能及时排出而在体内蓄积。

2. 碱性物质丧失过多

常见于剧烈腹泻、肠梗阻时，大量碱性物质被排出体外或蓄积在肠腔，血浆内碱性物质丧失过多，酸性物质相对增加。大面积烧伤时，血浆中的 HCO_3^- 由创面大量丢失。

（二）病理生理反应和对机体的影响

1. 血液缓冲系统的调节

体内酸性物质过多时，血浆中 H^+ 浓度升高，可迅速被血浆缓冲系统中的 HCO_3^- 所中和，将某些酸性较强的酸转变为弱酸（H_2CO_3），弱酸分解后很快排出体外，以维持体液 pH 的稳定。

2. 呼吸系统的调节

经血液缓冲系统中和的弱酸（H_2CO_3）可解离为 H_2O 和 CO_2，H^+ 浓度升高和 CO_2 分压上升，均可刺激主动脉弓和颈动脉体的外周化学感受器，引起呼吸中枢兴奋，使呼吸加深加快，CO_2 排出增多，从而维持血浆中 $NaHCO_3/H_2CO_3$ 的正常比值。呼吸系统的代偿非常迅速，它可以在十几分钟内呈现出明显的作用，因此，呼吸加强是急性代谢性酸中毒的重要标志之一。

3. 肾脏系统的调节

当血浆 pH 下降时，肾脏排酸保碱功能增强，表现为肾小管上皮细胞内碳酸酐酶和谷氨酰胺酶的活性增强，使肾小管上皮细胞泌 H^+ 和 NH_3 增多，导致 $NaHCO_3$ 重吸收增多，以此来补充碱储。但是，因肾脏机能障碍而导致的代谢性酸中毒不适用该种方法代偿。肾脏的代偿作用较慢，一般要 3～5 d 才能到达高峰。

4. 组织细胞的调节

代谢性酸中毒时，约有 50%～60%的 H^+ 通过离子交换进入细胞内，被细胞内的缓冲系统缓冲。在 H^+ 进入细胞的同时，K^+ 被移出细胞外，引起血浆钾离子浓度升高。

经过上述代偿调节，可使血浆 H_2CO_3 含量有所下降或 $NaHCO_3$ 含量有所上升，从而使 $NaHCO_3/H_2CO_3$ 比值恢复至 20∶1，血浆 pH 将逐步恢复正常。如果体内固定酸不断增加，碱储被不断消耗，经代偿后仍不能恢复体液 pH，则会产生严重后果。

5. 中枢神经系统功能障碍

代谢性酸中毒时，脑细胞内参与生物氧化的酶类受到抑制，使氧化磷酸化发生障碍，ATP 生成减少，神经细胞供能不足；H^+ 浓度升高，可使组织谷氨酸脱羧酶活性增强，抑制性神经介质 γ-氨基丁酸生成增多，故患畜表现为精神沉郁、感觉迟钝，甚至昏迷。

6. 心血管系统功能障碍

血浆中增多的 H^+ 对循环系统影响最大。酸中毒时，H^+ 可与 Ca^{2+} 竞争结合肌钙蛋白，影响心肌兴奋-收缩偶联过程，导致心肌收缩力降低，心输出量减少；酸中毒可伴发高钾血症，引起心律失常，心肌传导性、自律性、收缩性下降，严重时可导致心脏传导阻滞和心肌兴奋性消失；另一方面，血液中 H^+ 浓度升高，可使心肌和外周血管对儿茶酚胺的反应性降低，大量毛细血管网开放，使血管容量不断扩大，回心血量减少，血压下降，可引起低血压，甚至休克死亡。

（三）治疗

积极治疗原发病，如制止腹泻，消除高热、缺氧等，同时还应补充碱性药物。最常用的是 $NaHCO_3$，也可使用乳酸钠。在补充碱性药物时，量宜小不宜大，且不能使 pH 过快地恢复正常。因酸中毒时，脑脊液 pH 亦降低，H^+ 能刺激呼吸中枢，使呼吸加深加快，若很快使血液酸碱度恢复，由于 HCO_3^- 通过血脑屏障较慢，脑脊液 pH 恢复较慢，呼吸仍很快，则会因呼吸过度引起呼吸性碱中毒。在防治代谢性酸中毒时，还应注意纠正水和电解质紊乱，应及时补充体液，恢复有效循环血量，改善组织血液灌流。

三、呼吸性酸中毒

由于肺泡通气功能不足，使体内生成的 CO_2 排出受阻，或由于 CO_2 吸入过多，引起血液 CO_2 分压升高的病理过程，称为呼吸性酸中毒。此型酸中毒的特点为体内 CO_2 潴留，血浆

H_2CO_3 含量原发性升高。

(一)发生的原因

1. CO_2 排出障碍

(1)呼吸中枢抑制　脑损伤、脑炎、脑血管病变、呼吸中枢抑制剂(如吗啡、巴比妥类药物)、麻醉剂过量、酒精中毒等均可抑制呼吸中枢而导致肺通气不足或呼吸停止,CO_2 在体内潴留。

(2)呼吸肌麻痹　急性脊髓灰质炎、有机磷中毒、进行性肌萎缩时,呼吸肌随意运动减弱或丧失,造成 CO_2 排出障碍。

(3)呼吸道阻塞　喉头痉挛、溺水、异物阻塞气管、哮喘、慢性支气管炎、肿瘤压迫时,引起通气障碍,CO_2 排出受阻。

(4)胸廓病变　胸部创伤、严重气胸、胸水、胸膜炎时,影响肺的扩张,使肺部换气减少。

(5)肺部疾患　较广泛的肺组织病变,如肺气肿、肺水肿、肺萎陷或肺炎等疾病时,因通气障碍或肺泡通气与血流比例失调而引起呼吸性酸中毒。

2. CO_2 吸入过多

厩舍狭小、空气不流通或饲养密度过大时,因吸入的空气中 CO_2 含量增多,导致机体血浆 H_2CO_3 浓度升高。

3. 血液循环障碍

心功能不全导致全身瘀血时,CO_2 运输和排出受阻,使血液中 H_2CO_3 含量增多。

(二)病理生理反应和对机体的影响

1. 血液缓冲系统的调节

呼吸性酸中毒时,血浆中 H_2CO_3 浓度升高,血液 $NaHCO_3/H_2CO_3$ 缓冲对的缓冲作用大大降低,主要依靠血浆蛋白和磷酸盐缓冲系统来调节:

$$H^+ + NaPr \longrightarrow HPr + Na^+$$

$$H^+ + Na_2HPO_4 \longrightarrow NaH_2PO_4 + Na^+$$

反应生成的 Na^+ 可与血浆中的 HCO_3^- 结合生成 $NaHCO_3$,补充碱储,有助于 $NaHCO_3/H_2CO_3$ 的比值维持在正常范围内。但因血浆中 Na-Pr 和 Na_2HPO_4 含量较低,其对 H_2CO_3 的缓冲能力也较低。

另外,当 CO_2 排出受阻时,血液 CO_2 分压升高,可借助分压差弥散入红细胞内,在红细胞碳酸酐酶的作用下与 H_2O 结合生成 H_2CO_3。H_2CO_3 解离后产生 H^+ 和 HCO_3^-,H^+ 可被红细胞内缓冲物质所中和,当红细胞内 HCO_3^- 的浓度超过其血浆浓度时,HCO_3^- 可由细胞内向血浆中转移,血浆内等量 Cl^- 进入红细胞,以替补红细胞内所丧失的 HCO_3^-,结果使血浆 Cl^- 浓度降低,HCO_3^- 浓度增高,$NaHCO_3/H_2CO_3$ 的比值得到维持。

2. 肾脏系统的调节

肾脏对呼吸性酸中毒可进行有效的调节,其调节方式同代谢性酸中毒。但应注意,肾脏的代偿调节是一个缓慢的过程,常需 3～5 d 才能充分发挥作用,故急性呼吸性酸中毒时往往来不及代偿,而在慢性呼吸性酸中毒时,可发挥强大的排酸保碱作用。

3. 组织细胞的调节

呼吸性酸中毒时,血浆中 H_2CO_3 浓度升高,H_2CO_3 解离后产生 H^+ 和 HCO_3^-,H^+ 与细胞

内 K^+ 进行交换，K^+ 移出细胞外，H^+ 与 K-Pr、K_2HPO_4 发生缓冲，HCO_3^- 则留在细胞外，维持 $NaHCO_3/H_2CO_3$ 的比值。

机体经过上述代偿调节，可使血浆 H_2CO_3 含量有所下降或 $NaHCO_3$ 含量有所上升，使 $NaHCO_3/H_2CO_3$ 比值恢复至 20∶1，血浆 pH 将逐步恢复正常。如果机体呼吸机能仍不健全，CO_2 在体内大量滞留，超过了机体的代偿能力，pH 低于正常，则会产生严重的后果。

呼吸性酸中毒对机体的影响除和代谢性酸中毒有相似之外，也可引起中枢神经系统功能障碍和心血管系统障碍。

4. 中枢神经系统障碍

呼吸性酸中毒时伴有高碳酸血症，高浓度的 CO_2 有直接扩血管作用，可使脑血管扩张，颅内压升高，发生脑充血、水肿，患畜表现为精神沉郁、疲乏无力，甚至昏迷。

5. 心血管系统障碍

呼吸性酸中毒时，由于大量的 K^+ 移向细胞外和 H^+ 进行交换，可使血 K^+ 浓度急剧升高，引起心肌收缩力减弱，末梢血管扩张，血压下降，严重者可导致心室震颤，患病动物快速死亡。

(三)治疗

积极治疗原发病，改善通气和换气功能，控制感染，解除支气管平滑肌痉挛，使蓄积于血液中的 CO_2 尽快排出。待通气功能改善后，可适当应用碱性药物（5% $NaHCO_3$）。还可选用呼吸兴奋剂和强心剂，以维护中枢神经系统和心血管系统的功能。

复习思考题

1. 比较三种类型脱水的异同，临床上如何鉴别脱水的类型？

2. 当动物发生哪些疾病或出现哪些病理过程时应考虑酸中毒发生的可能性？

3. pH 正常是否说明没有酸碱平衡障碍？为什么？

4. 某门诊收治一 3 月龄博美病犬，犬主人介绍，自昨日该犬开始精神萎靡，食欲废绝，水样腹泻。检查，体温 39.8℃，被毛凌乱，眼结膜潮红，眼眶凹陷。请分析该病犬发生的病变并提出处理原则。

5. 某奶牛场一新生犊牛自出生第二天起开始发高烧，不吮乳，精神高度沉郁，眼闭似昏睡，眼睑肿胀，眼球下陷，结膜发绀，被毛蓬乱无光泽，皮肤弹性降低，不愿行走，喜卧地，不时磨牙，口腔黏膜潮红，呼吸迫促，伸头直项，心跳加快，体温 41℃左右，尿短赤。当地兽医给予青霉素、链霉素、先锋霉素等治疗 2 d 不见好转，病情益重。试分析其发生机理、病因，该如何治疗？

6. 夏天，某奶牛场一奶牛体温升高至 41.5℃，呼吸急促，口中流涎，精神沉郁，脉搏加快，心率达 100 次/min，全身出汗，喜饮水；呼吸困难，鼻翼扇动，张口喘气，眼窝凹陷，卧地不起，四肢划动，口吐白沫，濒临死亡。请分析该牛可能的病变及原因，并提出治疗方案。

7. 一猪场有 2 周龄的仔猪 50 只，有一半左右发生呕吐、水样腹泻，粪便呈淡黄、黄白色，腥臭，体温 40.2～40.6℃不等。病猪迅速消瘦，有的爬到母猪食槽内急切饮水。严重者极度衰弱，步态不稳。根据这一情况，除了确诊后对因治疗外，你认为应该采取哪些应急措施？

8. 哪种类型的脱水易发生休克？为什么？

第七章　细胞与组织损伤

动物机体在各种致病因素作用下，细胞和组织会发生适应性反应，而当这些致病因素的作用超过细胞、组织的适应能力时，就会使细胞、组织或器官受到损伤，出现一系列形态结构、代谢和功能的变化。根据组织细胞受损程度把损伤分为萎缩、变性、坏死。一般情况下，萎缩、变性是可复性的损伤过程；而坏死则是细胞和组织的“死亡”，是一种不可复性的损伤。动物尸体剖检诊断中，常常把坏死作为重要病理变化看待。

第一节　萎　缩

发育正常的器官、组织或细胞，由于物质代谢减退或发生障碍而出现体积缩小和功能减退的过程，称萎缩。萎缩与发育不全或不发育有着本质的区别。发育不全是指器官或组织不能发育到正常结构，体积一般较小。不发育是指器官不能发育，可能完全缺失或只有结缔组织构成的痕迹性结构物。

一、萎缩的原因和类型

根据萎缩发生的原因，可分为生理性萎缩和病理性萎缩。

（一）生理性萎缩

又称年龄性萎缩，是指某些组织器官随年龄增长体积缩小，功能减退的正常生理现象。例如胸腺、法氏囊在性成熟时发生退化，老龄动物的乳腺、性器官的萎缩等。

（二）病理性萎缩

是指组织、器官受到某些致病因子作用而发生的萎缩。根据病变波及的范围分为全身性萎缩、局部萎缩。

1. 全身性萎缩

是全身物质代谢障碍的结果，多见于长期营养不足、慢性消化道疾病（如慢性肠炎、肝胆疾病等）、严重的消耗性疾病（如结核、鼻疽、恶性肿瘤等）。

2. 局部萎缩

是由病因引起局部器官、组织的萎缩。按其发生原因可分为以下几种：

（1）废用性萎缩　长期工作负荷减少、久卧不起的肌肉萎缩。多见于骨折、关节炎等。

(2)神经性萎缩 外周或中枢神经受到损伤时,受其支配的肌肉发生萎缩。如神经型马立克氏病引起的患肢肌肉萎缩。

(3)压迫性萎缩 多因机械性压迫所致,如肿瘤、寄生虫、异物等压迫邻近器官引起的萎缩。

(4)缺血性萎缩 是因小动脉狭窄或不全阻塞时,血流不畅,局部组织或器官因缺血发生萎缩。多见于动脉硬化或栓塞导致动脉内狭窄等因素。

(5)激素性萎缩 是指内分泌器官功能低下、内分泌功能失调引起相应靶器官的萎缩。如垂体功能低下引起的肾上腺、甲状腺、性腺等器官的萎缩,动物去势后性器官的萎缩。

二、萎缩的病理变化

(一)全身性萎缩

全身性萎缩的动物通常严重消瘦,全身贫血,可视黏膜苍白及水肿等。机体各组织器官的功能不同,发生萎缩的先后顺序也是不同的。其中脂肪组织的萎缩发生得最早且最显著,几乎完全消失;其次是肌肉组织,可减少45%;然后是肝、脾、肾及淋巴结等实质器官;而心、脑、内分泌腺等重要器官则发生最晚且不明显。

剖检:尸体皮下、肌间、腹下、肠系膜、大网膜脂肪全部被消耗,心冠状沟、纵沟脂肪消耗后,间隙被浆液填充,外观呈黄色胶冻样,称为脂肪萎缩。全身肌肉萎缩,变薄变轻,眼观肉色变淡。血液稀薄色淡,凝固不良。实质器官发生萎缩时,器官体积缩小,重量减轻,外形变化不大,韧性增强,边缘锐薄,切面干燥。胃肠壁变薄,撕拉时易于破裂。萎缩的邻近组织细胞可发生代偿性肥大,脏器表面凹凸不平,呈颗粒状,称颗粒萎缩。

镜检:萎缩的器官实质细胞体积缩小或数量减少,胞浆减少且染色较深,胞核皱缩浓染,间质组织相对增多。有些器官发生萎缩后,在细胞浆内见到有黄褐色、颗粒状的脂褐素,量多时使器官呈褐色,这种萎缩称为褐色萎缩。脂褐素常见于发生萎缩的肝细胞、心肌纤维、神经细胞及肾小管上皮细胞。

(二)局部萎缩

局部萎缩的形态变化与全身性萎缩的相应器官变化相同。

三、结局和对机体的影响

萎缩是一种可复性的病理过程,在病因消除后,萎缩的器官和组织可逐渐恢复其形态、机能及代谢功能。但严重的萎缩,由于体积缩小,细胞数量减少,使器官或组织的功能降低,这对机体的生命活动是不利的,如不能得到及时的改善,则可加速病情的恶化,严重者可导致器官功能衰竭或因继发感染而死亡。

第二节 变 性

变性是指在细胞内或细胞间质中出现异常物质或正常物质明显增多的病理现象,是由致病因素引起细胞物质代谢和功能障碍的一类形态学变化。变性是一种可复性的病理过程,发生变性的细胞和组织仍保持生活能力，但机能降低，当致病因素被消除后，细胞功能和结构仍可恢复正常状态。但严重时，可进一步发展为坏死。

变性有多种类型，常见的有细胞肿胀、脂肪变性、透明变性、淀粉样变性、黏液样变性、纤维素样变性。

一、细胞肿胀

是指细胞因水分增多而肿大或胞浆内布满了许多微细结构的蛋白颗粒，是一种常见的轻度变性。多见于肝、肾、心等实质器官的早期病变。

（一）原因和发生机制

多见于急性热性传染病、中毒、缺氧、血液循环障碍和饥饿等全身性病理过程。本病变发生的机制十分复杂，但主要是与线粒体有关。当致病因素作用于细胞时，使细胞内线粒体受损，三羧酸循环和氧化磷酸化过程发生障碍，ATP 生成减少，细胞膜钠泵功能降低，导致细胞内钠离子含量增多，于是水分大量进入细胞内，导致细胞肿胀。

（二）病理变化

眼观：变性器官体积增大，被膜紧张，色泽浑浊变淡，呈灰白色且无光泽，似水煮过一样，切面隆起，质脆易碎。

镜检：细胞体积肿大，胞浆模糊，初期胞浆内出现大量红染蛋白质颗粒，故称为“颗粒变性”（图 7-1），以后细胞因水分增多而进一步加大，胞浆淡染并出现许多大小不等的水泡，故称之为“水泡变性”，如病变严重，细胞因水分大量积聚而高度变圆，色淡透亮，形似气球，故有“气球样变”之称。

图 7-1 肾小管上皮颗粒变性

1. 肾小管腔狭小 2. 肾小管上皮细胞肿胀，胞浆内有颗粒状物

（三）对机体的影响

发生细胞肿胀的器官，其生理功能有不同程度的降低。但只要病因消除就可以恢复正常；但如病因持续作用，会导致脂肪变性和细胞死亡。

二、脂肪变性

是指变性的细胞质内出现大小不等的游离脂肪小滴。脂滴的主要成分中性脂肪（甘油三酯），也可能有磷脂和胆固醇。脂肪变性也是一种常见的细胞变性，常发生于细胞肿胀之后，或二者同时发生。多见于肝、心、肾等实质器官，尤以肝脏最为明显。

（一）原因和发生机制

引起脂肪变性的原因很多，常见的有中毒、缺氧、饥饿、营养缺乏、急性热性传染病及败血症等。这些原因引起脂肪变性的机制各不相同，但其结果都是干扰或破坏脂肪的代谢。现以肝脏为例加以说明。正常情况下，来自脂库和肠道的脂肪酸进入肝脏时，少部分脂肪酸在线粒体内氧化供能，大部分脂肪酸在内质网中合成磷脂和甘油三酯，并与这里合成的胆固醇、载脂蛋白组成脂蛋白进入血液，再储存于脂库或供其他组织利用；还有少部分磷脂及其他类脂与蛋白质、碳水化合物结合形成细胞的各种结构成分（即结构脂肪）。上述过程任何一环节发生障碍均可导致脂肪变性的发生。如结构脂肪破坏、中性脂肪合成过多、脂蛋白合成发生障碍、脂肪酸的氧化发生障碍。

1. 结构脂肪破坏

在缺氧、中毒和感染等多种病因的作用下，细胞结构破坏，结构脂肪解离，脂肪析出形成脂滴。

2. 中性脂肪合成过多

某些疾病造成的饥饿状态或当糖利用发生障碍时，机体从脂库动用大量脂肪氧化供能，血液中游离脂肪酸增多，过量的脂肪酸进入肝脏，使肝细胞合成甘油三酯剧增，当其超过了肝细胞将其氧化利用和合成脂蛋白输出的能力时，脂肪便在肝细胞中积聚。

3. 脂蛋白合成发生障碍

是由于合成脂蛋白的原料（如磷脂及组成磷脂的胆碱、蛋氨酸等物质）缺乏，或由于缺氧、中毒，破坏内质网的结构或抑制某些酶的活性，使脂蛋白合成发生障碍，因此不能及时将甘油三酯组成脂蛋白并运出肝细胞，从而使脂肪在肝细胞内积聚。

4. 脂肪酸的氧化发生障碍

在缺氧时，可使催化脂肪氧化的酶受到抑制，影响脂肪酸的氧化过程，同时缺氧又可影响脂蛋白各种成分的合成，造成甘油三酯在细胞内积聚。

(二)病理变化

眼观：轻度脂变，常无明显变化。重度脂变，器官体积增大，质地变软，呈灰黄色或土黄色。结构模糊，触摸有油腻感。若脂变的肝脏伴有瘀血，则脂变组织呈灰黄色，瘀血部分呈暗红色，两者掺杂在一起形成类似肉豆蔻或槟榔的断面花纹，称槟榔肝（或肉豆蔻肝）。若心脏发生脂变，在心外膜下、心内膜特别是在心室乳头肌和肉柱的静脉周围，可见横行排列的灰黄色的条纹或斑点状脂肪变性病灶，出现在正常心肌间，似虎皮样花纹，称“虎斑心”（常见于幼畜口蹄疫）。

镜检：在 HE 染色的石蜡切片中，脂变的细胞肿胀，胞浆内出现大小不等的脂肪空泡，严重时这些空泡相互融合成大的空泡，核被挤于一侧（图 7-2），这与水泡变性的空泡不易区别，须以冰冻切片苏丹Ⅲ或锇酸作脂肪染色来鉴别，前者将脂肪染成橘红色，后者将其染成黑色。肝脏脂肪变性时，肝细胞索排列紊乱，肝窦狭窄。心肌脂肪变性时，脂肪空泡呈串珠状排列在肌原纤维之间，心肌纤维横纹被掩盖，胞核有程度不等的退行性变化。肾脏脂肪变性时，肾小管特别是近曲小管上皮细胞的胞浆内出现大小不一的脂肪空泡（图 7-3）。

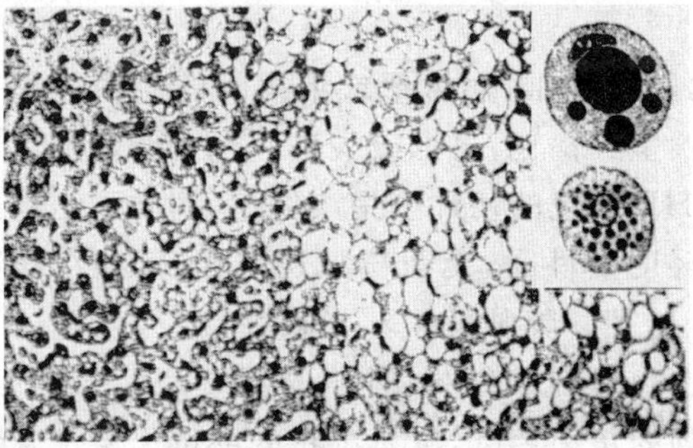

图 7-2 肝细胞的脂肪变性(猪)

肝细胞高度肿胀，细胞质充满脂肪滴

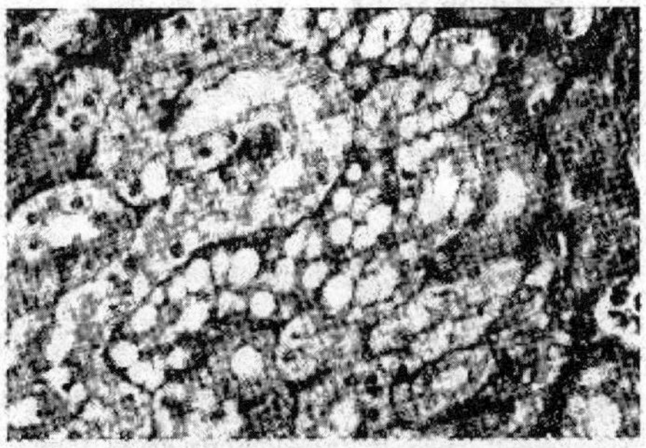

图 7-3 肾小管上皮细胞的脂肪变性

肾近曲小管上皮呈空泡状，管腔消失

(三)对机体的影响

脂肪变性也是一种可复性的病理过程,如早期消除病因,其损伤细胞的功能和结构仍可恢复正常。脂肪变性对机体的影响,一般说来较细胞肿胀的影响严重。如发生在肝、肾,可因代谢、功能障碍而造成自体中毒。如发生在心脏则引起心缺血、瘀血、缺氧、心力衰竭。

三、透明变性

透明变性又称玻璃样变,是指在细胞间质或细胞内出现一种均质、无结构、半透明的蛋白质样物质(可被伊红或酸性复红染成鲜红色)。

(一)类型及发生机制

1. 血管壁透明变性

主要见于小动脉壁,因血管壁的通透性增高,引起血浆蛋白大量渗出,浸润于血管内所致。光镜下,见小动脉内皮细胞下出现均质无结构的嗜伊红物质,严重时中膜的细胞结构破坏,平滑肌纤维变性、结构消失,变成致密无定形的透明样物质,管壁变厚,管腔变窄甚至闭塞。本病变多见于一些传染病、中毒病、血管病和慢性炎症等,如猪瘟、病毒性动脉炎、鸭瘟、慢性肾小球肾炎等。

2. 纤维组织透明变性

是由于胶原纤维之间,胶状蛋白沉积并相互黏着形成一片均质无结构的透明样物质。眼观透明变性的纤维组织呈均质的灰白色,半透明状,质地坚韧致密,无弹性。常见于慢性炎症、瘢痕组织及含纤维较多的肿瘤。

3. 细胞内透明变性

又称细胞内的透明滴状变。是指在某些实质细胞的胞浆内出现圆形、大小不等的均质无结构的嗜伊红样物质。如肾小球肾炎时,肾小管上皮细胞的胞浆内常出现此变化。这一方面可能是变性的细胞本身所产生;另一方面可能是上皮细胞吸收了原尿中的蛋白质所形成的。

(二)对机体的影响

轻度变性时,透明蛋白可以被吸收而使组织恢复正常,但透明变性的组织易钙化。小动脉发生透明变性后,管壁变厚,管腔狭窄甚至闭塞,导致局部组织缺血和坏死,进而可引起机体产生不同程度的机能障碍及不良的后果。

四、淀粉样变性

淀粉样变是指淀粉样物质沉着在某些器官的网状纤维、血管壁或组织间的病理过程。淀粉样物质是一种细胞外的糖蛋白,只因其具有遇碘呈红褐色,再加硫酸呈蓝色或紫色的淀粉显色反应的特性,故称为淀粉样变。淀粉样物质在HE染色的切片上呈淡红色、均质无结构的索状或块状物,沿细胞之间的网状纤维支架沉着。轻度变性时,无明显眼观变化,只有在光镜下才能发现。该变性常发生于脾、肝、肾及淋巴结等器官。脾脏发生淀粉样变性时,可呈局灶型或弥漫型。局灶型时,眼观脾的切面呈半透明灰白色颗粒状结构,外观与煮熟的西米相似,故称为“西米脾”。弥漫型时,眼观脾的切面呈不规则的灰白色区,没有沉积的部位仍保留脾髓固有的暗红色,互相交织成火腿样花纹,所以俗称“火腿脾”。肝发生淀粉样变时,眼观体积肿大,色泽灰黄或棕黄,质脆软,常有出血斑点。病变严重时可引起肝破裂。肾发生淀粉样变时,眼观肾肿大，色灰黄，质脆软，表面光滑，被膜易剥离。淋巴结发生淀粉样变时，眼观淋巴结肿大，色灰黄，质脆软，切面呈油脂样。淀粉样变性的原因和发生机理还不完全清楚，总的来说是蛋白质代谢障碍的一种产物，与全身免疫反应有关。

轻度淀粉样变一般是可以恢复的，重症淀粉样变性不易恢复。发生淀粉样变性的器官由于实质细胞受损和结构破坏均发生机能障碍。

五、黏液样变性

黏液是由正常黏膜上皮细胞分泌的一种黏性物质。黏液样变性是指结缔组织中出现大量黏稠、灰白色、半透明黏液样物质的一种变性。其成分为黏多糖与蛋白质的复合物，呈弱酸性，HE染色为淡蓝色。光镜下可见病变处的间质变疏松，有淡蓝色的黏液样物质积聚，其中散在一些多角形、星芒状纤维细胞。

黏液样变性是一个可复性的病理过程，病因消除后，变性的组织可以恢复，但如长期存在可引起纤维组织增生，从而引起组织硬化。

六、纤维素样变性

纤维素样变性是指结缔组织中发生的一种病变。该变性主要发生于病变器官的间质胶原纤维及小血管壁中。病变特点是初期结缔组织上基质增多，结构模糊，随后胶原纤维断裂、崩解，形成一种均质或颗粒状嗜伊红样物质，类似纤维素，因此称纤维素样变性。

纤维素样变性主要见于过敏性炎症，其发生可以是抗原抗体反应形成的活性物质使局部胶原纤维崩解。此外，也可见于血管壁，由于小血管壁损伤而使其通透性增高，血浆外渗，其中的纤维蛋白原可转变为纤维蛋白沉着于病变部，形成纤维素样物质。

第三节 坏 死

在活体内局部组织、细胞的病理性死亡，称为坏死。坏死的组织或细胞代谢停止、功能丧失、形态结构损毁，所以坏死是一种不可逆性变化。大多数坏死是从萎缩、变性的基础上发展而来的，这个过程是一个量变到质变的渐进性过程，所以又把坏死称为渐进性坏死。有些坏死是突发的，这样的坏死一般是由强烈致病因素直接作用于局部造成的，例如强酸、强碱等。

坏死这一病理过程，对于动物尸体剖检诊断尤为重要，可以说是病理剖检诊断的重要依据之一。

一、原因及发病机理

任何致病因素只要达到一定的强度或持续一定时间，使组织、细胞的物质代谢发生严重障碍，都能引起坏死，常见的原因有以下几种。

(一)机械性因素

直接的机械作用如创伤；持续的机械作用如褥疮、肿瘤等。

（二）物理性因素

高温使蛋白质凝固；低温使细胞内水分冻结，破坏胞浆胶体结构和酶的活性；放射线能破坏细胞的DNA或与DNA有关的酶系统，从而造成细胞的死亡。

（三）化学性因素

强酸、强碱及重金属如砷、铅、汞等，都可引起蛋白质变性，造成细胞和组织的死亡。

（四）生物性因素

病原微生物、寄生虫及其毒性产物，能直接破坏细胞内酶系统和造成血液循环障碍，间接地引起组织、细胞的坏死。如结核病的干酪样坏死、猪瘟时脾的出血性梗死等。

（五）营养因素

由于长时间的营养不良，可引起营养不良性贫血，进而引起细胞、组织的变性、坏死。

（六）神经性因素

当中枢神经和外周神经系统损伤时，相应部位的组织因缺乏神经的兴奋性冲动而引起局部细胞、组织的萎缩、变性、坏死。

（七）血管源性因素

局部血管受压、痉挛、血栓形成和栓塞等因素，可造成局部组织缺血缺氧，进而导致局部细胞、组织的变性、坏死。

（八）免疫机制紊乱

超敏反应、自身免疫欠缺等，可造成组织细胞的死亡。

二、病理变化

（一）眼观

坏死组织初期外观与原组织相似，不易识别。时间稍长的外观缺乏光泽或变为灰白色，结构模糊、色泽浑浊、缺乏弹性，提起或切断后，组织回缩不良。因局部缺血而温度降低，切割时无血液流出，感觉及运动功能消失，在坏死组织与活组织之间呈现一条明显的红色炎性反应带。

（二）光镜下

坏死组织主要表现在细胞核、细胞浆及间质的改变。

1. 细胞核的变化

细胞核的变化是细胞坏死的主要标志，即核固缩、核碎裂和核溶解。

核固缩：核体积缩小，染色质浓缩深染。

核碎裂：核膜破裂，核染色质崩解成大小不等的碎片，分散在胞浆中。

核溶解：核染色质在DNA酶的作用下逐渐分解消失，丧失了对碱性染料的着色反应，染色变浅或仅留下核影（图7-4）。

2. 细胞浆的变化

坏死细胞胞浆内的微细结构破坏，胞浆对酸性染料伊红的着色加深，呈红色细颗粒状。若

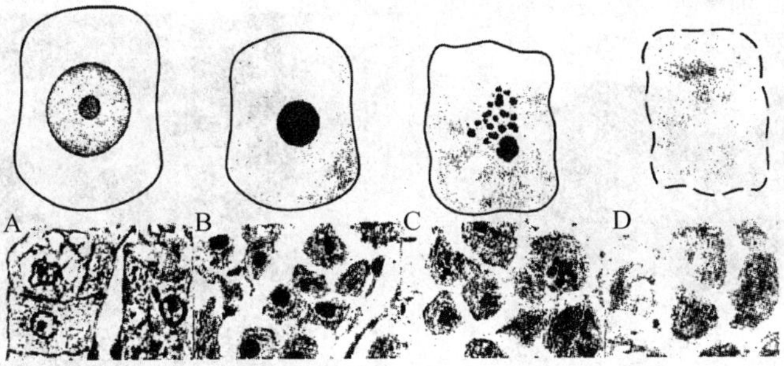

图 7-4 细胞核坏死形态变化模式图(王选年)

A. 正常细胞 B. 核固缩 C. 核碎裂 D. 核溶解

上行为细胞坏死模式图，下行为肝细胞的坏死

胞膜破裂，整个细胞轮廓消失，变成一片红染的颗粒状物质。也有细胞坏死后，核破坏消失，胞浆内的水分逐渐丧失而固缩为圆形小体，呈强嗜酸性深红色，称之为嗜酸性小体。

3. 间质的变化

由于间质比实质细胞对缺血乏氧的耐受性强，因此实质细胞坏死一定时间内，间质常无明显变化，以后由于各种水解酶的作用，表现为间质细胞、结缔组织、基质的解聚，而纤维尤其是胶原纤维的变化最为严重，发生肿胀、崩解或断裂、液化并相互融合，形成一片红染的颗粒状或均质无结构的纤维素样物质，即称为纤维素样坏死或纤维素样变。

三、坏死的类型

(一)凝固性坏死

是指组织坏死后，失水变干，组织蛋白未发生崩解液化而发生凝固。眼观，坏死组织早期因吸收周围的组织液常有轻度肿胀，色泽灰暗，组织纹理模糊，而后坏死组织变为灰白或灰黄色，干燥、坚实而无光泽，坏死区周围有暗红色的充血和出血带与健康组织分界。光镜下，坏死组织实质细胞的胞核溶解消失，或残留部分碎片，胞浆崩解融合成为一片红色的无结构的颗粒状物质，但组织的结构轮廓仍保留。但不同组织的凝固性坏死表现形式不同，如肾的贫血性梗死、结核的干酪样坏死、肌肉的蜡样坏死等。

1. 贫血性梗死

是一种典型的凝固性坏死。坏死区灰白色，干燥，早期肿胀，稍突出于脏器的表面，切面坏死区呈楔形，边缘清楚。

2. 干酪样坏死

是由于坏死组织呈灰白色或灰黄色、松软易碎的无结构物质，外观似干酪样或豆腐渣样而得名(图 7-5)。光镜下，坏死组织的固有结构完全破坏消失，细胞彻底崩解融合成均质红染的颗粒状物质。

3. 蜡样坏死

是肌肉组织发生的凝固性坏死。外观呈灰黄或灰白色，干燥而坚实，浑浊无光泽，形如石蜡，故称蜡样坏死。光镜下，肌纤维肿胀、断裂，胞核溶解，横纹消失，胞浆均质红染或呈着色不均的无结构状物质(图 7-6)。

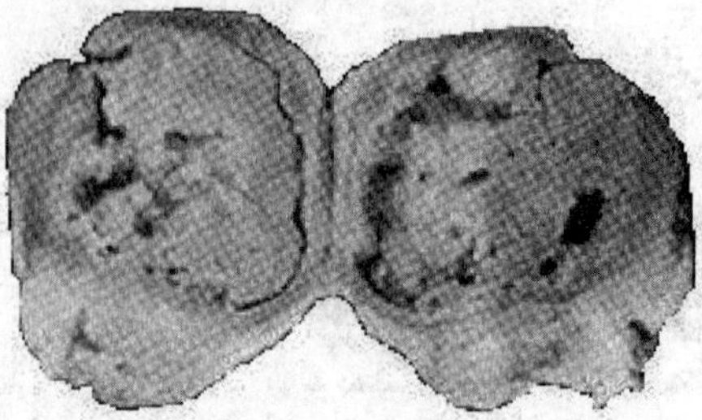

图 7-5 淋巴结的干酪样坏死

绵羊干酪样淋巴结炎

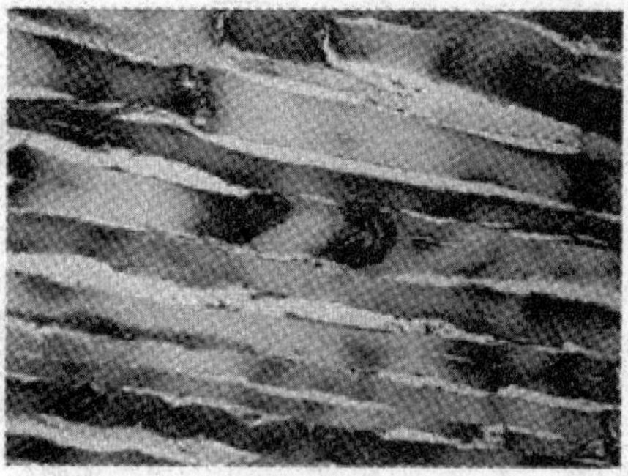

图 7-6 肌肉的蜡样坏死(王选年)

横纹肌纤维肿胀、横纹消失,呈均质蜡样

(二)液化性坏死

主要发生于富有蛋白分解酶(如胃肠道、胰腺)或含磷脂和水分多而蛋白质少的组织(如脑),以及有大量中性粒细胞浸润的化脓性炎灶。脑组织的液化性坏死通常称作脑软化,多见于马属动物的霉玉米中毒和雏鸡的维生素 E 缺乏。

(三)坏疽

是组织坏死后受到腐败菌感染引起的继发性变化。坏疽外观呈灰褐色或黑色。可分为三种类型。

1. 干性坏疽

多发于体表,尤其是四肢末端、耳壳和尾尖。由于组织坏死后暴露在空气中,水分蒸发,腐败菌不易生长繁殖,病程发展较慢。眼观坏疽部干涸皱缩,呈黑色或黑褐色,与周围健康组织界限清楚,有炎性反应带(图 7-7)。干性坏疽可见于慢性猪丹毒的颈、背、尾根部皮肤坏死,牛慢性锥虫病的耳、尾、四肢下部飞节和球节处皮肤坏死,耕牛耳、尾根皮肤冻伤坏死。

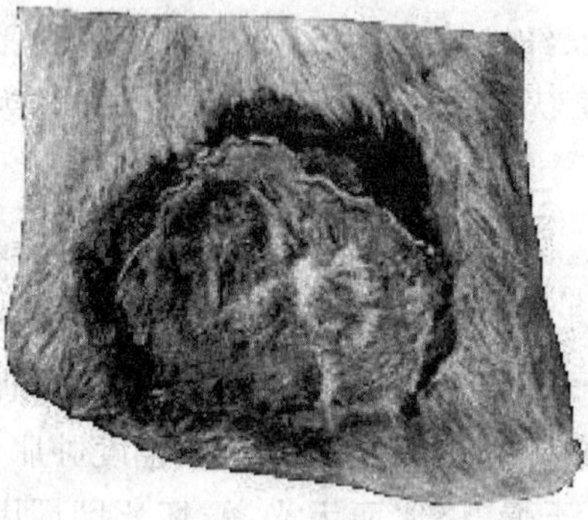

图 7-7 皮肤褥疮干性坏疽

2. 湿性坏疽

是由于坏死组织含水多,一旦继发腐败菌感染,引起腐败分解液化所致,常发生于与外界相通的器官。眼观坏疽部位呈污灰色、暗绿色或黑色的糊状,有恶臭气味,与健康组织界限不清,并易造成全身中毒。常见的湿性坏疽有肠变位、腐败性子宫内膜炎和乳腺炎等。

3. 气性坏疽

是湿性坏疽的一种特殊类型。主要见于深部创伤感染了厌氧产气菌,而这些细菌在分解坏死组织时产生大量的气体(H_2、CO_2、N_2),形成气泡并造成组织肿胀。眼观坏死区呈蜂窝状,污秽暗棕色,按压有捻发音;切开病变部位,有黄红色带酸臭气味、含气泡的浑浊液体流出。如牛气肿疽。

上述各种坏死的类型并不是固定不变的,由于机体抵抗力的强弱不同以及坏死发生的原因和条件等的改变,坏死的病理变化在一定条件下也可互相转化。例如凝固性坏死如果继发化脓细菌感染,也可转化为液化性坏死。

四、坏死的结局

坏死组织为体内的异物，如不能及时清除将会对机体造成持续性病理损伤，因此机体会通过各种抗损伤方式将其清除或改造。

（一）吸收再生

较小范围的坏死灶，被来自坏死组织本身或中性粒细胞释放的蛋白分解酶分解、液化，随后由淋巴管、血管吸收，不能吸收的碎片由巨噬细胞吞噬和消化吸收。最后，缺损的组织由邻近健康组织再生而修复。

（二）腐离脱落

发生在体表或与外界相通器官的较大范围的坏死灶，由于坏死组织与健康组织之间出现炎症反应，使坏死组织与周围健康组织分离脱落。皮肤或黏膜的坏死脱落后，局部留下浅的组织缺损叫糜烂，深达真皮以下的缺损且表面形成凹陷者称为溃疡。肺组织坏死脱落排出后留下的较大空腔，称为空洞。溃疡和空洞都可通过周围健康组织再生而修复。

（三）机化、包囊形成和钙化

多见于较大的坏死组织，不能完全吸收再生和腐离脱落，可逐渐被新生的肉芽组织长入替代，最后形成瘢痕，这种由肉芽组织取代坏死组织的过程称为机化。如果坏死组织不能完全被机化则由新生的肉芽组织将其包裹起来，称为包囊形成。其中的坏死组织可以进一步发生钙盐沉着，即发生钙化。

组织坏死后对机体的影响取决于坏死发生的部位、范围和机体的状态。当坏死发生于心和脑时，即使是很小的坏死灶也可造成严重的后果。一般器官的小范围的组织坏死，可通过机能代偿而对机体影响不大。若继发感染，可使患病动物发生毒血症或败血症而危及生命。因此，在临床上及时清除坏死组织和有效地控制感染是重要的治疗措施。

复习思考题

1. 动物长期处于半饥饿状态时，机体各组织器官是否会发生萎缩？萎缩程度是否相同？为什么？

2. 动物长时间采食高能量低蛋白的饲料，而引起突然死亡，经剖检后发现肝脏体积增大，被膜紧张，边缘钝圆，质地变软易碎，呈土黄色，切面结构模糊，触之有油腻感。你认为肝脏此时发生了什么病变？试述其发生机理。

3. 梗死与坏死有何区别？肾的贫血性梗死是坏死吗？如果是，它属于坏死的哪一种类型？

4. 坏疽有几种类型？各有何特点？

5. 组织坏死后对机体是有害的，机体将采取哪些方式将其清除？

6. 引起萎缩、变性和坏死的病因有何不同？如何区别萎缩、变性和坏死？

7. 什么是坏死？坏死细胞的形态学变化如何？如何区别坏死组织和健康组织？

第八章 适应与修复

正常动物机体内的细胞和组织经常受到内外环境因素的刺激，并通过自身的反应和调节机制对刺激做出应答性反应，以适应环境条件的改变，抵御刺激因素的损害。这种反应能力不仅能保证细胞和组织的正常功能，并且能维护细胞、器官乃至整个机体的生存。机体的组织和细胞受到轻度持续的病理性刺激时，会出现非损伤的适应性反应。主要通过组织、器官的代谢、功能、形态进行反应性调整来实现。当机体的细胞和组织遭受有害刺激的强度和持续时间超越了一定界限时，一方面会出现形态、功能、代谢的损伤变化，如萎缩、变性、坏死；另一方面会出现适应、代偿、修复等抗损伤反应。

第一节 代 偿

在致病因子作用下，动物机体一些组织、器官的代谢和功能发生障碍或组织结构遭受破坏时，机体通过相应组织、器官的代谢改变、功能加强或形态结构改变进行代替、补偿的过程，称为代偿。代偿过程主要通过神经-体液调节实现，可分为代谢代偿、功能代偿和结构代偿三种形式。其中物质代谢的加强（代谢代偿）是基础，在此基础上出现功能加强（功能代偿），最后出现组织、器官形态结构的改变（结构代偿），这种形态结构的改变为功能的进一步加强提供物质保障，三者彼此联系，相辅相成。

一、代谢代偿

代谢代偿是指在疾病过程中机体内出现以物质代谢改变为其主要表现形式的一种代偿。如慢性饥饿时机体动员贮脂供能；缺氧时，体内糖的有氧代谢过程受阻，机体会通过加强糖的酵解（无氧代谢）来补充一部分供应不足的能量。

二、功能代偿

功能代偿是机体通过器官功能的增强来代偿病变器官的功能障碍和损伤的一种代偿形式。如一侧的肾脏发生损伤而致其功能丧失时，另一侧的健康肾脏通过功能加强来补偿受损肾脏的功能。

三、结构代偿

结构代偿是以器官、组织体积增大(肥大)来实现的一种代偿形式,增大的器官、组织实质细胞体积增大和(或)数量增多,因此功能进一步加强。

三种形式的代偿常同时存在,互相影响。其中功能代偿发生较早,长期功能代偿会引起结构的变化,因此结构代偿出现比较晚。结构代偿能使功能持久增强,而代谢代偿则是功能与结构代偿的基础。例如机体在缺血或缺氧时,首先通过心肌纤维的代谢加强,以增强心脏收缩功能,长期的代谢、功能增强,会导致心肌纤维的增粗,形成心脏肥大,肥大的心脏又反过来增强心脏的功能。

应当明确的是,机体的代偿能力虽然强大但却是有限的,如果某一器官的功能障碍超过了机体的代偿能力,则发生代偿失调,即失代偿。

第二节 修 复

修复是损伤组织的重建过程,是机体对细胞、组织损伤所形成的缺损由周围健康组织再生进行修补、对生成的病理产物进行改造的过程。修复的内容包括再生、肉芽组织、瘢痕组织、创伤愈合、骨折愈合、机化和包囊形成、钙化等。

一、再生

体内细胞或组织损伤后,由邻近健康细胞分裂增殖进行修补的过程,称为再生。

(一)再生的类型

1. 生理性再生

是生理条件下的新老交替过程,如表皮细胞角化和脱落后,由基底细胞不断增生、分化来补充;消化道上皮 1～2 d 更新一次;红细胞平均寿命 120 d。

2. 病理性再生

是机体对致病因素引起的细胞死亡和组织损伤进行修复的过程。再生的组织其结构和功能与原来的组织完全相同,称为完全再生;如果缺损的组织不能完全由结构和功能相同的原组织修复,而由肉芽组织代替,最后形成瘢痕,称为不完全再生,也叫瘢痕修复。组织能否完全再生主要取决于组织的再生能力及组织损伤程度。机体内不同组织的再生能力不同,这是动物在长期的生物进化过程中获得的。如低等动物的组织再生能力比高等动物强;分化程度低的组织(结缔组织细胞、小血管、淋巴造血组织的一些细胞)再生能力比分化程度高的组织(平滑肌、横纹肌)强;平常容易遭到损伤的组织(表皮、黏膜)再生能力较强,神经细胞在出生后便缺乏再生能力,缺损后由神经胶质细胞再生修复,形成胶质细胞。

(二)各种组织的再生过程

1. 上皮组织的再生

(1)被覆上皮再生　皮肤复层鳞状上皮缺损时,由创缘的基底细胞层细胞分裂增殖修补,先形成单层上皮细胞层，继而向缺损中心延伸覆盖整个创面，以后增生分化为复层鳞状上皮。胃肠黏膜的柱状上皮细胞缺损后，同样也由邻近的上皮细胞分裂增生，初为立方形的幼稚细胞，以后逐渐分化为柱状或纤毛柱状上皮细胞，有的还可向深部生长形成管状腺。

(2)腺上皮再生　腺上皮的再生能力较被覆上皮弱，若腺上皮损伤后，基底膜未被破坏，由残存的上皮细胞分裂修补，能完全再生修复，若腺体结构完全被破坏，则难以再生，如皮肤汗腺完全被破坏后不能再生，仅能由结缔组织增生取代。

2. 结缔组织的再生

结缔组织再生能力强大，不仅能修补本身损伤，也能积极参与其他损伤组织的修复。结缔组织再生时，受损处的成纤维细胞分裂、增生。成纤维细胞可由静止状态的纤维细胞转变而来，或由未分化的间叶细胞分化而来。幼稚的成纤维细胞体积较大，胞质嗜碱性，两端常有突起，胞核大而淡染。当成纤维细胞停止分裂后，开始合成并分泌前胶原蛋白与基质，在细胞周围形成胶原纤维，细胞逐渐成熟，细胞及细胞核逐渐变细变长，成为长梭形的纤维细胞(图 8-1)。

3. 血细胞的再生

当机体因频繁的出血而发生失血性贫血时，会出现造血功能亢进。一方面原有红骨髓中成血细胞分裂增殖能力增强，大量新生的血细胞进入血液循环；另一方面，黄骨髓转变为红骨髓，恢复造血功能，甚至在淋巴结、脾脏、肝、肾以及其他器官出现髓外造血灶，外周血液中出现网织红细胞、晚幼红细胞增多。

4. 血管的再生

动、静脉血管不能再生。这类血管损伤后，管腔被血栓堵塞，以后被结缔组织取代，血液循环靠侧支循环恢复。毛细血管可以再生而且再生能力强，多以芽生的方式再生，即由原有毛细血管的内皮细胞肥大并分裂增殖，形成向外突起的幼芽，幼芽继续向外增长而成实心的内皮细胞条索，随着血液的冲击，细胞条索中出现管腔，形成新的毛细血管，新生毛细血管彼此吻合形成毛细血管网(图 8-2)。毛细血管再生后可以改建，有的管壁增厚发展成为小动脉或小静脉。

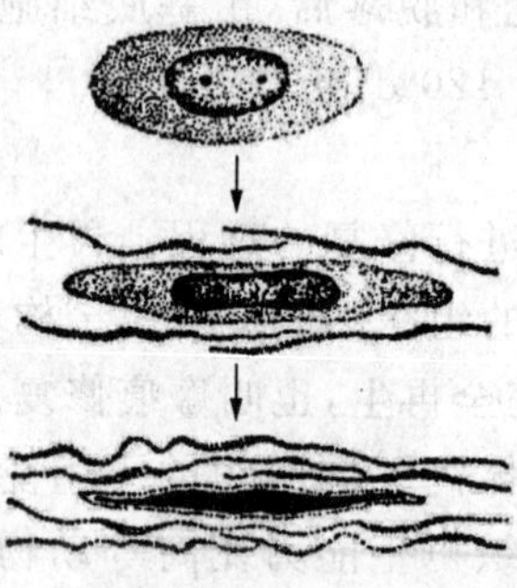

图 8-1　成纤维细胞产生胶原纤维并转化为纤维细胞模式图

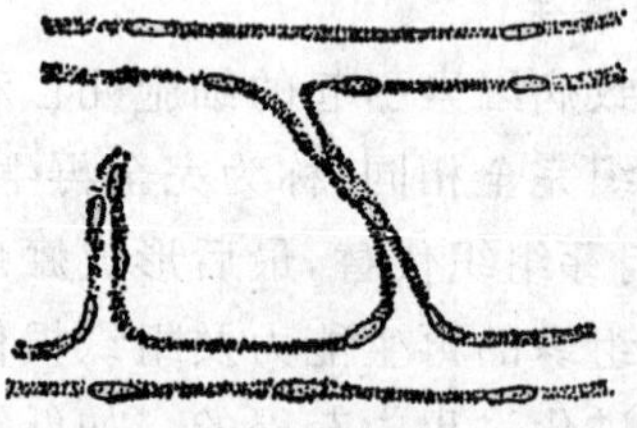

图 8-2　毛细血管再生模式图

5. 骨组织的再生

骨组织的再生能力很强，但再生程度取决于损伤的大小、固定的状况和骨膜的损伤程度。骨组织损伤后主要由骨外膜和骨内膜的内层细胞分裂增生形成一种幼稚的组织，后逐渐分化为骨组织，通常可完全再生(详见本节五、“骨折愈合”)。

6. 软骨组织的再生

软骨组织的再生能力较弱，小损伤由软骨膜深层的成软骨细胞增殖，形成幼稚细胞，以后逐渐分化为软骨细胞与软骨基质来修复，大的损伤则由结缔组织修复。

7. 肌肉组织的再生

骨骼肌轻微损伤，如果肌纤维变性或部分发生坏死，肌膜完整和肌纤维未完全断裂，此时由中性粒细胞和巨噬细胞进入病变肌纤维内，吞噬清除坏死物质，而后由残留的肌细胞核分裂增殖修复；如果肌纤维完全断裂，则由断端肌细胞核分裂增殖，断端肌浆增多，断端膨大，形成多核巨细胞样的肌芽，形如花蕾，又称肌蕾，但肌蕾不能直接连接肌纤维断端，而必须依靠结缔组织增生来修复连接。骨骼肌损伤严重，如果整个肌纤维(包括肌膜)均被破坏，则只能通过结缔组织增生形成瘢痕修复。平滑肌再生能力有限，损伤不大时，可由残存的平滑肌细胞再生修复。损伤严重时，则由结缔组织修复。心肌没有再生能力，心肌细胞死亡之后，通常均由结缔组织修复。

8. 腱的再生

腱能够再生，但再生过程非常缓慢，而且需要精确的对合，并有一定的张力，否则不能再生而由纤维组织连接。

9. 神经组织的再生

神经细胞没有再生能力，损伤后由神经胶质细胞修复，形成胶质细胞瘢痕。外周神经纤维具有一定的再生能力，只要损伤断裂很近或尚有接触，神经元未受损伤，就能完全再生修复(图 8-3)。但如断端相隔太远，或其间有瘢痕组织，轴突不能到达远端，常与增生的结缔组织混杂，卷曲成团，形成结节状损伤性神经瘤，导致顽固性疼痛。

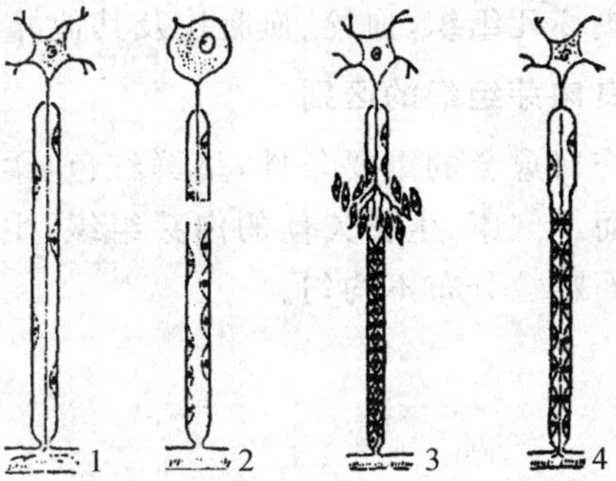

图 8-3 神经纤维再生模式图

1. 正常神经纤维 2. 神经纤维断裂，远端及近端的部分髓鞘及轴突崩解
3. 神经膜细胞增生，轴突生长 4. 神经轴突达末梢，多余部分消失

二、肉芽组织

(一)肉芽组织的形态

肉芽组织主要由新生的毛细血管、成纤维细胞、炎性细胞构成。眼观呈颗粒状、鲜红色，柔软、湿润、触之易出血，形似鲜嫩肉芽，故名肉芽组织。但其中尚无神经纤维，故无疼痛。镜下见肉芽组织的层次性结构明显，表层多由均质红染、散在的炎性细胞(主要是中性粒细胞)和破碎核组成的坏死层(图 8-4)。因坏死层内有较多的炎性细胞，具有抗感染作用，故对肉芽组织

起保护作用。坏死层下主要是幼稚的成纤维细胞和丰富的毛细血管(垂直于创面生长,近表面处弯曲),混有一定数量的炎性细胞。再下层是基本成熟的结缔组织层,有逐渐成熟的成纤维细胞和许多排列紊乱的胶原纤维,而毛细血管和炎性细胞则逐渐减少。最下层或最后为成熟结缔组织层(瘢痕组织),由排列规则的胶原纤维束和少量纤维细胞构成。

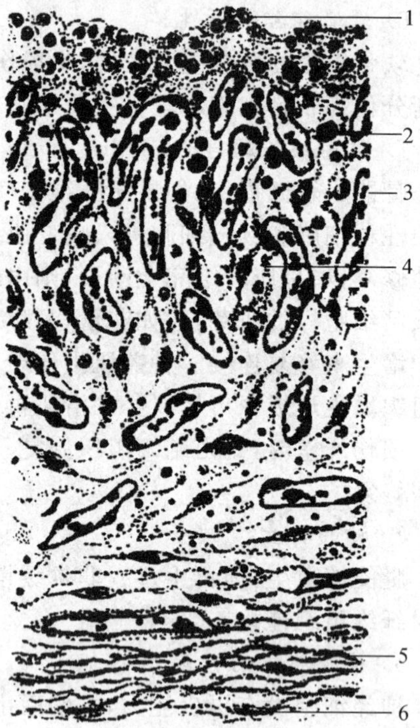

图 8-4 肉芽组织

1. 中性粒细胞 2. 巨噬细胞 3. 毛细血管 4. 成纤维细胞 5. 胶原纤维 6. 纤维细胞

(二)肉芽组织的功能

肉芽组织在创伤后 2~3 d 内即可出现。这些新生组织,从创口自下而上或从创缘向中心生长,以填补缺损的组织。随着时间的推移,肉芽组织逐渐成熟,炎性细胞减少并逐渐消失;间质内水分也逐渐被吸收;其中一部分毛细血管管腔闭塞并逐渐消失,一部分毛细血管演变为小动脉和小静脉;成纤维细胞产生胶原纤维后,逐渐变为纤维细胞。至此,肉芽组织成熟变为纤维结缔组织,并逐渐老化为瘢痕组织。

肉芽组织在组织损伤修复过程中的重要功能是:填补伤口和其他缺损组织,或连接断裂的组织;抗感染,保护创面;机化或包裹坏死组织、血栓、血凝块及其他异物。

(三)健康肉芽组织与不良肉芽组织的区别

健康肉芽组织的形成是伤口愈合的重要条件,呈鲜红色,柔软、湿润、分泌物少,表面有均匀分布的颗粒,触之易出血;而不健康、生长欠佳的肉芽组织,生长较迟缓,呈苍白色、水肿状,松弛无弹性,色暗有脓苔,表面颗粒分布不均匀。

三、瘢痕组织

(一)瘢痕组织的形态

瘢痕组织是指肉芽组织经改建成熟形成的纤维结缔组织。瘢痕组织内血管较少,纤维细胞少,而胶原纤维增粗且互相融合,呈均质红染状即玻璃样变性。外观呈苍白色或灰白色,半透明,质地坚实而缺乏弹性。

(二)瘢痕组织的作用及影响

1. 对机体有利的一面

瘢痕组织的形成,可使损伤的创口或缺损的组织长期牢固地连接起来,并能保持组织器官的完整性及坚固性。

2. 对机体的不利影响

①由于瘢痕组织弹性较差,抗拉力的强度弱,只有正常皮肤组织的 70%~80%,若局部承受过大的压力,可使愈合的瘢痕组织向外膨出,如腹壁瘢痕处因腹压增大可形成腹壁疝,心肌

梗死形成的瘢痕向外凸出则形成室壁瘤。②瘢痕组织可发生收缩，肉芽组织越多，形成的瘢痕也越大，瘢痕收缩也越明显。③若瘢痕发生在有腔器官（胃肠、泌尿道等）可导致管腔狭窄，如肠溃疡瘢痕可致肠道梗阻；关节处的瘢痕可致关节挛缩，引起关节活动障碍。胸、腹腔内的器官间或器官内损伤，形成的纤维组织可致器官粘连或器官硬化，都不同程度地造成机体功能障碍，引起严重后果。④少数动物瘢痕组织过度增生形成隆起的斑块，称瘢痕疙瘩；具有这种状况的体质，称瘢痕体质。

经过较长一段时间后，瘢痕组织内的胶原纤维在胶原酶的作用下，分解吸收，使瘢痕缩小、变软。胶原酶主要来自巨噬细胞、中性粒细胞和成纤维细胞等。

四、创伤愈合

（一）创伤愈合的类型

创伤愈合是指创伤造成的组织缺损，通过损伤部位周围的健康组织再生进行修补的过程。根据损伤程度不同及有无感染，创伤愈合可以分为以下两种类型。

1. 第一期愈合

又称直接愈合，多见于组织损伤较小，坏死、出血、渗出物少，创缘互相接近且整齐，对合严密，无感染的伤口。典型的一期愈合见于皮肤无菌手术的切口愈合。创口小，出血少，创缘平整，无感染，炎症反应轻微，一般在损伤后 1～2 h，创口周围发生轻度充血和少量炎性细胞浸润，以溶解吸收创口内的血凝块和渗出物，12～24 h 后，肉芽组织从伤口边缘长入，将创缘连接起来，同时表皮明显增生，逐渐把创伤表面覆盖，1 周左右伤口达到临床愈合，此时可拆线，2～3 周可完全愈合，留下一条线状疤痕。第一期愈合的时间短，形成的疤痕小，对机体一般无大的影响（图 8-5）。

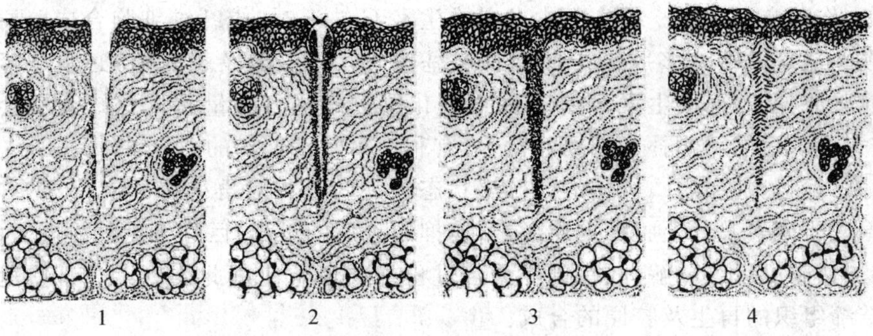

图 8-5 第一期愈合示意图

1. 外科手术切口，切口平整，损伤少，无感染 2. 2 d 内周围上皮增生、连接
3. 少量肉芽组织长入切口内，上皮略向下增生呈尖突 4. 肉芽组织成熟，痂皮脱落，创口愈合

2. 第二期愈合

又称间接愈合，多见于组织缺损较大、创缘不整齐、创口哆开、无法对合或伴有感染的创伤。这种创口由于坏死组织多，并有不同程度的感染，创口周围常有明显的炎症反应，只有感染被控制、坏死组织被清除后，组织再生才能开始。从创口底部和创缘生长大量的肉芽组织逐渐将伤口填平后，表皮自创口边缘向中心生长，最后覆盖创口。肉芽组织逐渐成熟，形成瘢痕。瘢痕组织中通常没有毛囊、汗腺、皮脂腺、色素等。这种创伤愈合时间长，形成的瘢痕

大(图 8-6)。

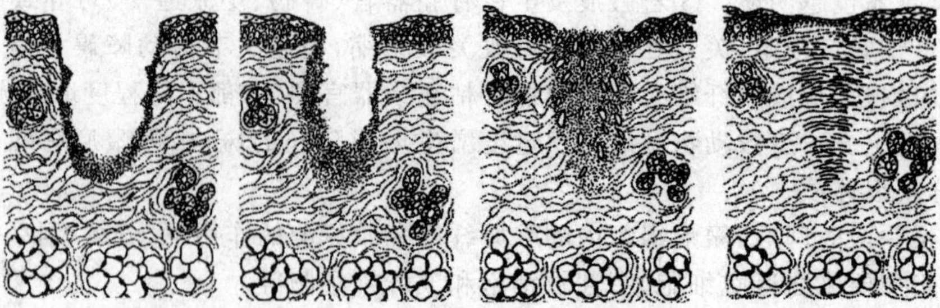

图 8-6　第二期愈合示意图

1. 创口大,坏死组织多,有感染　2. 创口收缩,肉芽组织长入创口,机化坏死物和凝血块
3. 创口全部机化,上皮完全覆盖　4. 肉芽组织成熟,创口收紧

(二)影响创伤愈合的因素

创伤愈合是否完全及时间的长短,除与组织损伤的范围、大小及组织的再生能力强弱有关外,还受机体全身性和局部性因素的影响。了解这些因素,以便更好地处理各种组织损伤的修复。

1. 全身因素

(1)年龄因素　幼龄动物及成年动物的组织再生能力强,愈合快;老龄动物因组织、细胞的再生能力弱,愈合慢,可能与老龄动物血管硬化,血液供应不足有关。

(2)营养状况　各种原因引起的营养不良,特别是蛋白质及维生素等缺乏影响组织的再生。蛋白质缺乏,尤其是含硫氨基酸(如甲硫氨酸、胱氨酸)缺乏时,肉芽组织形成减弱,胶原纤维形成不良,伤口愈合延缓。维生素中尤以维生素 C 缺乏时,成纤维细胞合成胶原纤维减少,伤口愈合慢。这是由于 α-多肽链中的两种氨基酸——脯氨酸及赖氨酸,必须经羟化酶羟化,才能形成前胶原分子,而维生素 C 具有催化羟化酶的作用。微量元素锌缺乏也会延缓愈合。因此,给较大手术后的动物补充必要的营养,有利于手术后创伤的愈合。

(3)激素或药物的作用　机体的内分泌状态或一些药物对再生修复有重要影响。如垂体的促肾上腺皮质激素及肾上腺糖皮质激素,能抑制炎症的渗出、巨噬细胞的吞噬及肉芽组织的形成,且能加速胶原纤维分解,故在创伤愈合过程中要慎重使用此类激素。某些药物,如青霉胺能抑制结缔组织的再生及胶原的合成。

2. 局部因素

(1)感染与异物　局部感染对再生、修复非常不利。伤口感染时,局部渗出物多,伤口张力大,易使伤口裂开。感染菌产生的毒素、酶可加重组织损伤,引起组织坏死,胶原纤维与基质溶解,使感染扩散,致伤口愈合延缓。因此,有感染、坏死组织多的伤口必然是第二期愈合,要对此类伤口进行处理,清除坏死组织、控制感染、缩小创面,使第二期愈合伤口达到第一期愈合。异物(如丝线、纱布等)既是一种刺激物,同时也加重炎症反应,不利于修复。只有对异物清除后,炎症得到控制,伤口才能愈合。

(2)局部血液供应　局部血液供应好能保证组织再生所需的氧和营养,同时也有利于对坏死组织的吸收及控制局部感染;反之,则影响愈合。如有四肢静脉瘀血的动物,局部损伤后愈合慢。

(3)神经支配　局部神经受到损伤时,可导致局部受累组织因神经营养不良而难以愈合。自主神经损伤,血管的舒缩调节失衡使血液循环障碍,也不利于再生修复。

五、骨折愈合

骨组织具有较强的再生能力,骨折发生后,经过良好的复位、固定,可以完全愈合而恢复正常的结构和功能。骨折愈合的基础是骨膜的成骨细胞再生,愈合过程可分为以下四个阶段(图 8-7)。

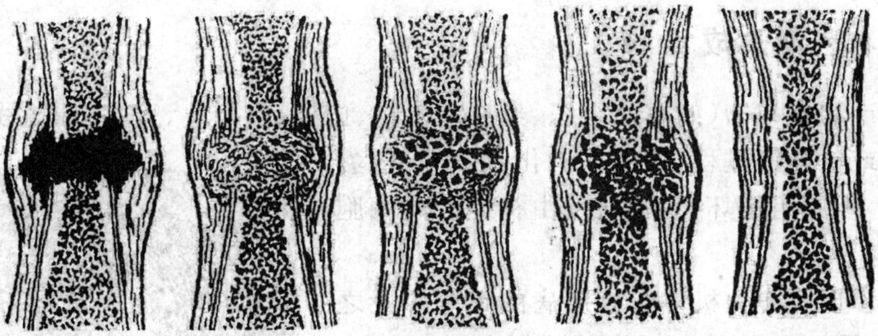

图 8-7　骨折愈合模式图

1. 血肿形成　2. 纤维性骨痂形成　3. 转化为类骨细胞
4. 骨性骨痂形成　5. 骨痂改建

(一)血肿形成

骨折时因骨和周围组织损伤,局部血管破裂出血形成血肿,数小时后血肿凝固,将骨折两断端初步连接,局部出现炎症反应,故外观局部红肿。渗出的白细胞清除坏死组织,为肉芽组织长入与机化创造条件。此时如果出血不凝固,则影响愈合。

(二)纤维性骨痂形成

自骨折后第 2～3 天开始,骨外膜及骨内膜处的骨膜细胞增生成为成纤维细胞及毛细血管构成的肉芽组织,逐渐向凝血块内长入,最终将其完全取代而机化。约 2～3 周,肉芽组织逐渐纤维化形成局部呈梭形膨大的柔软易损的骨痂,称为纤维性骨痂。纤维性骨痂将骨折两断端进一步连接起来,但此时的连接并不牢固。

(三)骨性骨痂形成

在纤维性骨痂基础上,成纤维细胞逐渐分化为成骨细胞或成软骨细胞。成骨细胞初始分泌大量的骨基质,沉积于细胞间,随后成熟变为骨细胞,形成骨样组织。骨样组织结构似骨,但无钙盐沉着,后经钙化成为骨组织。成软骨细胞同样经过骨化过程变成骨性组织,形成骨性骨痂,骨性骨痂虽然使断骨连接比较牢固,但由于骨小梁排列比较紊乱,结构较疏松,比正常骨脆弱,仍达不到正常骨组织的功能要求。这一过程约需 4～8 周。

在管状骨的愈合过程中,若骨折断端错位,或两端相距较远不易衔接,在此情况下,增生形成的成骨性肉芽组织中,有相当数量的成骨细胞分化为软骨细胞,并分泌软骨基质,变成软骨样组织,同时沉积钙盐。以后钙化的软骨组织再被破骨细胞破坏吸收,被类骨细胞所取代,形成类骨组织，再钙化为骨组织。

(四)骨痂改建

骨性骨痂虽然达到临床愈合阶段，但根据功能要求，骨性骨痂需进一步改建形成板骨层。改建是在破骨细胞和成骨细胞协调作用下完成的。破骨细胞将不需要的骨组织吸收、清除，而成骨细胞可产生新的骨质，负荷重的部位逐渐加强，使骨小梁排列逐渐适应于力学方向，经过6～12个月，可以完全恢复正常骨的结构和功能。

骨折后虽然可完全再生，但骨膜破坏较多(粉碎性骨折)、断端对位不好或断端有软组织嵌塞，均可影响骨折愈合。因此，保护骨膜、正确复位与固定，对促进骨折愈合十分必要。

六、机化和包囊形成

各种病理产物或异物(如坏死组织、炎性渗出物、血栓、血凝块、寄生虫、缝线等)，被新生的肉芽组织取代或包裹的过程，前者称机化，后者叫包囊形成(图8-8)。但脑组织坏死后，机化由神经胶质细胞完成。

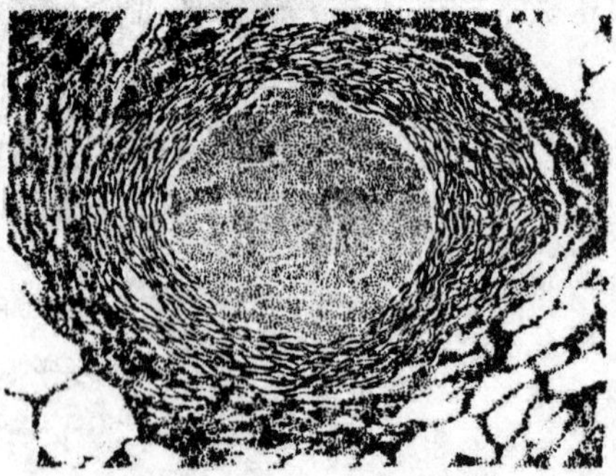

图8-8 包囊形成

肺坏死灶周围形成结缔组织的包囊

机化与包囊形成作为机体抗御疾病的重要手段之一，能够消除或限制各种病理性产物或异物的致病作用。但机化能造成永久性病理状态，有时会给机体带来严重的不良后果。如心肌梗死后机化形成瘢痕，引起心脏机能障碍。心瓣膜赘生物机化能导致心瓣膜增厚、粘连、变硬、变形，造成瓣膜口狭窄或闭锁不全，严重影响瓣膜机能。浆膜面纤维素性渗出物机化，可使浆膜增厚、不平，形成一层灰白、半透明绒毛状或斑块状的结缔组织，有时造成内脏之间或内脏与胸、腹膜间的结缔组织性粘连。肺泡内纤维素性渗出物发生机化，肺组织形成红褐色、质地如肉的组织，称其为肺肉变，使肺组织呼吸机能丧失。

七、钙化

体液中的钙盐以固体状态析出并沉着于病理产物或局部组织中的现象，称病理性钙盐沉着，简称钙化。沉着的钙盐主要是磷酸钙，其次为碳酸钙。病理性钙化以营养不良性钙化为主，而转移性钙化极为少见。

(一)原因和发生机理

钙盐常沉积在结核病坏死灶、鼻疽结节、脂肪坏死灶、梗死、干涸的脓液、血栓、细菌团块、死亡寄生虫(如棘球蚴、囊尾蚴、旋毛虫等)与虫卵(如血吸虫卵)以及其他异物中。此型钙化并无血钙含量升高，即没有全身性钙磷代谢障碍，而仅是钙盐在局部组织的析出和沉积。钙化的基本机理是组织液中呈解离状态的钙离子(Ca^{2+})和磷酸根离子(PO_4^{3-})结合而发生沉淀所致。

(二)病理变化

组织中少量钙盐沉着时，肉眼难以辨认。量多时，则表现为白色石灰样的坚硬颗粒或团块，刀切时有沙沙声。例如，宰后常见牛和马肝脏表面形成大量钙化的寄生虫小结节，称为砂粒肝。在苏木素-伊红染色的组织切片中，钙盐呈蓝色粉末、颗粒或斑块状。

(三)结局及影响

少量的局灶性钙化是一种可复性变化,可被溶解吸收;若钙化量很多时,因溶解吸收困难而成为异物,长期存在于机体内,刺激周围结缔组织增生,将其包裹,使钙化灶局限在一定部位。

钙化是机体的一种防御适应性反应,可使病变局限化,固定和杀灭病原微生物,消除其致病作用。如结核病灶的钙化,可使结核杆菌局限在结核灶内,并逐渐使其失去致病作用。但是,钙化也有不利的一面,即不能恢复病变部位的功能,有时甚至给局部功能带来障碍。例如,血管壁发生钙化时,血管壁失去弹性,变脆,容易破裂出血;胆管寄生虫损害引起钙化,可导致胆道狭窄或阻塞。

第三节 适 应

机体内的细胞、组织或器官在受到刺激或环境改变时,能改变其机能与形态结构以适应新的环境条件和新的机能要求,这个过程称为适应。适应是机体在进化过程中获得的适应性反应。适应性改变一般是可逆的,只要组织和细胞的局部环境恢复正常,其形态结构的适应性改变即可恢复。

一、肥大

细胞、组织或器官的体积增大并伴有功能增强,称为肥大。组织或器官的肥大主要是由于组成该组织或器官的实质细胞体积增大或数目增多,或二者同时发生而形成的。肥大可分为代偿性肥大和内分泌性肥大两类。

(一)代偿性肥大

一些器官的功能负荷加重,引起相应组织或器官的肥大,称代偿性肥大。例如一侧肾脏手术摘除或丧失功能时,另一侧肾脏发生肥大代偿其功能;心脏瓣膜疾病时心肌细胞体积增大。

(二)内分泌性肥大

某些激素分泌增多时,其效应器官可出现肥大。如雌激素可刺激妊娠子宫平滑肌,引起肌纤维肥大。

二、改建

器官、组织的功能负担发生改变后,为适应新的功能需要,其形态结构发生相应变化,称为改建。

(一)血管的改建

动脉内压长期增高,使小动脉壁弹性纤维和平滑肌增生,管壁增厚,毛细血管可转变成小动脉、小静脉;反之,当器官的功能减退时,其原有的一部分血管将发生闭塞,如胎儿的脐动脉在出生后由于血流停止而转变为膀胱圆韧带。

(二)骨组织的改建

患关节性疾病或骨折愈合后，由于骨的负重方向发生改变，骨组织结构形式就会发生相应的改变。此时骨小梁将按力学负荷所赋予的新要求而改变其结构与排列，不符合重力负荷需要的骨小梁逐渐萎缩，而符合于重力负荷需要的则逐渐肥大，经一定时间之后，骨组织内形成适应新的机能要求的新结构。

(三)结缔组织的改建

创伤愈合过程中，肉芽组织内胶原纤维的排列也能适应皮肤张力增加的需要而变得与表皮方向平行。

三、化生

已分化成熟的组织在环境条件改变的情况下，其形态和功能完全转变为另一种组织的过程，称为化生。这常常是由于组织适应生活环境的改变，或者某些理化刺激引起的。多发于上皮组织和结缔组织。根据化生发生的过程不同，化生可分为鳞状上皮化生与结缔组织化生两类。

(一)鳞状上皮化生

多见于气管和支气管。此处黏膜长时间受到刺激性气体刺激或慢性炎症的损伤，黏膜上皮反复再生，此时可出现化生。如慢性支气管炎或支气管扩张症时，支气管黏膜的柱状纤毛上皮化生为鳞状上皮(图 8-9)；肾盂结石时，肾盂黏膜的移行上皮化生为鳞状上皮。

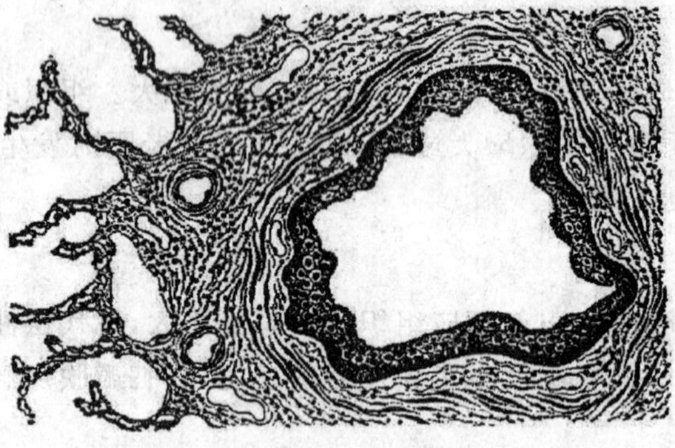

图 8-9　支气管黏膜鳞状上皮化生

(二)结缔组织化生

结缔组织可化生为骨、软骨或脂肪组织等。

组织化生后虽然能增强局部组织对某些刺激的抵抗力，但却丧失了原有组织的功能，例如支气管黏膜的鳞状上皮化生，由于丧失了黏液分泌和纤毛细胞，反而削弱了支气管的防御功能，易发生感染。更有甚者，诱发组织化生的刺激因子如长期存在，可能引起局部组织发生癌变。

复习思考题

1. 举例说明代偿有哪几种方式。几种代偿之间的关系如何？

2. 血管再生的方式及意义如何？

3. 简述神经纤维的再生过程。

4. 试述肉芽组织的结构及功能。成纤维细胞的病理学意义如何？

5. 骨折愈合的时间很长，为什么还说骨组织的再生能力强？治疗骨折时应注意哪些问题？

6. 手术创伤和感染创伤愈合各有何特点？

7. 根据创伤愈合过程及影响因素，说明在对动物进行外科手术时，应注意哪些问题，以保证创口的第一期愈合。

第九章　缺　　氧

因组织供氧(O_2)不足或用氧障碍，而导致代谢、功能和形态结构发生异常变化的病理过程称为缺氧。

氧是维持动物生命的必需物质，机体的大部分细胞都通过有氧代谢来获取能量，因此必须不停地从大气中摄取氧，并排出代谢产物(CO_2)，才能维持生命。机体对氧的摄取和利用过程复杂，分为外呼吸(外界氧被吸入肺泡、弥散入血液)、氧的运输和内呼吸(组织细胞摄取利用)三个步骤，其中任一环节出现障碍都会引起缺氧。

氧是靠血液进行运输的，血液中含氧情况，常用以下几个指标来描述。

1. 血氧分压

是指以物理状态溶解在血浆内的氧分子所产生的张力。动脉血氧分压取决于吸入气体的氧分压和肺的呼吸功能，而静脉血氧分压反映内呼吸状况。正常时动脉血氧分压为12.93 kPa(千帕)，静脉血氧分压为5.33 kPa。

2. 血氧容量

是指在体外100 mL血液中血红蛋白(Hb)充分结合氧和溶解于血浆中氧的总量，它取决于血液中血红蛋白的数量及质量(结合氧的能力)。

3. 血氧含量

是指机体内100 mL血液的实际带氧量，包括血红蛋白结合氧和血浆中物理溶解氧。血氧含量取决于血氧分压和血氧容量。

4. 氧饱和度

是指血氧含量占血氧容量的百分比，它反映了血红蛋白结合的氧量。正常时动脉血氧饱和度为95%，静脉血氧饱和度为70%。

第一节　缺氧的原因和类型

一、呼吸性缺氧(低张性低氧血症)

由于外界氧分压低或呼吸系统通气、换气机能障碍等，引起组织供氧不足，又称外呼吸性缺氧，表现为动脉血氧分压和血氧含量均降低。

(一)原因

大气中氧分压过低，如平原宠物初入高原，高空或拥挤、通风不良的场所，高温环境空气稀薄，饲养密度过大，畜禽舍内粪便堆积，有害气体含量高；外呼吸功能障碍，如各种原因引起的呼吸道狭窄或阻塞，胸腔、肺脏疾病，呼吸中枢抑制或麻痹性疾病。

(二)病理变化

由于空气缺氧、肺通气换气功能障碍及呼吸膜面积缩小，血液得不到充足的氧，动脉血氧分压、血氧含量和血氧饱和度均降低，供给细胞的氧减少，而组织利用氧的功能正常，血氧容量正常，因此动静脉氧差(A-V 血氧含量差)降低或变化不明显。由于动脉与静脉血的氧合血红蛋白(HbO_2)浓度均降低，还原血红蛋白(HHb)浓度则增加，如达到或超过 50 g/L 时，患畜皮肤、黏膜可出现不同程度青紫色(发绀)。

二、血液性缺氧(等张性低氧血症)

由于血红蛋白数量减少或性质改变，血液携氧能力降低，使动脉血氧含量降低，或氧合血红蛋白释放氧不足，导致供氧障碍性组织缺氧。此时动脉血氧分压和血氧饱和度正常，故又称等张性低氧血症。

(一)原因

1. 各型贫血

如营养不良、大失血、溶血和再生障碍性疾病等，血液中血红蛋白和红细胞数量减少，导致携带氧的能力降低。

2. 高铁血红蛋白症

亚硝酸盐、硝基苯化合物、过氧酸盐氧化剂、磺胺类药物等化学物质中毒时，血红蛋白(Hb)中的二价铁(Fe^{2+})在氧化剂作用下氧化成三价铁(Fe^{3+})形成高铁血红蛋白(MHb，又称变性血红蛋白或羟化血红蛋白)症。MHb 丧失携带氧的能力，造成缺氧。

3. 一氧化碳中毒

一氧化碳与血红蛋白亲和力比 O_2 大 210 倍，当吸入气中含有 0.1%的 CO 时，血液中的血红蛋白可能有 50%为碳氧血红蛋白(HbCO)。然而 HbCO 的解离速度却是 HbO_2 的 1/2 100。Hb 与 CO 结合失去携氧能力，属竞争性抑制，还抑制细胞内氧化酶的活性，减少氧的释放，从而造成组织严重缺氧。

(二)病理变化

贫血性缺氧时血氧饱和度正常，而动脉血氧含量和血氧容量均降低，氧向组织弥散速度减慢，导致动-静脉血氧含量差减小。血红蛋白变性引起缺氧时，动脉血氧容量和血氧饱和度均降低。血液性缺氧时，不出现发绀现象。CO 中毒时，皮肤、黏膜呈樱桃红色，严重中毒时，因毛细血管收缩，可视黏膜呈苍白色；MHb 中毒时，由于 MHb 呈咖啡色或青石板色，故皮肤、黏膜可呈咖啡色或青紫颜色。猪对亚硝酸盐最敏感，其次是牛、绵羊、马。猪的亚硝酸盐致死量为88 mg/kg 体重。亚硝酸盐中毒的主要表现为流涎、腹痛、腹泻、呕吐、呼吸困难、肌肉震颤、步态摇晃、阵挛性惊厥，黏膜苍白而后发绀。

三、循环性缺氧(低血流性缺氧)

由于组织器官血液量减少或流速减慢而引起的细胞供氧不足。包括缺血性缺氧(动脉血流入组织不足)和瘀血性缺氧(静脉血回流受阻)。

(一)原因

见于心力衰竭、休克等引起的全身性血液循环障碍或栓塞、痉挛、炎症等造成的局部血液循环障碍。

(二)病理变化

血氧饱和度、血氧容量、动脉血氧分压和动脉血氧含量均为正常,由于血流速度缓慢,氧被细胞利用增多,使得静脉血氧分压和血氧含量降低,导致动-静脉血氧含量差增大。

全身性血液循环障碍时,心脏输出血量减少,导致全身性缺氧,严重时心、脑、肾等重要器官组织缺氧、功能衰竭,导致肺水肿、休克等严重病变,可导致动物死亡。局部性血液循环障碍时,单位时间内从毛细血管流过的血量减少或变慢,弥散到组织细胞内的氧减少,导致毛细血管中 HHb 浓度增加,易出现皮肤、黏膜发绀。若为缺血性缺氧,则组织器官苍白。

四、组织性缺氧(组织中毒性缺氧)

是指组织细胞生物氧化过程障碍导致利用氧能力降低引起的缺氧。此时外呼吸、血红蛋白与氧结合、血液携氧过程正常,但细胞不能利用氧。

(一)原因

见于组织中毒、细胞损伤、维生素缺乏等。

1. 组织中毒

如氰化物中毒时,氰基(CN—)可迅速与线粒体中氧化型细胞色素氧化酶上的 Fe^{3+} 结合,形成氰化高铁细胞色素氧化酶,失去接受并传递电子给氧原子以形成水的能力,呼吸链中断,细胞利用氧障碍。硫化氢、砷化物等中毒也同样能导致机体缺氧。

2. 细胞损伤

当大量放射线辐射或细菌毒素作用时,线粒体损伤,细胞利用氧障碍。

3. 维生素缺乏

如缺乏硫胺素(维生素 B_1)、烟酰胺(维生素 B_5)和核黄素(维生素 B_2)等维生素时,线粒体功能障碍,呼吸酶合成减少,导致细胞利用氧障碍。

(二)病理变化

组织性缺氧时,血氧饱和度、血氧容量、动脉血氧分压和动脉血氧含量正常,但细胞不能利用氧,导致动-静脉血氧含量差减小,因为静脉、毛细血管中氧合血红蛋白(HbO_2)浓度增加,所以血液呈鲜红色,有时也可因呼吸抑制而呈暗红色。

另外,当组织代谢增强时也会引起组织需氧量过多的相对缺氧,如剧烈运动、过度劳役、发热等。在临床上,缺氧也常表现为混合型。例如老龄犬心机能不全并发肺瘀血和水肿时,混合出现循环性缺氧和呼吸性缺氧;因外伤导致感染性休克时主要是循环性缺氧,但微生物所产生的内毒素还可引起组织中毒而发生组织性缺氧。各种类型缺氧时的血氧变化情况见表 9-1。

表 9-1 各种类型缺氧的血氧变化情况

缺氧类型	动脉血氧分压	血氧饱和度	血氧容量	血氧含量	动静脉氧差
呼吸性缺氧	↓	↓	—	↓	↓或—
血液性缺氧	—	—	↓	↓	↓
循环性缺氧	—	—	—	—	↑
组织性缺氧	—	—	—	—	↓

注：—正常；↓降低；↑升高。

第二节 缺氧对机体的影响

缺氧不是一种单独的疾病，而是许多疾病的共同病理现象。缺氧对机体的影响，取决于缺氧发生的程度、速度、持续时间和机体的功能代谢状态。有些变化对生命活动起到有利的代偿作用，如血液循环的改变、呼吸加强和红细胞生成加速等；有些变化直接导致组织坏死或动物死亡，特别是脑、心脏等重要生命器官缺氧是导致动物死亡的最直接原因之一。

一、功能变化

(一)呼吸系统的变化

低张性缺氧时，动脉血氧分压下降，引起呼吸系统的代偿性反应，呼吸加深加快，肺通气量加大，胸廓呼吸运动的增强使胸内负压增大，促进静脉回流，以增加血液运送氧和组织利用氧的功能。但过度通气使动脉二氧化碳分压降低，可导致呼吸性碱中毒，抑制呼吸运动。严重缺氧时抑制呼吸中枢活动，出现周期性呼吸甚至呼吸停止。因贫血、失血等引起的缺氧时，由于血氧分压正常，呼吸变化不明显。急性低张性缺氧，如人快速登上 4 000 m 以上的高原时，可在 1～4 d 内发生肺水肿，表现为呼吸困难，咳嗽，血性泡沫痰，肺部有湿性啰音，皮肤黏膜发绀等，这种情况称为急性高原肺水肿(别名高海拔肺水肿、高山肺水肿，是非常急的高原反应)，这种肺水肿如不能得到及时治疗，会导致中枢性呼吸衰竭而死亡。因此，呼吸系统的变化因缺氧的类型和程度而异。

(二)循环系统的变化

缺氧早期，循环系统出现代偿性反应，可引起心输出量增加、血流分布改变、肺血管收缩与毛细血管增生。由于动脉血氧分压降低，反射性引起交感神经兴奋，使肾上腺素分泌增加，心肌兴奋性增高，心率加快和心收缩力增强，静脉回流量增加和心输出量增加可提高全身组织的供氧量。缺氧时，一方面交感神经兴奋引起血管收缩；另一方面局部组织因缺氧产生的乳酸、腺苷等代谢产物则使血管扩张，皮肤和肝、脾血管收缩，释放储血，循环血量增加，而心、脑血管扩张，血流增加，血液重新分配，这对生命重要器官有保护作用。肺血管对缺氧的反应与体血管相反，肺小动脉收缩，缺氧的肺泡血流量减少，有利于维持肺泡通气以及氧利用。缺氧时毛细血管显著增生(脑、心脏和骨骼肌处明显)，缩短血氧弥散距离，增加供氧量。

慢性缺氧时，由于心脏长期负荷过重，可引起心力衰竭、心肌炎。严重而持续的脑缺氧导致呼吸中枢抑制而死亡。

（三）血液系统的变化

缺氧可使骨髓造血增强及氧合血红蛋白解离曲线右移，从而增加氧的运输和释放。

1. 红细胞和血容量的变化

急性缺氧时，因血液浓缩和肝、脾收缩，使储血进入体循环，增加血中红细胞数，血容量减少；当慢性缺氧的低氧血流经肾脏近球小体时，能刺激近球细胞，生成并释放促红细胞生成素，骨髓造血增强，红细胞生成增多，血容量增加。但红细胞过多增加了血液黏滞性，以致血流减慢，心脏负担加重。长期严重缺氧会抑制骨髓造血功能，红细胞反而会减少。

2. 氧合血红蛋白解离曲线右移

由于血红蛋白结合氧的生理特点，氧解离曲线呈"S"形。缺氧时，红细胞内糖酵解过程的中间产物2,3-二磷酸甘油酸数量增加，导致血红蛋白与氧的亲和力降低，易于将结合的氧释出供组织利用，氧解离曲线右移。

3. 皮肤和可视黏膜发绀

但贫血或组织中毒性缺氧时，不出现发绀。当血管收缩，局部HHb并没有增加时，虽有严重缺氧，发绀也不明显。

（四）神经系统的变化

中枢神经系统对缺氧最敏感，其次为心肌细胞、肝细胞和肾小管上皮细胞。缺氧早期，出现脑血管扩张，血流量增多等代偿活动，使大脑皮层兴奋。若缺氧加重或急性缺氧，脑组织神经细胞变性、坏死，脑水肿，中枢神经系统出现功能紊乱。临床上表现为兴奋不安、运动失调、抽搐甚至昏迷死亡。慢性缺氧时动物精神沉郁、反应迟钝、四肢无力。

（五）组织细胞的变化

在供氧不足的情况下，组织细胞通过增强利用氧的能力和增强无氧酵解过程以获取维持生命活动所必需的能量。慢性缺氧时，细胞内线粒体数目、膜的表面积、呼吸链中的酶增加，使细胞的内呼吸功能增强。控制糖酵解过程最主要的限速酶是磷酸果糖激酶，缺氧时其活性增强，促使糖酵解过程加强以补偿能量不足。慢性缺氧可使肌肉中肌红蛋白（Mb）含量增多，可能具有储存氧的作用。严重缺氧时，组织细胞可发生严重的损伤，主要为细胞膜损伤，线粒体肿胀、嵴崩解，溶酶体肿胀、外膜破裂，基质外溢等病变，器官可发生功能障碍甚至功能衰竭。

二、代谢变化

慢性缺氧时，细胞内线粒体数目和膜的表面积均增加，呼吸链中的酶如琥珀酸脱氢酶、细胞色素氧化酶可增加，使细胞的内呼吸功能增强，有利于氧的利用。严重时，组织内酶被抑制，各种分解不全产物蓄积，细胞可发生变性坏死。

（一）糖无氧酵解增强

缺氧初期，在神经体液调节下，糖分解加强，耗氧量增多。严重缺氧时，ATP生成减少，ATP/ADP比值下降，以致磷酸果糖激酶活性增强。该酶是控制糖酵解过程中最主要的限速酶，其活性增强可促使糖酵解过程增强，在一定程度上可补偿能量的不足。但酵解作用增强，乳酸生成增多，可引起代谢性酸中毒。

(二)脂肪氧化障碍

缺氧过程中,可出现脂肪分解加强,但氧化过程发生障碍。脂肪分解不全,血中游离脂肪酸、酮体增多,大量酮体经尿液排出,引起酮尿症。

(三)蛋白质代谢障碍

缺氧可使氨基酸合成蛋白质的过程发生障碍,氨基酸在体内蓄积,非蛋白氮(NH_3)含量增加。氨基酸脱羧酶活性增强,形成的胺等有毒物质在体内蓄积,在肝解毒机能降低时,可引起自体中毒。

复习思考题

1. 缺氧时机体有哪些反应?
2. 动物因大量出血而休克,试分析此时可能存在哪些缺氧类型。
3. 哪些情况下,缺氧动物的呼吸、心跳加快?哪些情况下缺氧没有发绀现象?为什么?
4. 临床上如何检查、判断动物是否缺氧?
5. 检查某缺氧病畜,发现动脉血氧分压、动脉血氧含量、动脉血氧饱和度均降低,动脉血氧容量不变,试分析可能是哪种类型的缺氧。

第十章 炎 症

第一节 炎症概述

一、炎症的概念和特征

炎症是机体对损伤所产生的防御反应。其基本病理变化表现为发炎组织变质、渗出和增生。发炎组织器官局部症状为红、肿、热、痛和机能障碍。炎症过程还会出现不同程度的全身性病理反应，主要表现为发热、白细胞数量(和比例)改变、单核巨噬细胞系统机能增强以及血清急性期反应物形成。

炎症是十分常见的病理过程，可发生于各种组织器官，所谓“十病九炎”充分说明了炎症的普遍性。正确认识炎症的本质，掌握其发生发展的基本规律，可以帮助我们了解疾病发生发展机制，更好地防治动物疾病。

二、炎症的原因

凡是能够引起组织损伤的致病因素都可成为炎症的原因，但是否发生炎症还决定于机体内部因素，包括机体的防御机能、免疫状态、应激机能、营养状态、遗传性等。常见致炎因素有：

(一)生物性因素

是最常见的致炎因素，如细菌、病毒、霉形体等病原微生物和寄生虫等，它们通过机械性作用或产生内、外毒素使组织损伤，亦可通过诱发免疫反应导致炎症。

(二)化学性因素

包括内、外源性化学物质。强酸、强碱，机体内的组织坏死产物、代谢废物等均可引起炎症，如霉菌毒素可引起动物胃肠炎，某些植物毒素可引起出血性胃肠炎。

(三)物理性因素

高温、低温、放射线及紫外线等均可造成组织损伤引起炎症。机械性因素如机械性创伤、挫伤等也可引起炎症。

(四)免疫反应

各种变态反应均能造成组织细胞损伤而导致炎症，如过敏性皮肤炎、变态反应性甲状腺炎。

三、影响炎症过程的因素

(一)致炎因子

致炎因子是引起炎症的重要因素和必要条件,没有致炎因子就不可能发生炎症,许多生物性因素都是引起炎症而造成动物疾病的。炎症能否发生,发炎后炎症反应的剧烈程度与致炎因子的种类、数量、性质、毒力、作用时间以及作用部位有关,例如化脓性链球菌常常引起局部组织急性化脓性炎症,而结核杆菌则引起慢性增生性炎症。

(二)机体因素

机体自身的防御功能、免疫状态、营养状况、神经内分泌功能等与炎症的发生有直接关系。例如对某种病原微生物具有特异性免疫功能的个体,即使这种病原微生物数量较多,毒力强大,但是仍不能造成动物的严重损伤,炎症反应较轻或者不发生炎症。甲状腺素、生长激素、肾上腺盐皮质激素、前列腺素等对炎症有促进作用,而肾上腺糖皮质激素则抑制炎症的发生。

第二节 炎症的基本病理变化

炎症的基本病理过程可概括为变质、渗出和增生 3 个基本病理变化。在炎症过程中这些病理变化按照先后顺序发生,一般炎症早期以变质、渗出变化为主,后期以增生为主,三者同时存在并互相联系和影响,也就是说不同类型的炎症和同一炎症的不同时期三种病变所表现出的程度不同。一般地说,变质属于损伤过程,而渗出和增生是炎症抗损伤的过程。

一、变质性变化

变质是炎症局部组织、细胞物质代谢障碍并发生变性和坏死的总称。具体包括实质细胞发生各种变性和坏死;间质结缔组织中的纤维断裂、溶解、基质解聚或发生黏液样变性、纤维素样坏死等;炎灶内组织物质代谢的特点是分解代谢加强和氧化不全产物堆积,导致炎区组织渗透压升高,pH 下降。

变质是炎症的开始,变质的发生,一方面是由于致炎因素直接干扰、破坏细胞代谢及引起局部血液循环障碍造成的;另一方面,组织细胞崩解后,形成多种病理性分解产物或释放一些酶类物质,或者引发了血管充血、血栓形成、炎性水肿、局部组织理化性质改变等,这些环节进一步加重了炎区组织细胞的损伤。一般炎症早期变质变化十分明显,随后出现炎症的渗出和增生等反应;有些炎症初期变质性变化难以察觉,当出现渗出或增生性变化时才发现已经具备了变质性变化。

二、渗出性变化

渗出性变化是指炎区组织发生的血管反应、血浆渗出和细胞渗出的过程。在炎症过程中,局部组织的小血管发生短暂的痉挛后扩张充血,然后,血液中的液体成分和细胞成分通过血管壁进入炎区间质、体表、体腔或黏膜表面，形成渗出性变化过程。

(一)血管反应

当致炎因子作用于局部组织时，炎区组织的小血管发生短暂的痉挛，随即扩张充血，在炎症介质的作用下发生炎性充血，局部血流加快，血流量增加，充血持续时间长短不等。炎性充血时间过久，血管壁紧张性下降，并由于局部代谢障碍，酸性代谢产物(如乳酸等)堆积，导致血管内皮细胞肿胀。同时，由于炎症介质的作用使毛细血管和细静脉壁的通透性增加，血液中液体成分渗出，局部血液浓缩，黏稠度增加，毛细血管和细静脉血流减慢，从而出现瘀血。

随着瘀血的发生，大量白细胞逐渐向血管壁靠近，并粘在血管内膜上，称为白细胞附壁。血管内皮细胞肿胀和白细胞附壁使血流阻力升高，进一步造成血流减慢甚至血流停滞。

(二)液体渗出

伴发炎区充血、瘀血后，血液中的液体成分包括血浆和血浆蛋白通过血管壁渗出。渗出的液体称为炎性渗出液。血管壁损伤较轻时，渗出液中仅含有电解质和分子量较小的白蛋白；损害严重时，大分子的球蛋白，甚至纤维蛋白原也能渗出。渗出液和一般水肿时的漏出液不同(表 10-1)。

表 10-1　渗出液与漏出液的比较

渗出液	漏出液
浑浊	澄清
浓厚，含有组织碎片	稀薄，不含组织碎片
比重在 1.018 以上	比重在 1.015 以下
蛋白质含量高，超过 4%	蛋白质含量低于 3%
在活体内外均凝固	不凝固，只含少量纤维蛋白
细胞含量多	细胞含量少
与炎症有关	与炎症无关

液体的渗出是多种因素引起的。首先，致炎因子、炎区酸性环境、炎症介质的作用，使血管内皮细胞收缩，内皮细胞之间的连接受损，导致血管壁通透性升高，这是引起渗出的主要原因。其次，炎区静脉瘀血，血管内压升高，炎区组织渗透压升高，均促进了液体渗出。

炎性渗出液的作用和影响：

(1)炎性渗出液含有多种成分，对机体有重要的防御作用：①渗出液中含有各种特异性免疫球蛋白、补体、调理素等多种抗菌物质，对病原微生物及其毒素有中和、抑制或稀释的作用。②渗出液中的纤维蛋白凝固后交织成网，可限制病原体的扩散，因而有利于吞噬细胞发挥吞噬作用。③渗出液可为炎区组织细胞带来营养物质，并带走炎症灶中的代谢产物。

(2)渗出液过多，对机体产生不利影响。如胸腔渗出液过多可阻碍肺脏呼吸和心脏舒张活动，脑膜炎症时渗出液使颅内压升高引起头痛、神经功能紊乱。

(三)细胞渗出

在炎症过程中，伴随着炎区组织血流减慢及血浆成分的渗出，白细胞主动由微血管壁渗出到炎区组织间隙内，称为炎性细胞浸润。白细胞渗出，吞噬和降解病原微生物、免疫复合物及坏死组织碎片，是最主要的炎症防御反应，但白细胞释放的酶类、炎症介质等也可加剧正常组织细胞损伤。

1. 白细胞的渗出过程

白细胞经过边移、贴壁、游出等阶段，在趋化因子的作用下到达炎症中心，完成渗出过程。

(1)边移　白细胞从血液的轴流进入边流，滚动并靠近血管壁的现象称为边移。白细胞边移是由选择素介导的，通过选择素及其相应配体间的作用，引起白细胞滚动、流速变慢并向血管内皮细胞靠近。

(2)贴壁　继边移之后，白细胞与血管内皮细胞发生紧密黏附，称为贴壁。白细胞贴壁是由整合素介导的，白细胞滚动，激活整合素，整合素的表达阻止白细胞继续滚动，并在细胞黏附分子的作用下，与血管内皮紧密黏附。

(3)游出　白细胞穿过血管壁进入周围发炎组织的过程称为游出。电镜观察证实，白细胞黏附于内皮细胞连接处，伸出伪足，逐渐以变形运动方式从内皮细胞间的连接处逸出，并穿过基底膜，到达血管外(图 10-1)。

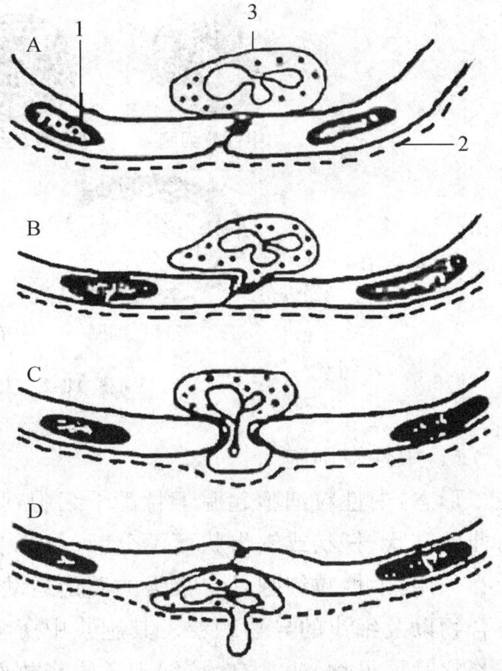

图 10-1　中性粒细胞游出

(陆桂平.动物病理.2001)

A. 白细胞黏附在血管内膜上　B. 白细胞伸出伪足　C. 伪足插入血管壁内皮细胞之间　D. 伪足已伸出血管外膜　1. 血管内皮细胞核　2. 血管外膜　3. 中性粒细胞

白细胞穿过血管壁后，便向炎灶集中。白细胞这种向着炎症部位定向运动的特性称为趋化作用。调节白细胞定向运动的化学刺激物称为趋化因子。趋化因子的作用有特异性，有的趋化因子只吸引中性粒细胞，而另一些趋化因子则吸引单核细胞或嗜酸性粒细胞。

2. 白细胞的吞噬过程

渗出到炎灶内的白细胞，吞噬和消化病原微生物、抗原抗体复合物、异物或组织坏死崩解产物的过程称为吞噬作用。具有吞噬功能的细胞主要是中性粒细胞和巨噬细胞，其吞噬异物的过程大体包括黏附、摄入和消化三个阶段。

被吞噬的物质首先在调理素的参与下黏附到吞噬细胞的细胞膜上，调理素为一类能增强吞噬细胞吞噬活性的血清蛋白质，主要是免疫球蛋白(IgG)和活化补体成分(C3a)等。吞噬细胞通过表面受体，能识别被抗体和补体包被的细菌，经抗体或补体与相应受体结合后，细菌就被黏着在吞噬细胞表面。随后，吞噬细胞伸出伪足，随伪足的延伸和互相吻合形成由吞噬细胞膜包围吞噬物的泡状小体，称为吞噬体。吞噬体脱离细胞膜进入细胞内，与溶酶体相融合，形成吞噬溶酶体。最后通过溶酶体的酶解作用及吞噬细胞代谢产物两条途径杀伤和降解被吞入的病原和异物。

3. 炎性细胞的种类和功能

炎症过程中，渗出的白细胞主要有中性粒细胞、嗜酸性粒细胞、单核细胞、淋巴细胞和浆细胞。不同致炎因子所引起的炎症，以及炎症过程中的不同阶段出现的炎性细胞种类和数量也不尽相同(图 10-2)。

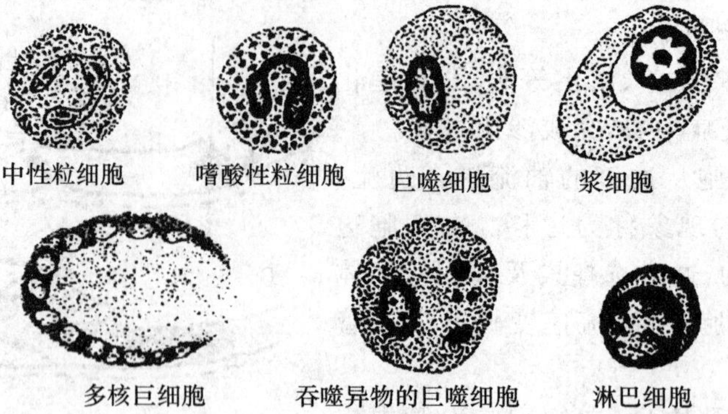

图 10-2 几种炎性细胞形态图

(1)中性粒细胞

形态:中性粒细胞起源于骨髓干细胞,胞核一般分成2～5叶,幼稚型中性粒细胞的胞核呈弯曲的带状、杆状或锯齿状而不分叶。HE染色胞浆内含淡红色中性颗粒。

作用:中性粒细胞具有很强的游走运动能力,主要吞噬细菌,也能吞噬组织碎片、抗原抗体复合物以及细小的异物颗粒。其胞浆中所含的颗粒相当于溶酶体,其内含有多种酶,这种颗粒在炎症时可见增多。中性粒细胞还能释放血管活性物质和趋化因子,促进炎症的发生、发展,是机体防御作用的主要成分之一。

诊断意义:中性粒细胞多在化脓性炎症和急性炎症初期渗出。在病原微生物引起的急性炎症时,外周血液中的中性粒细胞也增多;在一些病毒疾病时,中性粒细胞可能减少。中性粒细胞减少或幼稚型中性粒细胞增多,往往是病情严重的表现。

(2)嗜酸性粒细胞

形态:嗜酸性粒细胞也起源于骨髓干细胞,细胞核一般分为两叶,各自呈卵圆形。胞浆丰富,内含粗大的强嗜酸性颗粒。

作用:嗜酸性粒细胞具有游走运动能力,主要作用是吞噬抗原抗体复合物、抑制变态反应,同时对寄生虫有直接杀伤作用。嗜酸性粒细胞的颗粒主要含有碱性蛋白、阳离子蛋白、过氧化物酶、组胺酶、活性氧等,对寄生虫有直接杀灭作用,对组胺等过敏反应中的化学介质有降解灭活作用。

诊断意义:嗜酸性粒细胞主要在寄生虫感染和过敏反应引起的炎症时渗出。如反复感染或重度感染时不仅局部组织内嗜酸性粒细胞增多,循环血液中也显著增加。在过敏反应时,嗜酸性粒细胞可占白细胞总数的20%～25%。

(3)单核细胞和巨噬细胞

形态:单核细胞和巨噬细胞均来源于骨髓干细胞,单核细胞占血液中白细胞总数的3%～6%,血液中的单核细胞受刺激后,离开血液到结缔组织或其他器官后转变为组织巨噬细胞。这类细胞体积较大,圆形或椭圆形,常有钝圆的伪足样突起,核呈卵圆形或马蹄形,染色质细颗粒状,胞浆丰富,内含许多溶酶体及少数空泡,空泡中常含一些消化中的吞噬物。

作用:巨噬细胞具有趋化能力,其游走速度慢于中性粒细胞,但有较强的吞噬能力,能够吞噬非化脓菌、原虫、衰老细胞、肿瘤细胞、组织碎片和体积较大的异物,特别是对于慢性细胞内感染的细菌如结核杆菌、布鲁氏菌和李氏杆菌的消除有重要意义。巨噬细胞可以识别抗原信息并传递给免疫活性细胞，从而参与特异性免疫反应。巨噬细胞还能产生许多炎症介质，促进调整炎症反应。巨噬细胞可转变为上皮样细胞和多核巨细胞。

诊断意义：巨噬细胞主要出现于急性炎症的后期，慢性炎症和非化脓性炎症（结核、布鲁氏菌感染）、病毒性感染和原虫病。

(4)上皮样细胞和多核巨细胞　炎症反应过程中，炎灶内存在某些病原体（如结核杆菌、鼻疽杆菌等）或异物（如缝线、芒刺等）时，巨噬细胞可转变为上皮样细胞或多个巨噬细胞融合成多核巨细胞。

上皮样细胞：外形与巨噬细胞相似，呈梭形或多角形，胞浆丰富，内含大量内质网和许多溶酶体。胞膜不清晰，胞核呈圆形、卵圆形或两端粗细不等的杆状，核内染色质较少，着色淡。此类细胞的形态与复层扁平细胞中的棘细胞相似，故称上皮样细胞。上皮样细胞具有强大的吞噬能力，它的胞浆内含有丰富的酯酶，对菌体外表覆有蜡质的结核杆菌也能消化，主要见于肉芽肿性炎症。

多核巨细胞：这种细胞由多个巨噬细胞融合而成。细胞体积巨大，胞浆丰富，在一个细胞体内含有许多个大小相似的胞核。胞核的排列有三种不同形式：一是细胞核沿着细胞体的外周排列，呈马蹄状，这种细胞又称朗罕氏巨细胞；二是细胞核聚集在细胞体的一端或两极；三是细胞核散布在整个巨细胞的胞浆中。多核巨细胞可见于结核病、副结核病、鼻疽、放线菌病及曲霉菌病病灶中，也可常出现在坏死组织的边缘。多核巨细胞具有十分强大的吞噬能力，有时可见它包围着嵌进组织的异物，如芒刺、缝线等。

(5)淋巴细胞

形态：淋巴细胞产生于淋巴结及其他淋巴组织，经胸导管进入血液循环。血液中的淋巴细胞大小不一，有大、中、小型之分。在白细胞分类中的比例随动物而异。大多数是小型的成熟淋巴细胞，胞核为圆形或卵圆形，常见在核的一侧有小缺痕；核染色质较致密，染色深；胞浆很少，嗜碱性，但在组织切片中常看不见。大淋巴细胞数量较少，是未成熟的，胞浆较多。虽然各型淋巴细胞的形态在外表看来都很相似，但实际上，淋巴细胞是一群混杂的细胞，它们的功能、寿命及特异性都有差别。根据免疫学的研究，淋巴细胞可分为 T 细胞（胸腺依赖淋巴细胞）和 B 细胞（法氏囊依赖淋巴细胞或称骨髓依赖淋巴细胞）。

作用：淋巴细胞主要是产生特异性免疫反应，在炎症过程中，被抗原致敏的 T 淋巴细胞产生和释放 IL-6、淋巴因子等多种炎症介质，具有抗病毒、杀伤靶细胞、激活巨噬细胞等多种重要作用。而 B 淋巴细胞可产生抗体，参与体液免疫。

诊断意义：主要见于慢性炎症、炎症恢复期及病毒性炎症和迟发性变态反应过程中。

(6)浆细胞

形态：浆细胞是 B 淋巴细胞受抗原刺激后演变而成。细胞呈圆形，较淋巴细胞略大，胞浆丰富，轻度嗜碱性，细胞核圆形，位于一端，染色质致密呈粗块状，多位于核膜的周边呈辐射状排列，呈车轮状，这种特征是识别浆细胞的标志之一。

作用：浆细胞主要具有合成免疫球蛋白（免疫球蛋白包括：IgG、IgA、IgM、IgD 和 IgE）的能力，参与体液免疫。

诊断意义：主要在慢性炎症和病毒感染时渗出。

三、增生性变化

增生是炎症发展过程中以局部细胞活化增殖为主的变化，增生的细胞主要有巨噬细胞、成纤维细胞和血管内皮细胞。有时也有上皮细胞和实质细胞增生。

增生变化在炎症的晚期和慢性炎症时表现明显，但也有些急性增生性炎症开始就表现以细胞增生为主，炎症早期有较多的血管外膜细胞活化增殖参与吞噬活动，炎症后期主要有成纤维细胞和毛细血管内皮细胞增生，形成肉芽组织以局限炎症和修复损伤。

增生原因是致炎因子、组织崩解产物或某些理化因子的刺激，近年来研究证明：一些细胞因子具有刺激细胞增生的作用，如巨噬细胞衍化生长因子（MDGF）具有促进成纤维细胞增生和纤维化的作用。淋巴细胞释放的促分裂因子可促进血管内皮的增殖和肉芽组织的生成。

炎症的变质、渗出、增生三个基本病理变化是互相联系的，在任何炎症过程中，都有这三个基本病理变化的存在，但在不同类型的炎症或炎症的不同阶段，其表现程度各有差异。例如，在炎症的早期和急性炎症时，常以组织变质和渗出为主，而在炎症的后期和慢性炎症时，则以增生反应为主。

附　炎症介质

炎症介质是指在炎症过程中由细胞释放或由体液产生、参与或引起炎症反应的化学物质。按其来源可分为细胞源性炎症介质和血浆源性炎症介质。

一、细胞源性炎症介质

机体内在致炎因素的作用下能够生成并释放炎症介质的细胞主要有肥大细胞、白细胞、巨噬细胞、血小板等。

（一）血管活性胺

1. 组胺

它主要贮藏于肥大细胞、嗜碱性粒细胞及血小板中。在各种致炎因素、抗原抗体复合物及蛋白水解酶等的作用下，使组织及肥大细胞受到损害，于是大量组胺被释放出来。组胺能明显地引起毛细血管、小动脉及小静脉扩张，管壁通透性增加。组胺能引起血管内皮细胞收缩，从而使邻接的细胞互相牵拉，结果使一些细胞间隙扩大，导致渗出增加。此外，它还可引起支气管、胃肠道、子宫平滑肌收缩，导致哮喘、腹泻和腹痛。

2. 5-羟色胺（5-HT）

它主要存在于肥大细胞、血小板、脑组织和胃肠道的嗜银细胞内。炎症时，由于这些组织和细胞受到损害，可将 5-HT 释出。它的作用和组胺相似，能使血管壁的通透性显著升高，可引起痛觉反应，并能促进组胺释放。

（二）白细胞三烯（LT）

来自于嗜碱性粒细胞、肥大细胞和单核细胞。白细胞三烯能增强毛细血管的通透性，而且是强有力的白细胞趋化因子，它能吸引中性粒细胞并促进中性粒细胞黏附于血管内膜。它也是强有力的血小板凝集因子，还能引起平滑肌收缩。

（三）前列腺素（PG）

是广泛存在于机体各处的一种组织激素，特别是前列腺、肾、肠、肺、子宫、脑、胰腺等，炎区内的 PG 主要来自于血小板和白细胞。在炎症反应中，前列腺素具有多方面的效应，如对毛细血管有显著的扩张作用，增强血管壁的通透性及吸引白细胞游出。它增强组胺及缓激肽的致痛作用，作为热原，它与炎症时的发热反应亦有关。

(四)过敏性嗜酸性粒细胞趋化因子

其储存部位与组胺相同,它的作用是吸引嗜酸性粒细胞向炎区聚集,吞噬免疫复合物和杀伤寄生虫,同时能促进组胺酶释放。

(五)溶酶体成分

中性粒细胞和单核细胞的溶酶体具有致炎作用,其中的主要炎症介质有阳离子蛋白、酸性蛋白酶、中性蛋白酶、纤溶酶原激活物等,具有促进肥大细胞脱颗粒释放组胺,使血管壁通透性升高,降解胶原纤维、基底膜、细菌和细胞碎片等作用。

(六)细胞因子

机体各种组织细胞在其生命周期中,释放多种具有不同生物学效应的物质,以完成自身的功能,参加复杂的细胞-细胞间调节网络,这类物质被统称为细胞因子(cytokine)。根据其生物学效应的不同,分为白细胞介素(在白细胞间发挥作用)、肿瘤坏死因子(对肿瘤细胞具有细胞毒作用)、造血生长因子(作用于骨髓造血前体细胞,促其增殖、分化、成熟)、干扰素(干扰正常细胞内病毒增殖,增强免疫活性)、淋巴因子(促进免疫活性细胞增殖、增强免疫活性)等。细胞因子在作用上具有四个显著的特点:多效性、多源性、高效性和快速反应性。

具有强烈的致炎活性的细胞因子有以下几种:白细胞介素1(IL-1)、白细胞介素6(IL-6)、肿瘤坏死因子、白细胞介素8(IL-8)、单核细胞趋化蛋白1(MCP-1)。

二、血浆源性炎症介质

在致炎因素作用下,血浆内的凝血系统、纤维蛋白溶解系统、激肽形成系统和补体系统可被激活,产生许多有活性的炎症介质,主要有纤维蛋白肽、纤维蛋白降解产物、激肽、补体裂解产物。

(一)激肽类

激肽属于多肽类物质。激肽系统的激活最终产生缓激肽。缓激肽能显著增强血管壁的通透性,还能使支气管、胃、肠的平滑肌痉挛,故能引起气喘、腹泻等症状。激肽也是一种致痛物质,很微量即能引起疼痛感反应。

(二)补体系统

补体系统是一组血浆蛋白,具有酶活性,正常情况下以非活性状态存在,当受到某些物质激活时,补体各成分便按一定顺序呈现连锁的酶促反应,参与机体的防御功能,并作为炎症介质参与机体的炎症过程。如C2b能使小血管扩张,增强血管壁的通透性及收缩平滑肌;C3a和C5a能刺激组织中的肥大细胞和血液中的嗜酸性粒细胞,促使其释放组胺和其他活性介质,因而使渗出加强;C3a、C5a具有趋化因子的作用,能吸引中性粒细胞和单核细胞游走;C567还能促使释放溶酶,导致组织坏死;C3b具有调理素的作用,它能加强吞噬活动。还有C5~C9复合物能破坏靶细胞膜的类脂质,故对病毒、细菌、原虫以及受病毒感染的细胞等均能溶解。

(三)纤维蛋白溶酶(纤溶酶)

纤维蛋白溶酶又称血浆素,由血浆内的纤维蛋白酶原被组织中的激肽释放酶分解而形成。它的作用是消化纤维蛋白和其他血浆蛋白。纤维蛋白裂解则形成纤维蛋白肽,此物具有抗凝血、增加毛细血管壁通透性和吸引白细胞游走等作用。

综上所述,炎症介质是炎症发生、发展的重要物质基础。炎症过程中,组织损害、血管反应和渗出形成以及炎症的消散和修复都是相当复杂的过程,炎症介质在其中参与启动和推动各个环节。

临床上在治疗炎症时,除针对生物性致炎因素常采用相应的药物外,其他的抗炎药物,其疗效机理大多数是通过抑制炎症介质的合成与释放,或直接对抗炎症介质,而达到抗炎的效果。类固醇类药物如糖皮质激素类的可的松等有较好的抗炎疗效,是由于具有降低血管壁的通透性,稳定溶酶体膜从而控制溶酶体的释出,抑制白细胞向血管内皮细胞黏附和血管外游出,抑制肥大细胞的组胺合成和蓄积,抑制血小板释放前列腺素等的作用。糖皮质激素对肉芽组织的形成亦有抑制作用,这是因为它能抑制毛细血管和成纤维细胞的增生,同时也能抑制成纤维细胞的胶原合成和黏多糖的合成所致。故局部反复使用极少量的糖皮质激素,对缩小炎灶的瘢痕组织形成是有好处的。非类固醇类抗炎药物如消炎痛、保泰松、阿司匹林等能抑制前列腺素的合成,同时也有稳定细胞溶酶体膜的作用,从而减轻炎症的发展及缓和炎症的诸症状。

第三节　炎症分类

根据炎症的基本病理变化——变质、渗出、增生的表现程度,将炎症分为三大类,即变质性炎、渗出性炎、增生性炎。渗出性炎又分为浆液性炎、卡他性炎、化脓性炎、纤维素性炎、出血性炎;增生性炎又分为普通增生性炎和特异性增生性炎。

一、变质性炎

1. 病理特征

以炎区组织细胞的变质变化为主,主要表现为组织细胞的变性、坏死,而渗出和增生变化表现轻微。发炎器官眼观肿大,质软质脆,色泽变淡;以坏死为主的变质性炎(可称为坏死性炎)在炎症器官表面有大小不一的灰白或灰黄色坏死灶。

变质性炎症多发生于肝、心、肾等实质器官,常在发炎器官形成灰白或灰黄色斑点或病灶,整个器官肿胀不一、红黄相间、质软易碎。如:

心肌变质性炎:见于恶性口蹄疫、牛恶性卡他热等(图 10-3)。

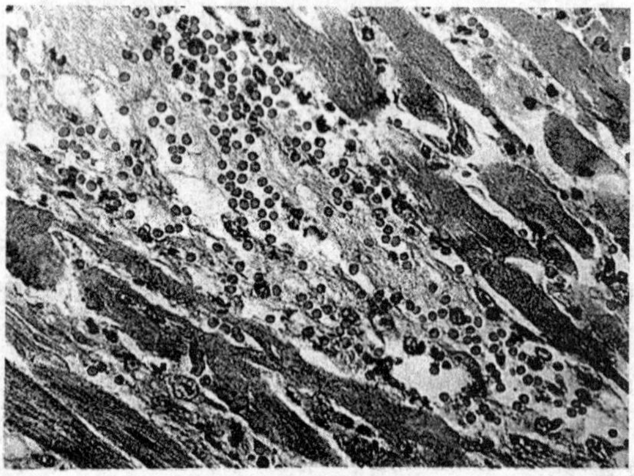

图 10-3　牛变质性心肌炎

心肌纤维坏死,大部分消失,其间有以中性粒细胞为主的炎性浸润

肝脏变质性炎:见于鸡副伤寒、禽霍乱、猪弓形虫病、鸡包涵体性肝炎、鸭病毒性肝炎等。

肾脏变质性炎:见于猪弓形虫病、猪附红细胞体病、鸡肾型传支等。

脑变质性炎:见于狂犬病、伪狂犬病、鸡传染性脑脊髓炎、日本乙型脑炎。

2. 原因和结局

变质性炎常见于某些传染病、中毒病或变态反应性疾病,毒素或毒物直接或间接引起组织细胞代谢的急性障碍,从而发生变性、坏死,形成变质性炎。变质性炎多呈急性经过,但也可转变为慢性,迁延不愈,对机体影响严重,发生于心、脑可危及生命。

二、渗出性炎

以渗出性变化为主，变质和增生变化表现轻微的炎症。根据渗出物的性质及病变特征，渗出性炎分为浆液性炎、化脓性炎、纤维素性炎、出血性炎。

（一）浆液性炎

是指以大量浆液渗出为主要特征的炎症。

1. 病理特征

浆液类似血浆或淋巴液，含3%～5%的蛋白质，主要是白蛋白，还有少量白细胞和纤维蛋白原。浆液性渗出物眼观浑浊、易于凝固，局部组织潮红、肿胀或呈胶冻样变。光镜下，炎区组织明显充血、水肿和白细胞浸润。

发生于浆膜时，在体腔内形成积液，如猪肺疫、猪传染性水疱病、牛出血性败血症等，表现为胸膜浆液纤维素性炎，初期胸腔蓄积浆液性渗出液。

发生于疏松结缔组织，形成炎性水肿，如急性猪肺疫时咽喉周围组织浆液浸润。

发生于皮肤，积聚在表皮和真皮之间形成水疱，见于口蹄疫、猪水疱病等。

发生于黏膜下层，形成厚层胶冻样物，如仔猪水肿病时的胃壁下层。

发生于肺脏，表现浆液性肺炎，如巴氏杆菌引起的猪、牛纤维素性肺炎早期，表现为浆液性肺炎。

2. 原因和结局

各种理化因素、生物性因素等均可引起浆液性炎，呈急性经过，属于轻度炎症，易于消退，一般结局良好，有些发展为纤维素性炎，则表现严重。

（二）卡他性炎

只发生于黏膜，其渗出液由浆液转变成黏液或黏脓性液的炎症。

1. 病理特征

眼观黏膜潮红、肿胀、粗糙不平，伴有出血斑纹。镜检黏膜上皮变性、坏死、脱落，黏膜固有层及黏膜下层充血、水肿、白细胞浸润，有时有少量红细胞渗出。如卡他性上呼吸道炎症、卡他性胃肠炎、卡他性子宫内膜炎等。

2. 原因和结局

卡他性炎多由较温和的刺激引起，如变质饲料、寒冷、某些微生物毒素等。卡他性炎常呈急性经过，如病因消除，可迅速康复；如继发感染，可转为慢性炎症，发炎器官或因细胞增生和渗出而肥厚，或因纤维结缔组织增生而变薄变硬。

（三）化脓性炎

是指以大量中性粒细胞渗出并伴有不同程度的组织坏死和脓液形成为特征的炎症。

1. 病理特征

脓液眼观为灰白色、灰黄色或灰绿色的浑浊凝乳状物，光镜下可见大量中性粒细胞、脓细胞（变性坏死的白细胞），发炎组织坏死溶解，炎区充血、水肿，有时伴有出血或增生（图10-4）。化脓性炎症有多种表现形式。

（1）脓性卡他　发生于黏膜表面。眼观黏膜表面出现大量黄白色、黏稠、浑浊的黏脓性渗出物，黏膜充血、出血、肿胀、糜烂。光镜下渗出物内有大量变性的中性粒细胞，黏膜上皮细胞

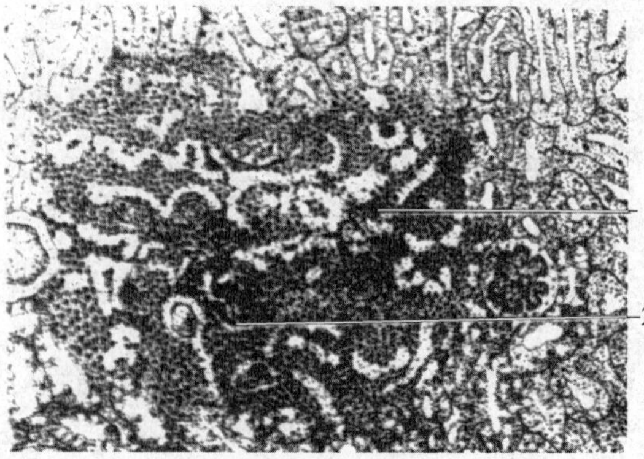

图 10-4 肾脓肿

1. 肾组织坏死液化，大量脓细胞聚集 2. 脓肿内细菌集落

变性、坏死和脱落，黏膜固有层充血、出血和中性粒细胞浸润。如鼻黏膜脓性卡他性炎、子宫内膜脓性卡他性炎等。

(2)积脓 指浆膜发生化脓性炎时，脓性渗出物大量蓄积于体腔内的现象，见于牛创伤性心包炎、化脓性胸膜肺炎、化脓性腹膜炎等。

(3)脓肿 是组织内发生的局限性化脓性炎症。组织中心坏死液化，形成充满脓液的囊腔，周围初期充血、水肿和中性粒细胞浸润，然后逐渐形成结缔组织包膜。深部脓肿可以向皮肤、体腔或黏膜表面穿破，其穿破的管道称为瘘管。如皮肤或皮下脓肿，肝包膜下脓肿，肾包膜下脓肿等。

(4)蜂窝织炎 指发生于结缔组织的弥漫性化脓性炎，常发于皮下组织，发展迅速。如溶血性链球菌感染。

2. 原因和结局

化脓性炎主要见于化脓性细菌感染，如葡萄球菌、链球菌、化脓棒状杆菌、绿脓杆菌等；某些化学物质如松节油、巴豆油、机体自身组织液化性坏死可导致无菌性化脓性炎。化脓性炎多为急性经过，如及时消除病原，消除脓液，可以痊愈；较大的化脓灶由肉芽组织修补形成瘢痕，如果机体抵抗力较低，局部化脓灶的化脓菌侵入血液和淋巴液，可导致脓毒败血症。

(四)纤维素性炎

以渗出大量纤维素为特征的炎症。

1. 病理特征

从血管内渗出的纤维蛋白原凝固成的纤维素，在炎区组织内呈网状、片状或膜状，同时伴有充血、水肿、出血、白细胞浸润，组织细胞变性坏死，肉芽组织增生等变化。眼观发炎器官附有淡黄色或灰黄色假膜样、绒毛样或絮片样物，器官表面粗糙不平、糜烂或溃疡，伴有红肿、实变或粘连等变化。根据形成的纤维素性假膜是否易于剥离，可分为两种形式。

(1)浮膜性炎 发炎部位形成的纤维素性假膜易于剥离，组织损伤较轻。常发于黏膜、浆膜和肺脏。

发生于浆膜，浆膜表面附有假膜，浆膜腔积液，浆膜粗糙、充血、出血或粘连。如浆液纤维素性胸膜肺炎时，胸腔、心包腔积液，并含有多量絮状物，肺与心包、胸膜粘连。

发生于气管或肠道黏膜时，纤维素性假膜可呈管状物存在或排出。黏膜充血、出血、糜烂。

发生于肺脏时,形成充血水肿、红色肝变、灰白色肝变、溶解吸收四个期的变化,肺脏呈大理石样外观。如猪肺疫、猪传染性胸膜肺炎、牛出血性败血症等,可发生纤维素性肺炎。

(2)固膜性炎(可称为纤维素性坏死性炎) 发炎部位渗出的纤维素与深层坏死组织牢固地结合,不易剥离,组织损伤严重,发炎器官病变部表面粗糙,呈糠麸样,局灶性或弥漫性,突出增厚。如慢性猪瘟时大肠黏膜的扣状肿,仔猪副伤寒时大肠黏膜的糠麸样变,鸡新城疫时肠黏膜的枣核样病变,黏膜型鸡痘时气管或肠道黏膜的纤维素性坏死性伪膜。

2. 原因和结局

纤维素性炎常见于病原微生物感染,一般呈急性或亚急性经过,浮膜性炎可消散康复,也可发生机化、形成粘连、肺肉变等,固膜性炎常形成疤痕。

(五)出血性炎

大量红细胞出现于渗出物中的炎症。

1. 病理特征

眼观渗出物呈红色,发炎组织充血、出血、红肿和糜烂等,光镜下观察炎区血管扩张充血,红细胞、白细胞渗出,组织细胞变性、坏死。

出血性炎常和其他类型的炎症混合发生,如浆液性出血性炎,纤维素性出血性炎,化脓性出血性炎,坏死性出血性炎。常见于炭疽、猪瘟、巴氏杆菌病时的出血性淋巴结炎,猪败血性链球菌病、鸡新城疫时的出血性胃肠炎等。

2. 原因和结局

出血性炎常见于剧烈传染病,如炭疽、猪瘟、巴氏杆菌病、禽流感、鸡新城疫等,多呈急性经过,必须及时救治才有可能康复,一般不易痊愈。

必须指出,上述几种渗出性炎可以单独、混合或先后转化发生。

三、增生性炎

增生性炎是以结缔组织或某些细胞增生为主,变质与渗出变化表现轻微的炎症。分为普通增生性炎和特异性增生性炎。

(一)普通增生性炎

多为慢性增生性炎症过程,以间质纤维结缔组织增生为主,其间散在一些淋巴细胞、浆细胞、单核细胞的浸润,实质细胞发生萎缩、变性和坏死。眼观发炎器官出现散在的大小不等的灰白色病灶,其体积逐渐缩小,质地变硬,表面凸凹不平,即发生硬化和皱缩。例如,反刍动物的肝片形吸虫病引起的慢性肝炎和猪的慢性间质性肾炎。

少数为急性增生性炎症,以某些组织细胞增生为主要特征。例如:猪瘟、狂犬病的急性病毒性非化脓性脑炎中,神经胶质细胞增生形成胶质结节;急性肾小球性肾炎时,肾小球毛细血管内皮细胞、血管系膜细胞(间质细胞)及肾小囊上皮细胞均有增生;急性传染病时淋巴结发生急性增生性炎症,淋巴结髓样肿胀,切面多汁,镜检可见淋巴细胞、网状细胞和淋巴窦内皮细胞明显增生;动物副伤寒时,肝脏网状细胞、单核细胞增生形成“副伤寒结节”。

(二)特异性增生性炎(肉芽肿性炎症)

以肉芽肿形成为特征的慢性增生性炎症。肉芽肿是以巨噬细胞为主的结节(图 10-5)。肉芽肿有两类:

1. 感染性肉芽肿

由生物性病原如细菌或真菌引起的有一定特异性结构的肉芽肿，故又称特异性肉芽肿。如结核病、鼻疽和放线菌的特异性结节性病灶。

结核结节：组织学观察，可见结节的中央发生干酪样坏死，并常有钙盐沉着，紧靠坏死区的周围，有许多胞体较大、分界不清的浅红色上皮样细胞组成一层细胞带，包围坏死区，其中常散在数量不等的多核巨细胞（朗罕氏巨细胞）。结节的外围区，积聚多量淋巴细胞和浆细胞，最外围则是纤维结缔组织形成的包裹层（图 10-6）。

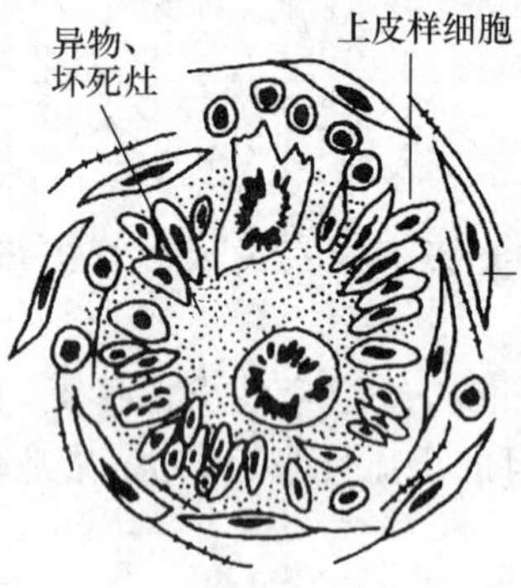

图 10-5　肉芽肿结构示意图

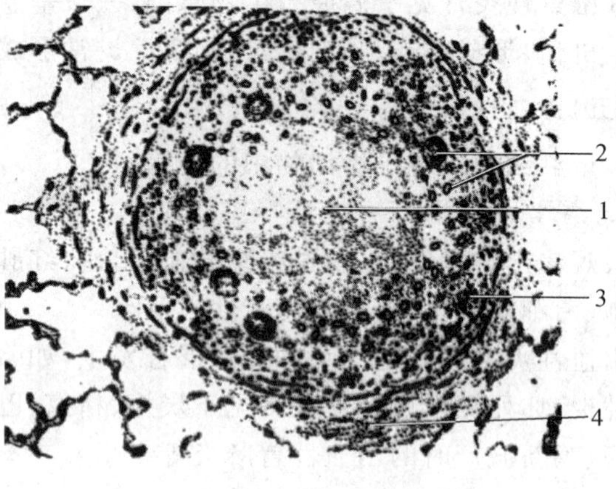

图 10-6　肺结核结节

1. 干酪样坏死及钙化　2. 上皮样细胞及多核巨细胞　3. 淋巴细胞　4. 纤维组织

各种肉芽肿的中心结构成分不同，具有一定的诊断意义。放线菌的特异性结节性病灶中心为放线菌块和中性粒细胞。禽曲霉菌肉芽肿的中心部为干酪样坏死，其中可见到霉菌菌丝及孢子。

2. 异物性肉芽肿

是组织中的异物周围有数量不等的巨噬细胞、异物巨细胞和结缔组织包围的肉芽肿。异物有寄生虫、虫卵、缝线、灰尘、滑石粉、坏死组织崩解后形成的类脂质等。

第四节　炎症经过和结局

在炎症过程中，损伤和抗损伤双方力量的对比决定着炎症的发展方向和结局。如抗损伤过程（白细胞渗出、吞噬能力加强等）占优势，则炎症向痊愈的方向发展；如损伤性变化（局部代谢性障碍、细胞变性坏死等）占优势，则炎症逐渐加剧并可向全身扩散；如损伤和抗损伤矛盾双方处于一种相持状态，则炎症可转为慢性而迁延不愈。

一、吸收消散

炎症病因消除，病理产物和渗出物被吸收，发炎组织的结构和机能完全恢复正常。常见于短时期内能吸收消散的急性炎症。

二、修复愈合

1. 完全痊愈

炎症局部病理产物和渗出物被完全吸收，组织的损伤通过炎灶周围健康细胞的再生而得以修复，局部组织的结构和机能完全恢复正常。

2. 不完全痊愈

通常发生于组织损伤严重时，虽然致炎因素已经消除，但病理产物和损伤的组织是通过肉芽组织取代修复，故引起局部疤痕形成，正常结构和机能未完全恢复。

三、转为慢性

在某些情况下，急性炎症可逐渐转变成慢性过程，呈长期不愈状态，主要原因是机体抵抗力降低，或治疗不彻底，病原因素未被彻底清除，致使炎症持续存在，表现时而缓解，时而加剧，成为慢性炎症，长期不愈。

四、蔓延播散

由病原微生物引起的炎症，当机体抵抗力下降或病原微生物数量增多、毒力增强时，常发生蔓延播散，主要方式有以下几种。

1. 局部蔓延

炎症局部的病原微生物可经组织间隙或器官的自然通道向周围组织蔓延，使炎区扩大。如心包炎可蔓延引起心肌炎，支气管炎可扩散引起肺炎，尿道炎可上行扩散引起膀胱炎、输尿管炎和肾盂肾炎。

2. 淋巴道蔓延

病原微生物在炎区局部侵入淋巴管，随淋巴液流动扩散至淋巴结引起淋巴结炎，并可再经淋巴液继续蔓延扩散。如急性肺炎可继发引起肺门淋巴结炎，淋巴结呈现肿大、充血、出血、渗出等炎症变化。

3. 血道蔓延

炎区的病原微生物或某些毒性产物，有时可突破局部屏障而侵入血流，引起菌血症、毒血症、败血症和脓毒败血症。

复习思考题

1. 依据炎症的基本病理变化分析炎症局部症状为什么表现红、肿、热、痛和功能障碍。

2. 炎症时为什么引起发热和白细胞增多的全身反应？

3. 当发生猪急性败血性链球菌病时，胸腔和心包腔内蓄积多量的黄色浑浊的液体，请问这是属于渗出液还是漏出液？两种液体成分和眼观特征有什么不同？

4. 慢性猪瘟时在大肠黏膜上形成纽扣样肿胀，请分析炎症的类型并说明其特征。

5. 鸡结核病时在肺脏、腹腔肠浆膜和卵巢等器官上可见黄白色的结节，切开结节断面中心呈豆腐渣样，周围组织呈致密均匀状态，请问这是属于什么类型炎症？结节中心和周围分别是什么组织？请再举几个属于这种类型炎症的例子。

6. 猪传染性胸膜肺炎时，肺脏开始血管充血，支气管腔、肺泡腔内浆液渗出，然后大量红细胞和纤维素渗出，再发展有大量白细胞和纤维素渗出，有的部位大量中性粒细胞渗出、组织坏死溶解。请分析肺脏发生了哪些类型的炎症。

7. 试述炎症时液体渗出的机理。

8. 病理检查中，如何判断组织器官体积增大(缩小)？发现组织器官体积增大(缩小)时，应考虑哪些可能的病变？如何鉴别？

9. 一鸡场近一段时间发现不少散养产蛋母鸡拉稀，粪便带红色，产蛋下降。有的精神差，肉髯色淡。试分析其病理变化及可能的病因。

10. 检查某病鸡，精神不振，冠和肉髯青紫，张口呼吸，不时甩头。剖检见口腔、喉头有干酪样坏死物。试分析其病理变化。

第十一章　败　血　症

第一节　败血症概念

败血症是指病原微生物及其产生的毒素和其他代谢产物侵入血液循环,并随血流不断扩散,造成广泛的组织损伤和严重的物质代谢障碍的全身严重感染的病理过程。

败血症的发生与动物机体的抵抗力和病原微生物的毒力、数量、侵袭力有密切关系。近年来,对败血症的研究越来越重视机体对侵入微生物及其毒素所产生的全身性反应。当机体的抵抗力低下,不能有效阻挡和清除进入体内的病原体时,这些病原体就会突破防御屏障,进入循环血液并向全身扩散,引起多器官功能、代谢障碍,临床上出现高热、寒战、心动过速、呼吸急促、器官组织广泛性出血等严重的全身反应。

引起败血症的病原微生物除细菌外,一些病毒、寄生原虫及细菌毒素和其他毒性产物也会引起类似的病理变化,也称为败血症。若引起败血症的细菌是化脓菌,除了有败血症的表现外,化脓菌可随血流到达全身各处,在各组织器官引起新的多发性化脓性病灶,通常称脓毒败血症或脓毒血症。

动物机体在发生败血症的过程中往往伴有菌血症、病毒血症、虫血症或毒血症出现,这些是败血症的重要标志之一。但仅有这些,并不能诊断为败血症,还必须结合是否有败血症的病理变化,方可做出确切诊断。

一、菌血症

病原菌出现于循环血液中的现象,称为菌血症。此时病原菌出现于血液中可能为暂时性或称为路过性,能很快被血液中的白细胞和肝、脾等器官中的吞噬细胞所消灭,并不出现全身症状和病理变化。但菌血症的出现也可能是败血症的前期征兆。

二、病毒血症

循环血液中出现病毒粒子,称为病毒血症。病毒出现于血液中,也可能为临时性或路过性。但如果机体防御机能低下,不能将其清除,大量病毒存在于血液中,同时伴有明显的全身性感染,则称为败血型病毒血症。

三、虫血症

寄生原虫侵入血液的现象，称为虫血症。败血型原虫病时的虫血症，主要是由于原虫在其适宜寄生的部位繁殖后，大量原虫进入血液，同时伴有明显的全身性病理过程。

四、毒血症

细菌产生的毒素及局部组织坏死、分解产生的各种有毒产物进入血液，引起全身中毒的现象，称为毒血症。毒血症的发生，主要是与病原微生物侵入机体后，在其适宜部位增殖，不断产生毒素，被机体吸收入血而引起全身中毒有关。其次也与全身物质代谢障碍，肝脏的解毒功能和肾脏的排毒机能障碍等因素有关。

虽然现代诊疗技术不断提高，新的抗菌抗病毒药物广泛使用，但在临诊实践中，由于病原体的变异、强毒株的出现以及免疫失败等原因，导致动物因败血症死亡的现象不时发生，提醒广大畜牧兽医技术人员，要加强饲养管理，提高动物机体自身免疫力。

第二节　原因和类型

各种致病菌都可引起败血症，某些原虫（如牛泰勒焦虫、弓浆虫等）也可成为败血症的病原。病原体突破机体的外部屏障入侵体内的部位称为侵入门户。皮肤、消化道、呼吸道及泌尿生殖道的黏膜均可成为病原体的侵入门户，尤其是当皮肤或黏膜有损伤时更易造成病原体的感染。

由侵入门户进入体内的病原体，如果未被白细胞及免疫球蛋白所消灭，则在局部组织、淋巴结或其适宜生存的部位增殖，破坏局部组织，引起局部炎症，称为原发性感染灶。此后，病原体的损伤作用与机体的防御适应性反应（即抗损伤作用）之间进行激烈斗争。若病原体的损伤作用明显占优势，而机体的抗损伤作用低下或趋于瓦解时，则很容易发生败血症。

根据病原菌的传染性可将败血症分为非传染性败血症和传染性败血症两种类型。

一、非传染性败血症

非传染性败血症又称感染创伤型败血症，其特点是不具传染性。在局部炎症的基础上，由局部病灶转为全身性的病理过程。如坏死杆菌、气肿疽梭菌及恶性水肿梭菌等病原菌，首先在侵入的部位引起局部炎症，当机体防御机能下降、治疗不当或不及时，病原菌大量增殖，局部组织损伤加剧，炎症波及淋巴和血管，引起局部淋巴结炎、淋巴管炎及静脉炎，这时病原菌便经淋巴管和血管不断向全身扩散。开始进入血液的病原菌可被单核巨噬细胞吞噬，但随着机体抵抗力进一步下降，局部炎症病灶内的病原菌及其毒性产物大量进入血液并随血流扩散到全身，引起全身各器官、组织损伤，物质代谢障碍和生理机能发生严重紊乱，此时患病动物出现明显的全身症状和病变，即发生败血症。

二、传染性败血症

传染性败血症是指由某些具有传染性的病原微生物引起的败血症。例如，某些细菌（如炭疽杆菌、猪丹毒杆菌、巴氏杆菌等）和病毒（如马传染性贫血、猪瘟、牛瘟、高致病性禽流感、鸡传染性喉气管炎及鸡新城疫病毒等），由于这些病原体的侵袭力和毒力都很强，侵入机体后，迅速突破机体防御屏障，经血液散播到全身，在适宜生存的部位进行增殖，然后大量向血液释放，造成广泛的组织损伤，此时机体的防御能力虽有所表现，但在病原体的强大作用下迅速瓦解，很快发展为败血症。此时肉眼常常找不到侵入门户的明显病变，以往曾称为隐源性败血症。

某些慢性传染病（如鼻疽和结核）通常表现慢性局灶性炎症。但是，当机体抵抗力下降时，病原菌则突破局部病灶的防线进入血流，随血流扩散到全身，并在许多器官形成多发性转移病灶，即通称粟粒型鼻疽或粟粒型结核，此种由慢性炎症转化为急性全身性的病理过程，实质上也可称为败血型鼻疽或结核。此外，少数原虫（如牛泰勒焦虫、弓浆虫等）侵入机体后，也具有败血症的一般特征，所以也列为此范畴。

综上所述，无论任何原因引起的败血症，都是病原对机体严重损伤的过程。只是传染性败血症是由于病原毒力很强，可迅速突破机体的防御系统，使机体的抵抗力丧失，出现明显的败血症变化；而非传染性败血症则是先引起局部感染病灶，然后由局部病灶扩散到全身，并形成具有败血症特征的病理变化。

第三节 病理变化和发病机理

对于每一个具体的败血症病例来说，随着机体的状况、病程长短以及病原毒力强弱等不同，各有其特有的表现形式。但无论何种原因引起的败血症，在病理形态学变化上通常有一些共同的特点。

一、全身性病理变化

(一)最急性型

在机体抵抗力特别弱、病原体的侵袭力特别强时，机体的防御机能迅速被摧垮，动物很快死亡。此类型的败血症因病程特别短，各个器官、组织几乎没有明显肉眼可见的病理变化，但各个器官组织内有大量的病原体及明显的组织学变化。

(二)急性型

急性经过的败血症一般可出现下述变化：

1. 尸僵不全，尸体腐败

由于动物体内有大量病原微生物及其毒素存在，动物死亡前，体内的肌肉组织发生变性坏死，释放出大量的蛋白酶，故在动物死后往往不出现尸僵或尸僵不完全。同时，由于肠道内的腐败菌在机体抵抗力降低的情况下进入血液，因此极易引起尸体腐败。临床常见臌气。

2. 血液凝固不良

由于病原体及其毒素使血液中凝血物质遭到严重破坏，所以往往发生血液凝固不良。常见从尸体的口、鼻、内眼角、阴门及肛门等天然孔流出黑红色不凝固的血液。

3. 溶血现象及黄疸

在病原微生物作用下，红细胞遭到破坏，故发生溶血现象。常见心内膜、血管内膜及周围组织被血红素染成污红色。同时，由于肝脏机能不全，造成胆红素在体内蓄积，可视黏膜及皮下组织可见黄染。

4. 全身黏膜、浆膜出血

关于出血的机理比较复杂，但主要是由于血管壁受到损伤而引起的。其一，由于病原菌及其毒素的作用，使血管壁通透性增高，血液渗出。其二，病毒直接作用于血管内皮细胞，导致血管壁的损伤。其三，中枢神经系统受损，引起血管运动神经中枢发生机能障碍，导致植物神经系统功能失调，从而使全身血管出现一系列变化，加重了血管壁的损伤。其四，变态反应，抗原抗体相互作用形成免疫复合物，激活补体系统，导致血管壁损伤，引起局部出血。临床可见四肢、背腰部和腹部皮下、黏膜和浆膜下的结缔组织有浆液性或胶样出血性浸润，在皮肤、浆膜、黏膜及一些实质器官的被膜上有散在的出血点或出血斑。

5. 脾脏肿大

由于脾被膜和小梁的平滑肌受到病原体、毒素和酶的作用发生变性或坏死，收缩力降低，导致脾脏高度瘀血，而出现脾脏肿大，瘀血严重的脾组织几乎呈一片血海。脾脏肿大是败血症的特征性变化。但是，某些机体极度衰弱的动物或最急性型病例的脾脏肿大并不十分明显或不肿大；发生肠扭转、胃扩张的家畜，脾也会极度肿大，其他器官却少有败血症变化。

6. 淋巴结呈急性炎症

病程较长的病例，全身各处的淋巴结均见肿大、充血、出血、水肿等急性浆液性和出血性淋巴结炎的变化。组织学检查可见淋巴窦扩张，窦内有单核细胞、中性粒细胞和红细胞，有时可见细菌团块。扁桃体和肠道淋巴小结亦见肿大、充血及出血等急性炎症变化。

7. 实质器官

心脏、肝脏、肾脏等实质器官以变性、坏死为主，有时也见炎症变化。肺脏可见瘀血、水肿。肾上腺明显变性，类脂质消失，皮质部失去固有的黄色，呈浅红色，皮质与髓质部可见出血灶。

8. 神经系统

眼观脑软膜充血，脑实质无明显病变。组织学检查，可见软脑膜下和脑实质充血、水肿，毛细血管有透明血栓形成，神经细胞不同程度变性，有时见局灶性充血、出血、坏死、炎性细胞浸润和神经胶质细胞增生等变化。

二、原发病灶病理变化

败血症原发病灶的病理变化，因所感染的病原菌及侵入门户不同而表现各异。如由坏死杆菌引起的败血症，其原发性病灶通常位于四肢下部的深部创伤中；异物性肺炎引起败血症的原发病灶为化脓性坏疽性肺炎；而口腔感染链球菌和坏死杆菌引起的败血症，原发病灶常见于扁桃体，呈化脓性坏死性扁桃体炎变化。

（一）由创伤感染引起的败血症

常在侵入门户表现局部浆液性化脓性炎、蜂窝织炎和坏死性炎。当原发灶内的病原菌突破机体的防御屏障，沿附近的淋巴管扩散时，可见淋巴管肿胀、变粗，管壁增厚，管腔狭窄，管腔内积有脓汁或纤维素凝块，而相应的淋巴结也呈浆液性化脓性炎变化。当病原菌经血管扩散时，原发病灶内带菌栓子随血流转移到全身，其过程与栓塞形成的规律相同，最后在体内多个部位形成大小不等的转移性化脓灶。数量少而体积大的转移性化脓灶，说明形成的时间较久；数量多而体积小的转移性化脓灶，说明原发病灶内较大的血管发生崩溃，病原菌在短时间内大量进入血液循环，向机体各处扩散，在大量转移性化脓灶形成后不久就可导致动物死亡。有时还可看到转移性化脓灶大小不一，且密度不等，说明病原体侵害已非一日，也非一次。

此外，从化脓灶的结构上也可以反映出机体抵抗力的强弱，在那些较大的化脓灶中一般均可看到脓灶周围有肉芽组织(即生脓膜)形成，证明机体对病原已有较强的抗御过程。而死于粟粒型(既多又小的转移性病灶)脓毒败血症的病例，往往以局部组织的显著坏死为主，而组织的增生和白细胞浸润则很微弱，表明机体还未能来得及抗御病原的损害就已死亡。

(二)幼畜脐炎引起的败血症

往往只在脐带的根部看到不太明显的出血性化脓性病灶，该病灶可蔓延到腹膜，引起纤维素性化脓性腹膜炎。病原菌还可沿化脓的脐静脉进入血液，引起肝、肺化脓性炎和化脓性关节炎(多见于肩关节、肘关节、髋关节及膝关节等四肢关节)。

(三)产后败血症

是因母畜分娩后护理不当、子宫黏膜损伤或子宫内遗有胎盘碎片，使子宫黏膜感染化脓性细菌或腐败菌，引起化脓性坏疽性子宫内膜炎，常由此发生败血症而死亡。剖检可见子宫膨胀，触之有波动感，浆膜浑浊无光泽，切开子宫，内有大量污秽不洁、带恶臭的脓汁，子宫内膜肿胀、淤血、出血和坏死，并见糜烂或溃疡变化。

此外，尿道感染所引起的肾盂肾炎和膀胱炎等也会导败血症发生。

复习思考题

1. 简述败血症的分类和病变特点。革兰氏阳性菌和阴性菌引起的败血症有何不同？
2. 临床上应从哪些方面判断败血症？哪种诊断结果具有确诊意义？
3. 发现动物败血症时，你认为应采取什么治疗原则？

第十二章　发　热

第一节　发热概述

一、发热的概念

发热是指恒温动物在致热原作用下，使体温调节中枢的“调定点”上移而引起的调节性体温升高（超过正常值的0.5℃），并伴有全身性反应的病理过程。

发热不是一种独立的疾病，而是许多疾病，如感染、炎症等疾病过程中经常出现的一个基本病理过程和常见的临床症状。不同疾病引起的发热变化常常各有其特点，因此临床上通过体温检查，不但可把发热看作是某种显见的或潜在疾病的信号，而且通过观察体温曲线变动及特点分析，还可将发热作为判断病情、评价疗效和估计预后的重要根据之一。

有时动物的体温升高属于非调节性的，是一种被动的体温升高。也就是说，此时机体体温调节中枢不能将体温控制在与调定点相应的水平，其原因一方面是由于体温调节中枢受损，另一方面是散热或产热功能异常所致。无论哪一方面，其本质都明显不同于发热，这种现象常称为过热。由此可见，发热是机体对致热原作用所产生的一个主动过程；而过热是因体温调节中枢功能障碍而发生的被动性反应。

此外，在临床上还可见到在某些生理情况下出现的体温升高，如剧烈运动、妊娠期母畜、应激等，由于它们属于生理反应，因此，又称生理性体温升高或非病理性发热。

二、正常体温调节

体温调节是动物在长期进化过程中获得的较高级的调节功能。其特点是产热过程和散热过程处于相对平衡状态。如产热量过多时，则散热增加，反之，则降低。体温调节由温度感受器、体温调节中枢、效应器共同完成。通常健康动物的体温都能维持在一个正常范围内，当机体内外环境发生变化时，通过反馈途径协调产热和散热过程，从而建立相应的体热平衡，使体温保持稳定。

（一）温度感受器

皮肤及某些黏膜内存在有专门感受温度变化的温度感受器，按其功能分为热觉感受器和冷觉感受器，腹腔内脏也有温度感受装置。它们能够把内、外环境温度的变化转换为神经冲动向中枢发放。近年来发现中枢神经系统内存在有对温度变化非常敏感的神经元,称之为中枢温度感受器,而把上述皮肤、内脏等处的温度感受装置称之为外周温度感受器。

中枢温度感受器分布于下丘脑、脑干网状结构和脊髓等处,它们感受深部血液温度的变化。其中一部分在局部组织温度上升时冲动发放频率增大,称为热敏神经元;另一部分在局部组织温度下降时冲动发放频率增大,称为冷敏神经元。实验证明,热敏神经元主要存在于下丘脑前部和视前区(称为视前区-下丘脑前部),冷敏神经元主要存在于脑干网状结构中,在视前区-下丘脑前部也有少量冷敏神经元。温度敏感神经元与体温调节中枢之间有着密切的神经联系。

(二)体温调节中枢

通过恒温动物实验证明:在下丘脑上部切除脑,动物体温仍能保持基本稳定;如在下丘脑下部切断脑干,动物体温将随环境温度而波动。因此,体温调节的基本中枢位于下丘脑。而视前区-下丘脑前部是体温调节中枢的关键部位,近来实验研究发现,产热中枢与散热中枢都受视前区-下丘脑前部温度敏感神经元的控制。当热敏神经元兴奋时,可使散热中枢活动增强,产热中枢活动减弱;当冷敏神经元兴奋时,可使产热中枢活动增强,散热中枢活动减弱。因此,视前区-下丘脑前部对体温调节有着重要作用。

(三)调定点学说

体温调节中枢通过对产热和散热有关的各种生理过程的调节,使体温维持稳定。调定点学说认为,下丘脑体温调节中枢内有与恒温调节器功能相类似的调定点,调定点的高低决定着体温的水平。当体温处于这一温度阈值时,热敏神经元和冷敏神经元的活动处于平衡状态,致使机体的产热和散热也处于动态平衡状态,体温就维持在调定点设定的温度阈值水平。这个阈值就是体温稳定的调定点。当体内热量过多,体温超过调定点时,热敏神经元发放的冲动增多,导致散热中枢兴奋,产热中枢抑制,使体温不致升高;当体温降到调定点以下时,则出现相反的效应,使体温不致降低。

根据调定点学说,发热是由于致热原使热敏神经元阈值升高,也就是使体温调定点上移所致。因此,动物机体在发热早期,先出现恶寒、战栗等产热反应,直到体温升高到新的调定点水平以上时才出现散热反应。如调定点由 37℃上移到 38℃,则体温超过 37℃仍会出现产热活动增强与散热活动减弱,直到体温升高到 38℃以上时才会出现相反的变化,从而使体温维持 38℃左右的水平。

(四)行为性体温调节

在下丘脑体温调节中枢控制下,通过改变产热和散热器官的活动,使体温维持于正常水平,是体温调节的基础,通常称为生理性体温调节。另一方面,机体在不同温度环境中还能采取不同的姿势与行为以利于正常体温的维持,这也属于体温调节概念的范畴,称之为行为性体温调节。行为性体温调节也是通过对产热和散热的影响而发挥作用的;因此,它与生理性体温调节不可截然分开,后者是前者的基础。

体温调节的意义在于调节机体的产热和散热活动,使两者保持平衡,达到体温正常和相对稳定。动物机体的产热活动与散热活动均涉及机体的许多生理过程。这些生理过程在体温调节中之所以能协同作用,是靠神经系统的调节来实现的。分布在体表及深部的温度感受器将内、外环境温度变化的信息传送到体温调节中枢，经体温调节中枢反射性地引起与产热和散热有关的各种生理过程的变化，使动物机体的产热和散热维持平衡。

第二节 发热原因和机制

一、发热的原因

凡能引起机体发热的物质称之为热原刺激物，或叫致热原(EP)。根据致热原的来源不同，可将其分为外源性致热原和内生性致热原。

(一)外源性致热原

来自体外、能致热的物质称为外源性致热原。根据其性质又可分为传染性致热原和非传染性致热原。

1. 传染性致热原

引起机体发热的物质以病原微生物及其毒素为主。

(1)细菌及毒素　包括革兰氏阴性细菌与内毒素、革兰氏阳性细菌与外毒素和分枝杆菌等。

①革兰氏阴性细菌与内毒素　典型菌群有大肠杆菌、伤寒杆菌等。这类细菌除了菌体和胞壁中所含的肽聚糖与致热性有关外，其胞壁中所含的脂多糖(即内毒素)也有明显的致热性，临床上输液或输血过程中所产生的发热反应，多数是由于污染内毒素所致。因其耐热性很高，需 160℃干热 2 h 才能灭活，一般灭菌方法不能清除。

②革兰氏阳性细菌与外毒素　主要有葡萄球菌、溶血性链球菌、肺炎球菌等。其致热性除与全菌体有关外，还与其分泌的外毒素有关，如葡萄球菌的肠毒素、溶血性链球菌的红疹毒素等。

③分枝杆菌　典型菌群为结核杆菌，其全菌体及细胞壁中所含的肽聚糖、多糖和蛋白质都具有致热作用。

(2)病毒　如流感病毒、猪瘟病毒等可激活产致热原细胞，使其产生、释放内生性致热原，引起发热。

(3)其他微生物　由真菌引起的发热在临床上也常见，如白色念珠菌感染所致的肺炎、鹅口疮等，其致热性与菌体及菌体内所含的荚膜多糖和蛋白质有关。钩端螺旋体含有溶血素和细胞毒因子以及内毒素样物质，故感染后也常常出现发热现象。此外，立克次氏体、衣原体等许多病原微生物感染也有发热现象，但致热物质尚不清楚。

2. 非传染性致热原

某些体内产物以诱导产生内生性致热原的方式引起发热。

(1)无菌性炎症　大面积烧伤、创伤、手术、体内组织的梗死和出血等都可引起炎症反应，并伴有发热。

(2)变态反应　如某些药物、血清病引起的变态反应，由于抗原抗体复合物的形成和致敏淋巴细胞释放淋巴因子引起发热。

(3)肿瘤性发热 是由于瘤组织释放坏死产物造成的无菌性炎症所致。此外,瘤细胞本身或某些蛋白质成分也可直接或间接导致内生性致热原的产生和释放,引起发热。

(4)化学药物性发热 某些化学药物如咖啡因、烟碱等能引起动物发热。但各种化学药物引起发热的机理不同,如咖啡因是通过兴奋体温调节中枢和减少散热,引起发热。

(5)激素 甲状腺机能亢进、体内某些类固醇产物(如睾丸酮的中间代谢产物本胆烷醇酮)等也可引起发热。

(二)内生性致热原

产内生性致热原细胞(能够产生和释放内生性致热原的细胞)在发热激活物的作用下,所产生并释放的能引起体温升高的产物,统称为内生性致热原。主要有白细胞介素-1、白细胞介素-6、肿瘤坏死因子、干扰素等。

1. 白细胞介素-1(IL-1)

主要是由单核细胞、巨噬细胞、内皮细胞、星状细胞、肿瘤细胞产生。不耐热,70℃ 30 min即可灭活。白细胞介素-1 的受体,主要分布于脑内,最大密度区域位于接近体温调节中枢的下丘脑外面。

2. 肿瘤坏死因子(TNF)

是一类具有多种生物活性的多肽生长因子。多种外生性致热原如葡萄球菌、链球菌等都能诱导巨噬细胞、淋巴细胞产生、释放 TNF。

3. 干扰素(IFN)

是一类具有广泛生物活性的蛋白因子,主要由白细胞产生。不耐热,60℃ 40 min 即可灭活。

4. 白细胞介素-6(IL-6)

是一种主要由单核细胞、巨噬细胞和成纤维细胞产生的蛋白因子。内毒素、病毒、白细胞介素-1、肿瘤坏死因子等都能诱导其合成和释放。

二、发热的机制

发热机制较复杂,目前认为发热有三个基本环节:①在发热激活物作用下,内生性致热原的产生和释放;②体温调节中枢的体温“调定点”上移;③调温效应器的作用,产热增加,散热减少,即一方面通过运动神经引起骨骼肌的紧张度增高或寒战使产热增多,另一方面交感神经系统引起皮肤血管收缩,使散热减少,由于产热大于散热,体温乃相应上升,直至与新的调定点相适应(图 12-1)。

(一)内生性致热原的产生和释放

这是一个涉及产致热原细胞的信息传递和基因表达的调控过程。包括信息传递、产内生性致热原细胞的激活,内生性致热原的产生和释放,最后经过血流到达下丘脑的体温调节中枢。

(二)体温调节中枢“调定点”的上移

目前认为,恒温动物体温调节的高级中枢位于视前区下丘脑的前部,在该区域内含有对温度敏感的神经元,这些神经元对来自外周的温度信息具有整合作用。内生性致热原从外周产生后,经过血液循环到达颅内,但它并不是引起调定点上移的最终物质,期间还有某些介质参

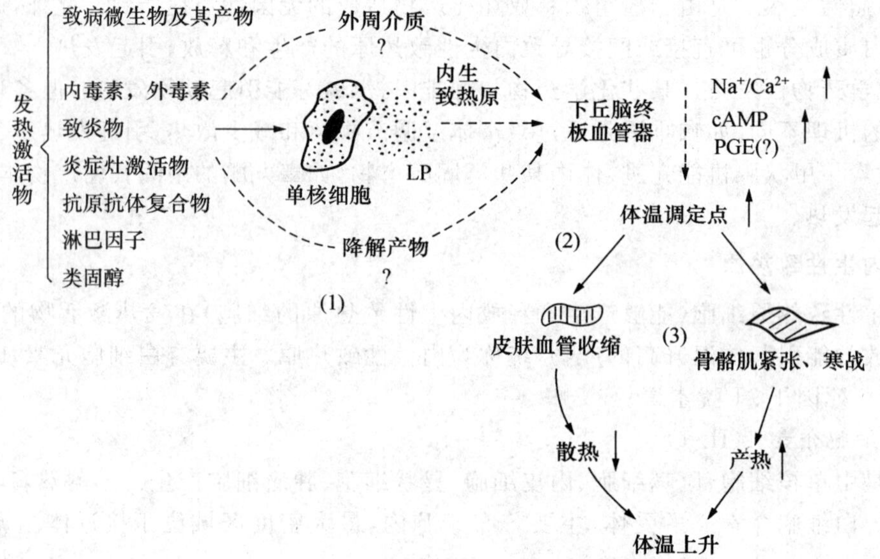

图 12-1　发热发病学基本环节示意图(未包括新发现的 EP)

cAMP 为环磷酸腺苷,PGE 为前列腺素,LP 为白细胞致热原

与。体温中枢调节介质有正调介质和负调介质。引起体温调定点上移的介质为正调介质,主要有三种,即前列腺素 E(PGE)、Na^+/Ca^{2+} 比值、环磷酸腺苷(cAMP);负调节介质是限制体温过高的物质,主要有精氨基酸加压素、黑素细胞刺激素和其他一些发现于尿液的物质。内生性致热原作用于血脑屏障外的巨噬细胞,使其释放中枢介质,后者作用于视前区前下丘脑或终板血管器靠近视前区前下丘脑等部位的神经元,体温调节中枢以某种方式改变下丘脑温度神经元的化学环境,使体其调定点上移。于是,正常血液温度则变为冷刺激并发出冲动,引起调温效应器反应,从而引起体温调定点的改变。

(三)效应器的改变

体温调节中枢的调定点上移后,体温调节中枢发出冲动,对产热和散热过程进行调整。一方面通过交感神经系统引起皮肤血管收缩,减少散热;另一方面通过运动神经引起骨骼肌紧张度增高或寒战,肌肉的分解代谢加强,增加产热,结果使产热大于散热,从而使体温升到与调定点相应的水平。

第三节　发热经过与热型

一、发热的经过

发热的经过与体温调节中枢调定点变化密切相关(图 12-2)。临床经过大致可分三个阶段,即体温上升期、高热持续期和退热期,每个时期均有各自的临床症状和热代谢特点。

(一)体温上升期

这是发热的早期,其特点是产热量大于散热量。这是由于体温调节中枢的体温调定点上移,血液温度低于调定点的温热感受阈值,从而使寒战中枢兴奋,肌肉收缩加强,肌糖原分解加强,导致产热增多。同时,通过交感神经发出散热减少的信号,使皮肤血管收缩,汗腺分泌减少,导致皮肤的散热减少,进而使体温从正常逐渐上升到新的调定点水平为止。

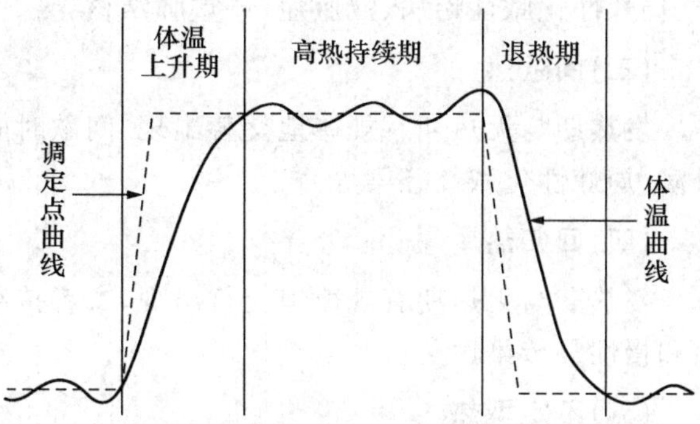

图 12-2 发热与体温调节关系曲线

此时患病动物临床表现为精神沉郁,食欲减退或废绝,呼吸和心跳加快,皮肤因血流量减少呈苍白色,皮肤干燥,皮温不整,被毛蓬乱,寒战,尿少等症状,反复寒战超过一天可能是菌血症,在传染病诊断上有参考意义。

(二)高热持续期

又叫热稽留期,此期的代谢特点是产热量接近散热量。体温达到新的调定点水平后,体温在较高水平上维持平衡。血温升高同时又使皮肤温度升高,皮肤血管继而扩张,散热增加。在不同的疾病中,该期持续时间的长短也有不同,例如牛传染性胸膜肺炎的高热期达 2～3 周之久,慢性猪瘟的高热期可维持 1 周以上;而牛流行性感冒的高热期仅为数小时或几天。

此时患病动物临床表现为皮温增高,眼结膜充血潮红,呼吸和心跳加快,胃肠蠕动减弱,粪便干燥,尿量减少,口干舌燥等症状。

(三)体温下降期

这是发热的后期,又称退热期。此期的代谢特点是产热量小于散热量。由于病因被消除,血液中的致热原减少或消失,使体温调节中枢上升的调定点又恢复到正常水平,因此,体温也逐渐调整到正常范围。此时患病动物临床表现为体表血管继续扩张,大量排汗,尿量增加。

热的消退可快可慢,往往因病情不同而异,通常有两种形式。如果体温缓慢下降至正常水平,称渐退;如体温迅速下降至正常,称为骤退。在兽医临床上,对体质衰弱的病畜要谨防体温骤退,引起急性循环衰竭而造成严重后果。

二、热型

在许多疾病过程中,发热过程持续时间与体温升高水平是不完全相同的。临床上常常按一定的时间间隔对动物进行体温检测,并将记录下来的体温绘制成曲线图,这种体温变化曲线称为热型。常见的热型有下列几种:

(一)稽留热

体温升高到一定程度后,高热持续数天不退,且昼夜温差变动不超过 1℃。常见于大叶性肺炎、猪瘟、猪丹毒、流感、猪急性痢疾等急性发热性传染病。

(二)弛张热

体温升高后,昼夜温差超过 1℃以上,但最低点不会降至常温。常见于小叶性肺炎、胸膜炎、局灶性化脓性疾病、败血症、严重肺结核。

(三)间歇热

发热期与无热期有规律地交替出现，间歇时间较短而且重复出现。常见于血孢子虫病、锥虫病、局灶性化脓性感染等。

(四)回归热

发热期与无热期有规律地交替出现，二者持续时间大致相等，且间歇时间长。常见于亚急性和慢性马传染性贫血。

(五)不定型热

发热持续时间不定，体温变动无规律，体温曲线呈不规则变化。常见于慢性猪瘟、慢性副伤寒、慢性猪肺疫、流感、支气管肺炎、渗出性胸膜炎、肺结核等许多非典型经过的疾病。

(六)暂时热

发热持续时间很短暂。见于轻度消化不良、分娩后、结核菌素和鼻疽菌素反应。

(七)消耗热

体温波动范围比弛张热显著，昼夜温差在3～5℃之间。常见于败血症、重症活动性肺结核病等。

(八)波状热

体温在数天内逐渐上升至高峰，然后又逐渐下降至微热或常温，不久再发，体温曲线呈波浪式起伏，称为波状热。常见于布鲁氏菌病、恶性淋巴瘤、胸膜炎等。

(九)双峰热

高热体温曲线在24 h内有两次小波动，形成双峰，称为双峰热。常见于黑热病、大肠杆菌败血症、绿脓杆菌败血症等。

(十)双相热

即第一次热程持续数天，然后经一至数天的解热期，又突然发生第二次热程，称为双相热。常见于某些病毒性疾病，如犬瘟热。

第四节 发热时机能和代谢变化

一、机能变化

(一)中枢神经系统功能改变

发热时中枢神经系统出现不同程度的功能障碍。一般在发热初期，中枢神经系统的兴奋性升高，病畜表现兴奋不安、惊厥等。但也有的动物表现精神沉郁、反应迟钝等兴奋性下降的症状。高热持续期，中枢神经系统常常是抑制占优势，出现嗜睡，甚至昏迷等症状。而在体温下降期，副交感神经兴奋性相对较高。

(二)循环系统功能改变

发热时常引起心率加快。一般体温每上升 1℃,心跳每分钟平均增加 10～15 次。在体温上升期和高热持续期,由于心率加快,心肌收缩力增强,血压会有所升高。但长期发热时,由于氧化不全产物和毒素对心脏作用,容易引起心肌变性,严重时导致心力衰竭。此外,体温骤退,可因大汗而致虚脱、休克甚至循环衰竭。

(三)呼吸系统功能改变

发热时血温升高和酸性代谢产物对呼吸中枢的刺激作用,以及呼吸中枢对二氧化碳的敏感性增强,促使呼吸加深加快,这有利于气体交换和散热。但持续高热时,反而会引起呼吸中枢的兴奋性降低,出现呼吸变慢、变浅、精神沉郁等症状。

(四)消化系统功能改变

发热时交感神经兴奋,水分蒸发过多,导致消化液减少,各种消化酶活性降低,食欲减退、胃肠道蠕动减弱、口干腹胀、便秘等现象。有时可因肠内容物发酵、腐败而引起自体中毒。

(五)泌尿系统的变化

在体温上升期和高热持续期,因血液的重新分布,使肾小球血流量减少,尿量也随之减少。严重的发热或持续过久的发热,肾组织可发生轻度变性,水和钠盐潴留。酸性代谢产物增多等因素,一方面使尿液减少,尿比重增加,另一方面尿中常出现含氮产物。到退热期,由于肾脏血液循环改善,大量盐类又从肾脏排出,因此又表现为尿量增加。

(六)防御功能改变

发热时,机体内单核巨噬细胞系统的功能活动增强,表现在抗感染能力增强,抗体形成增多,补体活性增高,肝脏解毒功能增强,对肿瘤细胞的影响和急性期反应加强。

二、代谢变化

一般认为,体温升高 1℃,基础代谢率提高 13%,因此持久发热使物质消耗明显增多。如果营养物质摄入不足,就会消耗自身物质,呈现物质代谢紊乱。

(一)糖代谢变化

发热时糖分解代谢加强,血糖增多,葡萄糖的无氧酵解加强,组织内乳酸含量增加。

(二)脂肪代谢变化

发热时脂肪分解也明显加强,由于糖代谢加强使糖原储备不足,同时由于糖摄入相对减少,造成体内糖含量不足,分解供能减少,乃至需要大量消耗储备脂肪供能,从而导致动物消瘦。脂肪分解加强和氧化不全,则出现酮血症和酮尿。

(三)蛋白质代谢变化

高热时蛋白质分解加强,尿氮比正常增加 2～3 倍,可出现负氮平衡,即摄入不能补足消耗。长期和反复发热的病畜,由于蛋白质严重的消耗,还会引起肌肉和实质器官的萎缩。

(四)水、电解质代谢的变化

发热时出汗、排尿增多及机体内代谢的加强,使水、电解质大量消耗。高热可引起脱水,脱水又可加重发热,因此必须补足水分,尤其是高热期、退热期。此外,由于氧化不全的酸性中间产物(乳酸、酮体)在体内增多,故易导致代谢性酸中毒。

(五)维生素代谢的变化

发热时,维生素C和B族维生素显著消耗,同时由于病畜食欲减退,常会导致维生素缺乏症。

第五节 发热的意义和处理原则

一、发热的生物学意义

发热是机体在长期进化过程中所获得的一种以抗损伤为主的防御适应反应,对机体有利也有弊。一般来说,短时间的中度发热对机体是有益的,因为它有利于机体抵抗感染,抑制致病因素对机体的损伤,而且还能增强单核巨噬细胞系统,提高机体对致热原的清除能力。此外,还能使肝脏氧化过程加速,提高其解毒能力。从生物进化角度看,发热对机体的生存和种族延续具有重要的保护意义。

但长期持续的高热,对机体则是有害的。因它不仅会导致机体过度的消耗,加重器官的负荷,而且还能诱发相关脏器的功能不全,引起物质代谢障碍、各器官系统功能发生紊乱和实质细胞的变性坏死,甚至危及生命。

二、发热的处理原则

影响发热的主要因素是中枢神经的功能状态、内分泌系统的功能状态、营养状况、疾病状态、发热激活物的性质。除了病因学治疗外,针对发热的治疗应尽可能谨慎地权衡利弊。

(一)发热的一般处理

非高热者一般不宜盲目退热,可利用其热型帮助诊断疾病。对长期不明原因的发热,应做详细检查,注意寻找体内隐蔽的炎症灶,及早治疗原发病。

(二)下列情况应及时解热

对持续高热(如40℃以上)、患心脏病(发热加重心肌负荷)、有严重肺或心血管疾病、妊娠期的动物,在治疗原发病的同时采取退热措施,但高热不可骤退。

(三)解热的具体措施

可采取以下措施:①药物解热和物理降温;②补充营养物质,防止酸中毒;③补充水分,防止虚脱,保护心脏机能;④及早治疗原发病;⑤加强护理,防止并发症;⑥高热惊厥者也可酌情应用镇静剂(如安定)。

复习思考题

1. 发热时机体有哪些变化?
2. 发热的生物学意义是什么?
3. 现有一病猪持续高热40℃,而且出现呼吸急促、嗜睡等现象。为了尽快缓解这一现象,应该采取何种措施？简述呼吸急促及嗜睡现象产生的原因。

4. 什么是发热？与过热有何区别？

5. 发热时，动物常表现为食欲降低。人们常以病畜食欲恢复的情况，作为对于发热性疾病治疗效果的判断，试分析其道理。

6. 在炎热的夏季，一梅花鹿因长途运输，而又无任何防暑措施，导致该动物的体温高达41℃，并出现昏迷状态，此时是否可以认为该动物是发热？为什么？

7. 试分析发热、脱水、酸中毒三者之间的关系。

8. 某猪场1周来部分猪咳嗽气急，发热，流鼻涕，食欲减退，粪便干燥或便秘。试从病理角度，分析发生的病变过程。应采取什么处理原则？

9. 某猪场发生猪流感，技术员发现，如果给猪立刻大量注射安痛定，猪会在注射后很快死亡，请分析原因。

第十三章　休　　克

第一节　休克概述

一、休克的概念

休克是各种强烈致病因子作用于机体引起的以微循环障碍为主的急性循环衰竭、重要脏器（如心、肺、肾等）灌流量不足和细胞功能代谢障碍的全身性危重的病理过程。临床常伴随各种危重病症出现，其主要表现为：可视黏膜苍白，耳、鼻和四肢末端发凉，皮肤温度下降，血压下降、脉搏细速，呼吸浅表，尿量减少或无尿，动物精神高度沉郁，肌肉无力、衰弱，反应迟钝，严重者可在昏迷中死亡。

近年来对休克的研究热点转向败血症休克，从亚细胞和分子水平来研究休克发生机制，发现休克的发生与许多炎症介质和细胞因子混乱有关，提出全身炎症反应综合征（SIRS）概念，认为休克是指机体过度的自我持续放大和自我破坏的炎症。

二、正常微循环的特点

微循环是指由微动脉到微静脉之间的微细血管组成的血循环，它是血液循环的基本功能单位。通常由微动脉、后微动脉、毛细血管前括约肌、真毛细血管和微静脉等组成（图 13-1）。有的还包括动静脉吻合枝，当吻合枝开放，则大量血液经吻合枝短路回心脏，可导致微循环灌

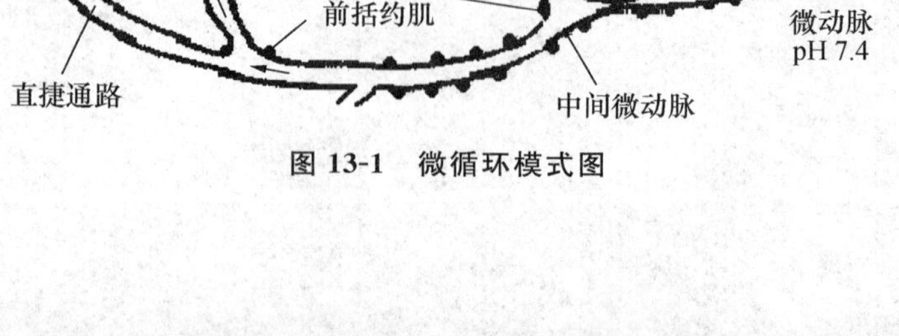

图 13-1　微循环模式图

流量不足。微循环的血流量主要取决于动脉血压和微循环各部位的血管阻力。倘若微循环血管阻力不变，则血压增高，血量增大；如果微动脉、毛细血管前括约肌收缩，则微循环血流量减少；如果微静脉收缩或回流受阻，则血液淤积于真毛细血管内。

微循环主要受神经体液的调节。微血管壁的平滑肌受儿茶酚胺、血管紧张素1、血管加压素和皮内素等内源性化学物质的影响，引起血管收缩；而组胺、激肽类以及组织的某些代谢产物如腺苷、乳酸、肿瘤坏死因子和二氧化碳等则引起血管舒张。正常生理情况下，全身微循环反馈调节，以保证毛细血管交替性开放。

第二节 休克的原因和类型

临床上引起休克的原因繁多，根据病因不同，休克可分为低血容量性休克、感染性休克、过敏性休克、心源性休克、创伤性休克、神经性休克等类型。

一、低血容量性休克

(一)原因

1. 失血

见于外伤、胃溃疡、内脏破损和产后大出血等短时间内大量失血，血容量迅速减少导致失血性休克。

2. 脱水

剧烈呕吐或腹泻、大出汗等导致体液丢失，引起有效循环血量锐减，造成脱水性休克。

3. 烧伤

大面积烧伤时伴有大量血浆丢失和水分通过烧伤的皮肤蒸发，引起烧伤性休克。

(二)病理特点

失血后机体会产生一系列代偿反应，通过交感-肾上腺髓质系统兴奋等作用补充血量。如大量失血，代偿不能维持血压，则进入休克状态。一般情况下，15 min 内失血少于全血量的10% 时，机体可通过代偿使血压和组织灌流量保持稳定。若快速失血量超过总血量 20% 左右，即可发生休克。迅速丢失 30%血量会导致死亡。通常单纯的出血性休克不易发生弥散性血管内凝血(DIC)，但合并创伤、继发感染时，由于组织和血管壁的损害，机体极易发生 DIC，发生不可逆性休克，导致动物死亡。慢性失血常引起缺铁性贫血。

二、感染性休克

(一)原因

细菌、病毒、霉菌、立克次氏体等病原感染时会导致感染性休克，常见于动物严重感染并发生败血症过程中，因此又称为败血症休克。如烧伤后期继发感染引发的休克。

(二)病理特点

因感染导致微循环障碍，血管通透性升高，回心血量、心输出量均减少。其中，革兰氏阴性菌引起的休克中,细菌内毒素可引起血液中血小板、白细胞释放血管活性物质,激活激肽释放酶原为激肽释放酶,水解激肽原产生缓激肽,内毒素还能激活纤溶酶原,促进 DIC 形成,在休克过程中起着主要作用,故又称中毒性休克。革兰氏阳性细菌、病毒、霉菌等感染常因引起败血症后出现休克。

三、过敏性休克

(一)原因

过敏体质的动物机体,注射如青霉素等药物、血清制剂或疫苗会引起过敏性休克,此型休克属于Ⅰ型变态反应。

(二)病理特点

过敏性休克的发病机制主要是抗体(肥大细胞表面 IgE)与抗原结合,引起细胞的脱颗粒,血管活性物质如组胺和缓激肽被释放进入血中,激发补体和抗体系统,引起血管床容积迅速扩张,毛细血管通透性增加,血浆大量渗出,造成有效循环血量相对不足,导致休克。

四、心源性休克

(一)原因

常见于急性心力衰竭、大面积急性心肌梗死、严重的心律障碍等心脏疾病。

(二)病理特点

由于心脏泵血功能急剧降低,导致心输出量降低,外周有效循环血量和灌流量显著下降,外周血液循环阻力增加,常伴有中心静脉压升高。

五、创伤性休克

(一)原因

见于严重创伤、骨折等疾病,有失血、组织损伤、疼痛等因子参与休克的发生。

(二)病理特点

大量失血、剧痛和严重的组织创伤导致血管活性物质大量释放,引起全身广泛性小血管扩张,导致微循环缺血或瘀血而发生休克。如创口发生感染,则还可发生感染性休克。

六、神经性休克

(一)原因

常因剧烈疼痛、高位脊髓麻醉或大面积损伤等引起血管运动中枢受抑制,血管扩张,外周阻力降低,回心血量减少,血压下降,导致神经性休克。

(二)病理特点

神经性休克的发病机理为外周血管扩张引起有效循环血量减少,血压下降,血液淤积在扩张的血管床内。如马的急性胃扩张和高位肠梗阻时发生的休克,并没有大量体液丢失,主要与剧烈疼痛因素有关。

第三节 休克过程及机理

虽然不同类型的休克，各有特点，但发生机理有相似之处，最基本的发病环节表现为微循环障碍，有效循环血量减少，心脏血管舒缩失常引起泵血功能障碍，导致微循环有效灌注量不足，从而促进休克的发生发展。根据微循环的变化情况，可将休克的发生、发展过程分为三个时期。

一、微循环缺血期

又称为休克前期、休克代偿期、缺血缺氧期。

(一)病理过程

由创伤、疼痛、感染、失血等引起的休克初期，都会引起交感-肾上腺髓质系统兴奋，儿茶酚胺分泌增多，引起除心、脑以外各个组织器官的小动脉、微动脉、后微动脉、毛细血管前括约肌和微静脉、小静脉收缩，大量真毛细血管网关闭，组织灌流量减少，呈缺血状态(图 13-2)。微循环反应的不均一性导致了血液重新分配，以确保心、脑等生命重要器官的血液供应。这对维持动脉血压和有效循环血量具有一定的代偿意义，但也存在危机，如肺、肾、肝、脾及各消化器官的缺血、缺氧，必将导致这些器官组织功能障碍。

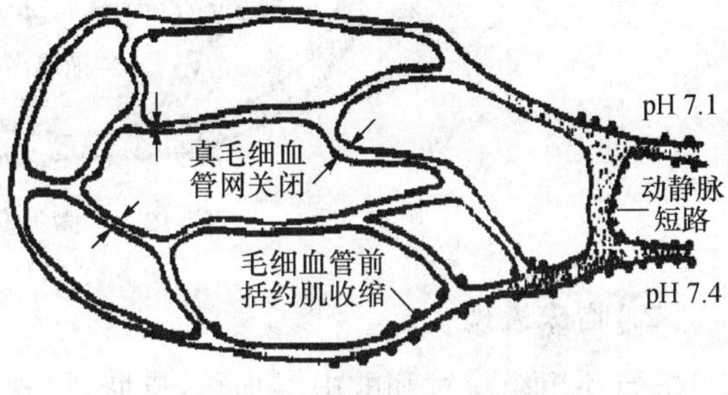

图 13-2 微循环缺血期示意图

(二)临床表现

主要表现为皮肤、可视黏膜苍白，皮温降低，四肢和耳朵发凉，脉搏细弱，尿量减少，血压稍微下降，出汗，动物烦躁不安。中毒性休克者，临床上还有腹泻症状。该期为休克的可逆期，若尽早消除病因，及时补充血容量，可防止休克发展。

二、微循环瘀血期

又称为休克期、代偿不全期、瘀血性缺氧期。

(一)病理过程

1. *瘀血形成阶段*

如果休克病因不能及时消除，组织持续缺血缺氧，局部酸性代谢产物增加，酸性环境使微动脉对儿茶酚胺的反应性降低，而微循环的静脉端对酸性环境耐受性较强，仍处于收缩状态，动脉端先于静脉端开放，故血液经过开放的毛细血管前括约肌大量涌入真毛细血管网，但是不能及时流出，组织灌大于流，从而导致严重瘀血现象。此期交感-肾上腺髓质更为兴奋，组织血液灌流量进行性下降、组织缺氧日趋严重。

2. 瘀血加重阶段

伴随着微循环大面积瘀血，导致毛细血管内流体静压增高，血管通透性增大，血浆渗出，血液浓缩，红细胞聚集，血小板黏附聚集形成血小板微聚物，从而进一步加重了瘀血，血流进一步变慢，白细胞由轴流变贴壁、滚动黏附于内皮细胞上。激活的白细胞释放大量生物活性因子如氧自由基和溶酶体酶等，导致内皮细胞和其他组织细胞损伤。

3. 瘀血失代偿期

由于微循环瘀血加重，机体组织严重缺氧，发生氧分压下降、二氧化碳和乳酸积聚，导致酸中毒，平滑肌对儿茶酚胺的反应性降低。缺血、缺氧和酸中毒能刺激肥大细胞脱颗粒，大量释放组胺，ATP分解产物腺苷增多，细胞分解释放过多的钾离子(组织渗透压升高)，激肽类物质生成增多，这些物质能造成血管进一步扩张，加重微循环障碍(图 13-3)。

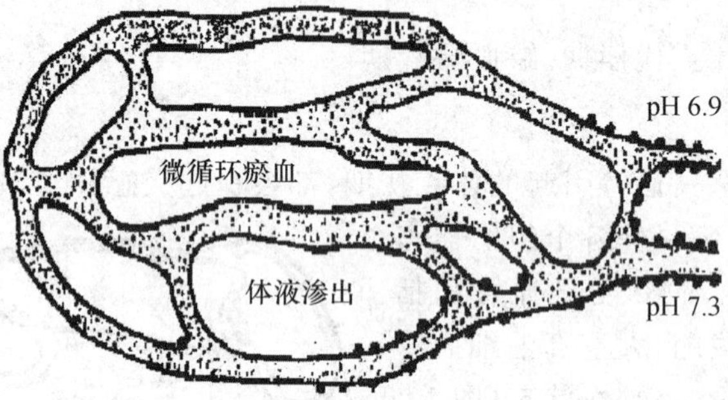

图 13-3 微循环瘀血期示意图

(二)临床表现

微循环组织缺氧和酸中毒加重，皮肤、可视黏膜有发绀现象，皮肤温度下降，心跳快而弱，肾血流不足而表现为少尿或者无尿，血压持续下降。因脑血流量不足，动物精神沉郁，神志淡漠甚至昏迷。

三、微循环凝血期

又称为休克晚期、休克失代偿期、DIC 期。

(一)病理过程

1. 弥散性血管内凝血

由于缺氧和酸中毒加重、血液黏稠、血流速度减慢、血管内皮细胞受损，血液处于高凝状态，因而促进发生弥散性血管内凝血(DIC)，使回心血量锐减。凝血物质耗竭、纤溶系统激活等又引起出血。此期微循环内微血管扩张，但血流停止，组织得不到足够的氧气和营养物质供应，微血管平滑肌麻痹，对任何血管活性药物均失去反应，所以又称为微循环衰竭期(图 13-4)。

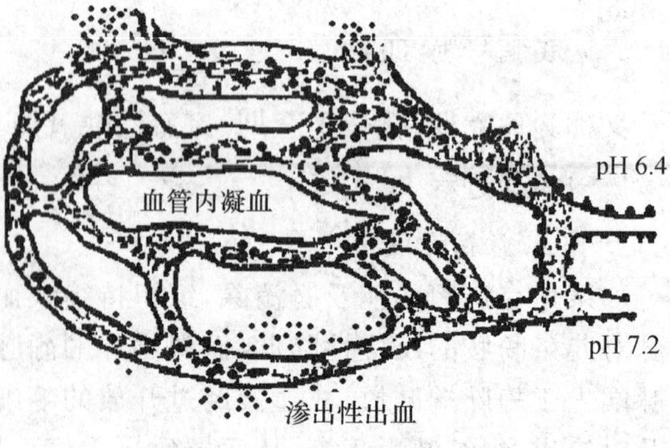

图 13-4 微循环衰竭期示意图

烧伤、创伤等引起的休克，常伴随大量组织被破坏，使组织因子释放入血，激活外源性凝血系统；感染性休克时，内毒素致使中性粒细胞合成并释放组织因子也可启动外源性凝血系统。而异型输血导致休克时，红细胞大量被破坏而释放出二磷酸腺苷引起血小板大量释放，使血小板第三因子大量入血而促进凝血。

2. 多器官功能衰竭

休克后期，组织有效血液灌流进行性减少，局部缺氧、酸中毒及休克过程中产生的有毒物质如氧自由基、溶酶体酶等使细胞损伤越来越严重，心、脑、肝、肺、肾等各种重要器官代谢严重障碍，功能衰竭，可发生不可逆性损伤。

(二)临床表现

组织器官的小血管内广泛形成微血栓，动物全身皮肤可见出血点或出血斑，四肢厥冷，血压急剧降低，呼吸紊乱无序，脉搏弱而不易察觉，少尿或者无尿，各器官机能严重衰竭。

第四节 休克时机体病理变化

一、细胞变化

(一)细胞代谢紊乱

休克时由于微循环严重障碍，血流缓慢，细胞严重缺氧，葡萄糖有氧氧化受阻，无氧酵解增强，乳酸生成显著增多，引起局部酸中毒。同时由于灌流障碍，CO_2 不能及时清除，也加重了局部酸中毒。

休克时由于组织缺氧，ATP 生成不足，细胞膜上的钠泵运转失灵，因而细胞内钠离子增多，而细胞外钾离子增多，导致细胞水肿和高钾血症。

(二)细胞损伤与凋亡

休克时细胞代谢障碍引起细胞膜、细胞器功能减低，酶活性改变。电镜观察发现细胞的损伤主要是细胞膜、线粒体和溶酶体的变化。细胞膜是休克中最早发生损伤的部位。线粒体损伤后，造成呼吸链运转紊乱，氧化磷酸化障碍，能量物质进一步减少。

休克时缺血、缺氧和酸中毒能刺激溶酶体大量释放，溶酶体肿胀后出现空泡，引起细胞自溶。各种休克因子，均可通过激活核酸内切酶引起炎症细胞的活化。活化后的细胞可进一步刺激机体产生细胞因子、分泌炎症介质、释放氧自由基，攻击血管内皮细胞、中性粒细胞、单核巨噬细胞、淋巴细胞和各脏器实质细胞，促使各细胞发生变性、坏死和凋亡。休克时细胞凋亡是细胞损伤的一种表现，也是重要器官功能衰竭的基础。

二、多器官功能障碍综合征

多器官功能障碍综合征(MODS)是指在严重创伤、感染和休克时，动物机体原本正常的器官相继出现两个以上系统和器官功能障碍。休克时各系统和器官几乎均可被累及。常出现功能障碍的器官是肺、肝、肾、心、脑和免疫器官等，常因某个或数个重要器官相继或同时发生功能障碍甚至衰竭而导致死亡。

(一)急性肾功能衰竭

休克时常见急性肾功能衰竭,称之为休克肾。主要表现为少尿、高血钾症、氮质血症以及代谢性酸中毒。其机制主要由于肾脏血液灌流不足,出现少尿或无尿现象,若缺血时间较短,当病因消除血流恢复之后,肾功能可以恢复;若持续时间过长,能引起急性肾小管坏死,此时即使消除休克病因,恢复肾脏血液灌流,肾功能也难以恢复正常。

(二)心功能衰竭

一般发生在心源性休克早期,而在其他类型休克中,常继发于中后期,伴发心功能障碍甚至急性心力衰竭,并产生心肌局灶性坏死和心内膜下出血。引起心力衰竭的机制有:冠状动脉血流量减少,儿茶酚胺分泌促使心肌收缩,加重心肌缺氧;酸中毒、高血钾均可使心肌收缩力减弱,而广泛的 DIC 可使心肌局灶性坏死;此外细菌内毒素会直接抑制心脏功能。

(三)脑功能障碍

休克早期,因脑部血液循环的代偿性调节,能保证脑部血液供应,动物除了应激引起烦躁不安,无其他脑功能障碍表现。随着休克的发展,脑血液供应因持续性低血压而显著减少,脑组织缺血缺氧加重,动物神智淡漠甚至昏迷,同时酸中毒使得脑血管通透性增加,引起明显的脑水肿和颅内压升高。

(四)消化系统功能障碍

休克时流经消化道和肝脏的血量大大减少,出现瘀血、缺血、水肿等,肠道是最容易出现休克病变的部位,常称之为休克肠。肠腔中渗出含有大量红细胞的液体,肠道黏膜有显著坏死,肠道黏膜上皮细胞的屏障功能降低,使病原菌或毒素进入体内。而肝细胞的损伤导致肝功能障碍,不能有效将病原菌或毒素有效处理,导致休克晚期由于感染或内毒素促使休克加重恶化。

(五)急性肺衰竭

发生在休克后期,是引起动物死亡的直接原因。由于急性呼吸衰竭死亡动物的肺称之为休克肺。肺呈暗红色,重量增加,有充血、水肿、血栓形成及肺不张,伴有肺出血、胸膜出血和肺泡内透明膜形成。

休克肺的发生机制:休克时大量活性物质释放,如组胺引起肺小静脉收缩,肺血管通透性增高,促使血浆从毛细血管渗出形成肺水肿;休克时肺泡表面活性物质合成与分泌减少,使得肺泡表面张力增大,导致肺萎陷和肺水肿。最终影响肺脏气体交换的功能,使得动脉血二氧化碳分压升高而氧分压降低,引起急性呼吸功能障碍。

第五节　休克的防治原则

休克防治总的原则为:治疗原发病、改善微循环、保护细胞、防止器官功能衰竭和全身性炎症反应综合征。

(一)治疗原发病和消除病因

积极防治休克的原发病，应该针对各种具体原因进行处理，除去休克的原始动因，如止血、镇痛、控制感染、补充血容量等。

(二)纠正酸中毒

临床应根据酸中毒的程度及时补碱纠酸(用碳酸氢钠溶液)，特别注意微循环障碍引起的酸中毒所导致的高血钾症。

(三)扩充血容量

除了心源性休克外，补充血容量是提高心输出量和改善组织灌流的根本措施。输液应强调及时和尽早，补液量，以往遵循的"失多少，补多少"显然是不够的，低血容量性休克发展到微循环瘀血，血浆外渗，补充的量应大于失液量。感染性休克和过敏性休克血管床容量扩大，虽然无明显的失液，有效循环血量也显著减少。因此正确的输液原则是"需多少，补多少"。如无血容量减少，可采用扩血管药(阿托品、酚妥拉明等)以改善微循环。

(四)合理使用血管活性药物

血管活性药物分为缩血管药物和扩血管药物。在微循环缺血期应选用，当血容量减少时，先补液再使用扩张血管药，当血压过低时，应当交替使用。临床上用大剂量阿托品抢救中毒性休克，缩血管药物(阿拉明、去甲肾上腺素、新福林等)治疗过敏性休克疗效不错，但必须在纠正酸中毒的基础上使用。

(五)细胞膜保护剂的应用

为防止细胞损伤，改善微循环，稳膜和能量补充也是主要的治疗措施。如糖皮质激素能保护溶酶体膜，还能抑制内毒素对细胞的损伤。

(六)防止器官功能衰竭和全身炎症反应综合征

一旦出现 DIC 及重要器官功能衰竭，应针对不同器官采取不同的治疗措施。如心脏机能减弱时，可用洋地黄等强心剂以增进心肌收缩功能，另外还要根据需要及时采取利尿、给氧等应急措施。为防止微血栓的发生，可应用肝素等抗凝剂，若已经发生，可以使用链激酶等纤溶剂，避免栓塞时间过长引起组织坏死。实验证明苯海拉明拮抗氨茶碱，抑肽酶能减少激肽的生成，皮质激素能减少前列腺素和白细胞三烯的生成，阿司匹林等药物能减少前列腺素的生成。

复习思考题

1. 试分析休克与昏迷的区别。
2. 临床上用血清制剂治疗动物疾病时，有时可引起休克，试说明其发生机理。如何预防？
3. 对于败血症休克的病畜，应采取哪些治疗措施？
4. 试分析发热、脱水、酸中毒与休克的关系。
5. 休克初期，动物为什么会出现皮温降低，可视黏膜苍白，尿液减少？
6. 血压降低能否作为判断休克的依据？为什么？

第十四章　黄　疸

由于胆色素代谢障碍，血浆胆红素浓度增高，使动物皮肤、黏膜、巩膜等组织黄染的病理现象称为黄疸，又称高胆红素血症。黄疸可见于多种疾病，是动物临床上常见的病理现象，尤其在肝胆疾病和溶血性疾病中最多见。因巩膜富含与胆红素亲和力高的弹性蛋白，往往是临床上首先出现黄疸的部位。

第一节　胆红素的正常代谢

胆色素是血红素一系列代谢产物的总称，包括胆绿素、胆红素、胆素原和胆素。其中，除胆素原族化合物无色外，其余均有一定颜色，故统称胆色素。胆红素是胆汁中的主要色素，胆绿素是胆红素的前体，而胆素原和胆素是胆红素的代谢产物。通常认为胆红素具有毒性，可引起大脑不可逆的损害。但近年来人们发现胆红素具有抗氧化剂作用，可抑制亚油酸和磷脂的氧化，其作用甚至优于维生素 E。不同动物血清总胆红素含量不同(表 14-1)。

表 14-1　几种主要家畜血清总胆红素含量　　mmol/L

家畜	血清总胆红素含量	家畜	血清总胆红素含量
马	7.1～34.2	山羊	0～1.71
母牛	0.17～8.55	猪	0～17.1
绵羊	0～1.60	犬	1.71～8.55

一、胆红素的来源

体内 80%以上的胆红素来自于衰老的红细胞裂解而释放出的血红蛋白，约 15%来源于骨髓中尚未成熟的红细胞、网状细胞在未进入血液前被破坏，以及细胞色素、过氧化物酶、肌红蛋白等含有血红素的色素蛋白被破坏而产生的胆红素。有人把不是由衰老红细胞分解而产生的胆红素称为“旁路性胆红素”。

二、非酯型胆红素的形成

正常情况下，动物循环血中每天大约有 1%的红细胞衰老和更新。肝、脾、骨髓等单核巨噬细胞系统将衰老的和异常的红细胞吞噬，破坏，释放出血红蛋白。血红蛋白进一步分解，脱去铁及蛋白质（被机体再利用），形成胆绿素。胆绿素经还原酶（胆绿素还原酶大量存在于哺乳动物的组织中，但在鸡组织中的活性很低，所以鸡胆汁中含有较高比例的胆绿素）作用生成胆红素。这种胆红素进入血液与血浆中的白蛋白（少量与α-球蛋白）结合形成复合体，称非酯型胆红素或血胆红素。它不能通过半透膜，故不能通过肾小球滤出，难溶于水，但能溶于酒精。临床上作血胆红素定性试验（范登白反应）时，不能和偶氮试剂直接作用，必须加入酒精处理后，才能起紫红色阳性反应（间接反应阳性），故又称间接胆红素。

三、酯型胆红素的形成

非酯型胆红素随血液进入肝脏，脱去白蛋白进入肝细胞内，经酶的催化，除少量与活性硫酸根和甘氨酸结合外，大部分在葡萄糖醛酸基转移酶和尿嘧啶核苷二磷酸葡萄糖醛酸酶的作用下，与葡萄糖醛酸结合，形成胆红素葡萄糖醛酸酯，即水溶性的能经肾脏滤过的胆红素，这种酯化的胆红素称酯型胆红素，呈水溶性，毒性作用小，且与白蛋白的亲和力较小，易解离。与偶氮试剂直接反应呈紫红色阳性反应，故又称直接胆红素。

四、胆红素在肠内的转化和肝肠循环

酯型胆红素排入胆囊，与胆汁酸、胆酸盐等共同构成胆汁，经胆道系统排入十二指肠，经细菌等还原作用，转化为无色胆素原。胆素原的大部分氧化为黄褐色粪胆素原，随粪便排出，因而粪便有一定色泽。小部分再吸收入血，经门静脉进入肝脏，这部分胆素原又有两个去向，其中一部分重新转化为直接胆红素，再随胆汁排入肠管，这种过程称为胆红素的肝肠循环；另一部分进入血液至肾脏，成为尿胆素原，氧化后形成尿胆素，随尿排出（图 14-1）。

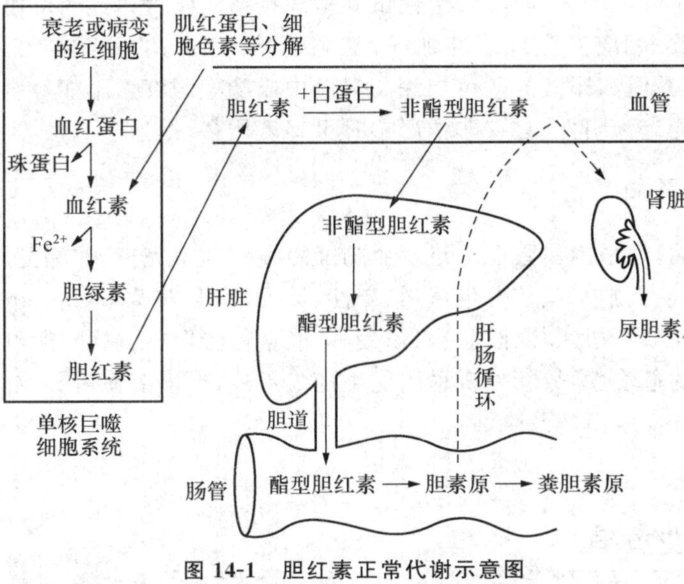

图 14-1 胆红素正常代谢示意图

从以上胆红素的代谢过程看，胆红素的代谢与红细胞的破坏、肝脏对胆红素的转化及排泄密切关联。如果上述过程中的任何一个环节发生障碍，则必然引起胆红素代谢失调，产生高胆红素血症，出现黄疸。根据发生高胆红素血症的环节来分析，可归纳为胆红素生成过多、胆红素转化和处理障碍及胆红素排泄障碍三大类，即溶血性黄疸、实质性黄疸和阻塞性黄疸。

第二节 溶血性黄疸

由于红细胞破坏过多，使血清中的非酯型胆红素增多而引起的黄疸，也称为肝前性黄疸。

一、原因及机理

各种引起大量溶血的原因都可造成溶血性黄疸。如免疫性因素（异型输血、溶血病、自身免疫性溶血、药物致敏）、生物性因素（细菌、病毒、血液寄生原虫、毒蛇咬伤）、物理性因素（烧伤）和化学性因素（中毒性疾病）等造成的红细胞破坏。此外，偶尔也可因未成熟的红细胞、肌红蛋白等大量破坏，进入血液，引起“旁路性”胆红素增多，导致黄疸。

不同病因导致红细胞溶解的机理不完全一样。如马传染性贫血、猪附红细胞体病，因红细胞膜抗原发生改变，或在疾病中变形而被破坏清除；新生骡驹溶血病，是由于母马妊娠后期胎盘损伤使胎儿红细胞漏出，母马可产生抗胎儿红细胞的抗体并存在于初乳中，幼驹吮吸这种初乳而发生溶血；蛇毒中毒时，因蛇毒中含磷脂酶，可降解红细胞膜；苯或苯胺中毒过程中，常因珠蛋白变性，使循环血液中红细胞容易破碎。由于大量红细胞被破坏形成非酯型胆红素，超过肝脏的处理能力而大量出现于血液中，引起黄疸。

二、病理变化特点

血清中非酯型胆红素增多，胆红素定性试验呈间接反应阳性。此时肝脏对胆红素的摄取、运载、酯化和排泄能力相应发生代偿性加强，随胆汁排入肠内的酯型胆红素也相应增多，粪（尿）胆素原增多，使粪便和尿液的颜色加深。但血中非酯型胆红素不能经肾小球滤出，所以一般情况尿中胆红素测定为阴性，只有非常严重时可轻度增多。

三、对机体的影响

对幼畜影响较大，幼畜因白蛋白不足及血脑屏障发育尚不完善，非酯型胆红素容易通过血脑屏障而进入脑内，使大脑基底核发生黄染、变性、坏死，引起核黄疸（kernicterus，也称为胆红素脑病）。某些药物，如阿司匹林、磺胺、水杨酸等，能从白蛋白中置换出胆红素，可增加非酯型胆红素进入脑组织的危险性，故新生畜忌用这类药。另外，严重溶血可导致贫血、血液性缺氧、血红蛋白尿等全身性反应而危及生命。

第三节 实质性黄疸

由于肝功能障碍，其摄取、转化和排泄胆红素的能力降低所致的黄疸，也称为肝性黄疸。

一、原因及机理

多见于肝中毒(磷、汞),肝炎等传染病,或某些败血症和维生素 E 缺乏等引起肝细胞损坏。由于肝脏损伤,肝细胞对胆红素的摄取、酯化和排泄均受到影响。此时机体即使胆红素生成量正常,但因肝细胞的处理能力下降,不能把非酯型胆红素全部转化为酯型胆红素,造成血中非酯型胆红素的潴留。同时已经被酯化的胆红素,从损坏的毛细胆管又渗漏到血窦,血中酯型胆红素也增多,导致黄疸。

二、病理变化特点

血清中非酯型和酯型胆红素均增多,胆红素定性试验呈双向反应阳性。由于肝脏排泄障碍,进入肠内的胆红素减少,粪胆素原减少,因此粪色变淡。但是血中酯型胆红素透过肾小球毛细血管从尿排出,尿胆素原增多,尿色加深。

三、对机体的影响

实质性黄疸时,由于肝细胞变性、坏死及毛细胆管破损,常有部分胆汁流入血液,病畜常表现轻度兴奋,血压稍有下降,消化不良。有时可因肝脏解毒功能下降,血液中代谢产物蓄积,导致自体中毒。

第四节 阻塞性黄疸

各种原因造成胆道狭窄或阻塞,使胆小管和毛细胆管内压力增大而破裂,使酯型胆红素排出障碍而逆流入血引起的黄疸,也称肝后性黄疸。

一、原因及机理

常见于十二指肠炎、胆道炎、胆道结石、胆道寄生虫或肿块压迫胆道。由于肝外胆管梗阻,胆汁排泄通道不畅,肝肠循环障碍,胀满的胆汁逆流入肝,吸收入血,导致血液中酯型胆红素异常增多,从而出现黄疸。

二、病理变化特点

随阻塞时间长短不同,其病变有所差异,初期病变一般不明显。严重时,血清中酯型胆红素显著增多,胆红素定性试验呈直接反应阳性。由于胆汁未进入肠内,粪胆素原减少,粪色变淡(完全阻塞时,粪便呈白陶土色),尿中胆素原及胆素减少或消失,尿酯型胆红素阳性,尿色加深。由于胆汁成分全部进入血液循环,因此黄疸症状特别明显。

三、对机体的影响

大量酯型胆红素和胆酸盐经肾随尿排出时,可引起肾小管上皮细胞发生变性、坏死。血液中胆酸盐在皮肤中沉积,刺激皮肤的感觉神经末梢,引起痒感。胆酸盐可通过兴奋迷走神经或直接作用于心脏，引起心跳变慢，血管紧张度下降，血压降低。胆酸盐对脑神经细胞有抑制作用，病畜可出现疲倦、精神不振。胆汁分泌障碍，引起某些消化酶原（如胰脂肪酶原）激活受阻，造成消化不良，尤其脂溶性维生素不能吸收，产生维生素缺乏症。由于维生素 K 吸收障碍，肝脏不能合成凝血酶原，血液凝固性下降，易出血。

三种类型黄疸的主要特点见表 14-2。

表 14-2 三种类型黄疸的主要特点

区别项目	黄疸类型		
	溶血性黄疸	阻塞性黄疸	实质性黄疸
胆红素代谢情况	红细胞大量破坏，胆红素生成过多	胆道阻塞，胆红素排泄障碍	肝细胞受损，胆红素处理障碍
血清中未结合胆红素	增多	无变化或增多	增多
血清中结合胆红素	无变化	明显增多	增多
胆红素定性试验	间接反应阳性	直接反应阳性	双相反应阳性
尿胆素原含量	增加	无	增加
粪胆素原含量	增加	减少或无	减少

复习思考题

1. 简述各种黄疸的临床症状特点。

2. 一宠物门诊收治了一成年病犬，检查时发现眼结膜黄染，你认为应考虑哪些原因？还应做哪些检查？

3. 某动物屠宰厂在进行宰后检验时，发现其肉尸有黄染现象，试分析是黄疸肉还是黄脂肉。可从哪些方面进行鉴别？

第十五章　肿　瘤

第一节　肿瘤的概念

肿瘤是指动物机体在各种致病因素的作用下，局部组织细胞在基因水平上对其生长失去控制，导致异常增生所形成的团块。

肿瘤是在致病因素的作用下，正常细胞的 DNA 结构和功能异常，发生异常增生形成的肿块，表现出与正常细胞明显的差异。其特点如下：

(1)肿瘤细胞是由正常细胞转变而来，它与正常组织细胞形态有一定程度的相似性。

(2)肿瘤增生与炎症增生有质的不同。后者是针对一定刺激所做出的反应性增生，是适应机体需要的，所增生的组织基本上具有原组织的结构与功能，且整个增生过程受机体控制，一旦刺激因素去除增生即停止。肿瘤细胞生长无限制性，与整个机体不协调，特别是恶性肿瘤还具有浸润与转移能力。

(3)肿瘤组织缺乏正常细胞的形态结构、功能和物质代谢。

(4)没有正常的生理机能，即使致病因素已不存在，仍能持续性生长，对机体有百害而无一利。

(5)在不同的程度上失去发育为成熟组织之能力，甚至具有接近幼稚的胚胎细胞的表现。

(6)体内因素对肿瘤有一定影响，如对肿瘤的免疫反应，能抑制细胞的生长，体内激素的分泌，可刺激或抑制肿瘤细胞生长。

第二节　肿瘤的生物学特性

一、肿瘤的外观形态

(一)外形

肿瘤外观形态与肿瘤的性质、发生的部位、生长方式、组织来源有很大关系。常见的有结节状、乳头状、息肉状、分叶状、囊状、溃疡状等(图 15-1)。

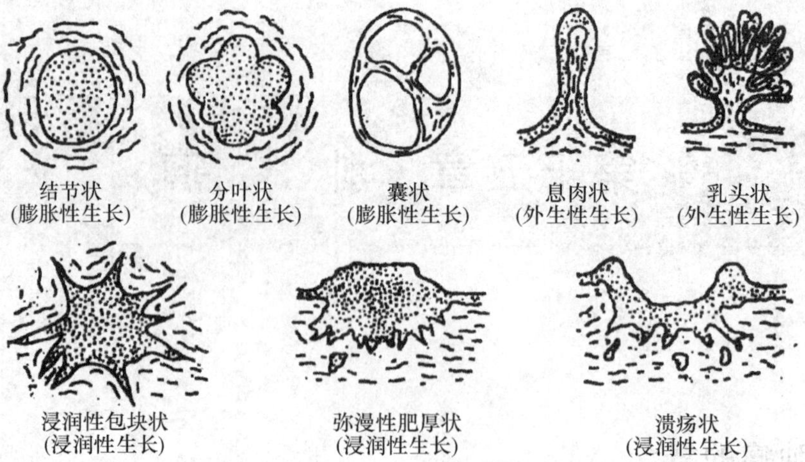

图 15-1 肿瘤的外形及生长方式示意图

(二)大小

肿瘤的大小不一,主要取决于其生长速度、生长部位、生长时间。生长在狭小体腔内的常较小,在柔软体腔内或身体表面则可长得很大。对机体物质代谢和重要器官的机能无重大影响可长得很大(如良性肿瘤),如对机体破坏作用严重,它尚未充分长大时,患体即死亡,故体积较小。

(三)数量

常是一个或多个。

(四)颜色

与组织来源、形成时间长短、含血量多少或含其他色素成分及有无继发性病变等有关。一般为灰白色,有的呈红色、黄色、灰黑色等。如黑色素细胞组成的黑色素瘤呈黑色,脂肪瘤呈黄或白色,纤维瘤呈灰白色,淋巴肉瘤、纤维肉瘤呈鱼肉色。

(五)硬度

与肿瘤组织的实质与间质之比例以及有无变性、坏死等有关。如骨瘤最硬,软骨瘤次之,纤维瘤较硬固,黏液瘤较柔软;间质成分多的较硬,实质成分多的较柔软。

二、肿瘤的组织结构

肿瘤的组织结构由实质(瘤细胞)和间质(结缔组织)两部分组成。

(一)实质

由瘤细胞构成,是肿瘤的特殊成分,决定肿瘤的病理学特性和临床特点。瘤细胞由原来组织的正常细胞发生质变而来,其形态和组织结构,与起源的正常细胞组织有一定的相似之处。临床通常根据肿瘤细胞的组织来源、分化程度的高低和异型性的大小来进行肿瘤的分类、命名和组织学诊断。如果瘤细胞分化程度高,其细胞形态和组织结构排列与其起源组织的细胞很相似,异型性小,多为良性肿瘤。如果瘤细胞分化程度低,甚至不分化,其细胞形态和组织结构与其起源的组织很少相似,即组织细胞幼稚和不成熟,接近胚胎性组织,多为恶性肿瘤,瘤细胞形态、大小不一，一般比正常细胞大，外形不整齐，胞核变大、呈异型现象，胞核与胞浆比例不对称，核膜粗糙不平，多见异常核分裂象。

(二)间质

肿瘤的间质是肿瘤的非特异性成分。主要由结缔组织和血管组成，有时还有淋巴管，起支持和营养肿瘤的作用。一般生长迅速的肿瘤，间质血管丰富，结缔组织少；生长慢的肿瘤间质血管少。因此，临床抑制血管的生长也可达到控制或治疗肿瘤的目的。

附 肿瘤的异型性

肿瘤组织无论在细胞形态和组织结构上，都与发源的正常组织有不同程度的差异，称为异型性。肿瘤组织异型性的大小反映了肿瘤组织的成熟程度(即分化程度，在此指肿瘤的实质细胞与其来源的正常细胞和组织在形态、功能上的相似程度)。异型性小者，说明它和正常组织相似，肿瘤组织分化程度高(成熟程度高)；异型性大者，表示瘤组织成熟度低(分化程度低)。区别这种异型性的大小是诊断肿瘤，确定其良、恶性的主要组织学依据。恶性肿瘤常具有明显的异型性。

由未分化细胞构成的恶性肿瘤也称间变性肿瘤。间变原意是指“退性发育”，即失去分化，指已分化成熟的细胞和组织倒退分化，返回原始幼稚状态。现已知，绝大部分的未分化的恶性肿瘤起源于组织中的干细胞丧失了分化能力，而并非是已经分化的特异细胞去分化所致。在现代病理学中，间变是指恶性肿瘤细胞缺乏分化。间变性的肿瘤细胞具有明显的多形性(polymorphism，即肿瘤细胞彼此在大小和形状上的变异)。因此往往不能确定其组织来源。间变性肿瘤几乎都是高度恶性肿瘤，但大多数恶性肿瘤都显示某种程度的分化。

三、肿瘤代谢特点

肿瘤组织具有旺盛的生长特性，其物质代谢也很特殊。

(一)糖代谢

许多肿瘤组织在有氧或无氧条件下均以糖酵解方式获取能量。恶性肿瘤与良性肿瘤在糖酵解方面有量的差别，恶性肿瘤细胞更为显著，糖酵解的许多中间产物被肿瘤细胞利用来合成蛋白质、核酸、类脂，以保证瘤细胞生长的需要。当有大量乳酸产生时，常导致酸中毒。

(二)蛋白质代谢

蛋白质的合成与分解代谢均增强，但合成代谢超过分解代谢，甚至可夺取正常组织的蛋白质分解产物，以合成肿瘤本身所需蛋白质(这与肿瘤生长迅速有关)。因此，体内蛋白质大量消耗，导致机体出现严重的恶病质状态。

有些肿瘤组织还可合成肿瘤蛋白，作为肿瘤相关抗原，引起机体免疫反应。有些与胚胎组织有共同抗原性，称为肿瘤胚胎性抗原。如肝细胞癌合成的甲胎蛋白、胃癌产生的硫糖蛋白等，这些均可帮助诊断相应的肿瘤性疾病。

(三)核酸代谢

肿瘤组织合成 DNA、RNA 的能力均较正常组织增强，在恶性肿瘤里 DNA、RNA 含量明显增高，这为肿瘤迅速生长、繁殖提供了物质基础。肿瘤细胞有高度合成 DNA 能力，而且能将 RNA 转变成 DNA，这也加快了瘤细胞分裂、增殖。

(四)脂肪代谢

肿瘤组织内不饱和脂肪酸含量高，类脂尤其胆固醇含量高，人们认为它改变膜的表面张力、膜的通透性，为肿瘤细胞迅速繁殖创造条件。

(五)水、盐代谢

肿瘤生长愈快，K^+含量愈高。K^+能促进蛋白质的合成。Ca^{2+}量减少，可使肿瘤细胞容易发生解聚，有利于其浸润性生长与转移。

四、肿瘤的生长与扩散方式

(一)生长方式

1. 突起性生长

即外生性生长。瘤细胞向组织表面突起，形成许多皱褶，呈乳头状，乳头中心常有随瘤细胞生长而增生的纤维组织和血管。乳头形成后，还可以不断分支，再出现新乳头。多见于皮肤、黏膜表面、管道、囊腔。良、恶性肿瘤均可呈此种方式生长，但恶性肿瘤在外生性生长的同时还伴有浸润性生长。

2. 膨胀性生长

瘤细胞并不侵入周围组织，而是以初发点为中心向周围逐渐扩大，挤压正常组织，呈结节状，周围有较完整的纤维包膜，与正常组织分界明显，触诊时可活动，手术易于摘除，不易复发。良性肿瘤多为这种生长方式。

3. 浸润性生长

肿瘤组织向邻近组织侵犯、延伸，侵入周围组织间隙、淋巴管或血管内。肿瘤无包膜，与邻近组织紧密连接在一起，无明显界限。肿瘤所到之处，原有组织被摧毁，触诊时较固定，不活动，手术切除困难，也易复发或转移。恶性肿瘤多为这种生长方式。

4. 弥漫性生长

是造血组织肉瘤、未分化癌、未分化神经细胞肿瘤的生长方式。瘤细胞不聚集，而是单个地沿组织间隙向周围扩散。

(二)扩散与转移

1. 直接蔓延

浸润性生长的肿瘤，由原发部位向周围推进，连续不断地沿着组织间隙、淋巴管、血管或神经束浸润，破坏邻近正常器官组织，并继续生长。如晚期宫颈癌可蔓延至直肠、膀胱，晚期胰腺癌可穿过胸肌、胸壁蔓延至胸腔甚至肺。

2. 肿瘤的侵犯

恶性肿瘤侵犯周围组织引起组织反应。侵犯包膜时，局部包膜发生断裂，肿瘤从裂隙处突出；侵犯骨骼时，使骨质破损形成孔洞，如动物的副鼻窦癌多见；侵犯静脉时，瘤细胞进入血流形成瘤栓。

3. 转移

肿瘤细胞由原发部位通过血管、淋巴管或浆膜腔转移到其他部位，继续生长形成新的肿瘤，称为转移。转移是恶性肿瘤的特征，良性瘤不会转移。

(1)淋巴道转移　即淋巴管性转移，是最普通的转移通路。一般而言，癌多倾向于淋巴管转移。

(2)血道转移 瘤细胞侵入血管后随血流到达其他器官继续生长,形成转移瘤。肉瘤的转移大多数借此途径。

(3)种植性转移和接触性转移 多见于腹腔内器官的肿瘤。种植性转移,亦称为接种性转移,指内脏器官的肿瘤侵犯浆膜后,瘤细胞可以脱落并像播种一样,种植在浆膜上形成转移瘤。接触性转移,是由于身体正常部分经常与肿瘤接触而发生的转移。如浆膜面上的肿瘤,可由浆膜一面转移到直接接触的对面器官。

因此,在外科手术时,应避免器械与正常组织接触、肿瘤与伤口接触,以防肿瘤转移。应该指出,瘤细胞种植到正常没有破损的上皮组织的表面是难以生长的。

第三节 良性肿瘤与恶性肿瘤的区别

良性肿瘤与恶性肿瘤应根据细胞的分化程度、生长方式、生长速度、转移以及对机体的影响等诸多方面进行鉴别(表15-1)。

表15-1 良性肿瘤与恶性肿瘤的鉴别

生物学特征	良性肿瘤	恶性肿瘤
生长速度	缓慢	迅速
核分裂象	少	较多
核染色质	较少,接近正常	较多
细胞分化程度	分化好,异型性小	分化差,异型性大
局部生长方式	膨胀性生长	膨胀性生长与浸润性生长
包膜形成	常有包膜,与周围组织界限清楚	无包膜,与周围组织界限不明显
破坏正常组织	少	很多
侵入血管	无	常侵入血管
转移	不转移	常有转移
术后复发	不复发	常常复发
对机体的影响	主要为局部压迫或阻塞作用。如发生在重要器官也可引起严重后果	可破坏原发处和转移处的组织,引起坏死、出血、继发感染,造成恶病质

一、良性肿瘤

多数是膨胀性生长或外生性生长,不浸润邻近组织,不转移,生长较慢,只排挤与压迫邻近组织,界限明显,有结缔组织包膜。对机体危害较小,手术可治,不易复发。

组织学观察,瘤细胞分化程度良好,核分裂象少或无,与正常起源细胞的形态相差不大,有时只是排列与正常组织不同。

二、恶性肿瘤

恶性肿瘤既有膨胀性生长又有浸润性生长，生长迅速，侵犯与破坏邻近组织，常发生转移，对机体危害较大，手术后易复发，晚期引起全身性反应（如恶病质、发热等）。

组织学检查，瘤细胞分化程度低，与正常起源的细胞形态上相差较大，近似胚胎发育期未分化成熟的细胞，核分裂象多。

良性与恶性之分不是绝对的，在一定条件下可以相互转化，当然一般是由良性转化为恶性，也有少数肿瘤可自行消失。

第四节　肿瘤的命名与分类

一、肿瘤的命名

肿瘤的命名既要反映组织来源，又要反映肿瘤的性质。因此肿瘤的命名原则一般是：来源组织加上反映该肿瘤性质的后缀（如瘤、癌、肉瘤等）。

（一）良性肿瘤

通常是在来源组织的名称之后加一个“瘤”字。如来源于纤维组织的良性肿瘤称为纤维瘤；来源于脂肪组织的良性肿瘤称为脂肪瘤。或结合其部位、形态特点命名，如乳头状瘤。也可将发生组织结合形态特征命名，如皮肤乳头状瘤、膀胱乳头状瘤等。

（二）恶性肿瘤

由于恶性肿瘤中，癌几乎占85%，故人们习惯于把恶性肿瘤统称为癌，而事实上恶性肿瘤的命名比较复杂。

（1）凡是来源于上皮组织的恶性肿瘤统称为癌。通常在来源组织的名称后加“癌”。如来源于鳞状上皮的恶性肿瘤称为鳞状细胞癌。

（2）凡是来源于间叶组织（包括纤维组织、脂肪、肌肉、软骨组织）的恶性肿瘤统称为肉瘤。命名时，在来源组织名称后加“肉瘤”。如来源于纤维组织的恶性肿瘤称为纤维肉瘤。

（3）凡是来源于未成熟的胚胎组织或神经组织的恶性肿瘤称母细胞瘤。如肾母细胞瘤、神经母细胞瘤等。

（4）有一些恶性肿瘤由于其来源和成分复杂，既不能称为癌，也不能称为肉瘤，一般在传统名称前加上“恶性”二字。如恶性畸胎瘤、恶性黑色素瘤。

（5）有些恶性肿瘤一直沿用习惯名称。如马立克氏病、劳斯氏肉瘤（用人名作肿瘤名称）。

（6）由造血细胞组织来源的肉瘤，因为血液中有大量异常白细胞出现，所以习惯上称之为白血病。

二、肿瘤的分类

肿瘤的分类通常以其组织来源为依据，每一类别根据其生长特性及对机体的危害程度不同，又分为良性肿瘤和恶性肿瘤(表 15-2)。

表 15-2 肿瘤的分类

组织来源			良性肿瘤	恶性肿瘤
上皮组织	1. 被覆上皮		乳头状瘤	鳞状细胞癌、基底细胞癌、移行细胞癌
	2. 腺上皮		腺瘤	腺癌
间胚组织	1. 支持组织	结缔组织	纤维瘤	纤维肉瘤
		脂肪组织	脂肪瘤	脂肪肉瘤
		黏液组织	黏液瘤	黏液肉瘤
		软骨组织	软骨瘤	软骨肉瘤
		骨组织	骨瘤	骨肉瘤
	2. 造血组织	淋巴组织	淋巴瘤	淋巴肉瘤
		骨髓组织		骨髓瘤
	3. 脉管组织	血管	血管瘤	血管肉瘤
		淋巴管	淋巴瘤	淋巴肉瘤
	4. 间皮组织		间皮瘤	恶性间皮瘤
	5. 肌组织	平滑肌	平滑肌瘤	平滑肌肉瘤
		横纹肌	横纹肌瘤	横纹肌肉瘤
神经组织	1. 神经上皮		室管膜瘤	成髓细胞瘤
	2. 成神经细胞		神经节细胞瘤	成神经细胞瘤
	3. 成胶质细胞		星形细胞瘤	多形性成胶质细胞瘤
	4. 神经细胞		神经鞘瘤	恶性神经鞘瘤
	5. 神经纤维		神经纤维瘤	神经纤维肉瘤
其他	1. 三种胚叶		畸胎瘤	恶性畸胎瘤、胚胎性癌
	2. 黑色素细胞		黑色素瘤	恶性黑色素瘤
	3. 各种成分		混合瘤	恶性混合瘤、癌肉瘤

第五节 肿瘤的病因学与发病学简介

一、肿瘤病因学简介

肿瘤的病因包括内因和外因两方面。外因主要是指来自周围环境中的各种致瘤因素，内因则是指机体自身抗瘤能力的降低。二者往往是互相联系、协同作用的。

(一)外界致瘤因素

1. 生物性因素

(1)病毒　包括DNA病毒和RNA病毒。DNA病毒有疱疹病毒、腺病毒、乳头状瘤病毒等;RNA病毒主要为禽白血病/肉瘤病毒群的病毒,能引起多种家禽的良恶性肿瘤,致瘤RNA病毒也能对牛、猫和其他一些哺乳动物诱发白血病。

(2)寄生虫　华支睾吸虫与胆管上皮癌、日本血吸虫与大肠癌的发生有关。

2. 化学性因素

(1)亚硝胺类　目前已知能致癌的亚硝胺有70多种。主要引起食管癌和肝癌。

(2)霉菌毒素　主要是黄曲霉毒素,能诱发多种动物的肝癌。

(3)多环碳氢化合物　如3,4-苯并芘,1,2,5,6-双苯并蒽,3-甲基胆蒽,9,10-二甲基苯蒽等均有较强的致癌性。

(4)芳香胺类与胺基偶氮染料　芳香胺类致癌物有乙萘胺、联苯胺等。胺基偶氮染料有奶油黄、猩红等,长期接触可引起膀胱癌、肝癌。

(5)某些微量元素　如砷、铬、镉、镍等具有致癌性。

3. 物理性因素

X射线,各种放射性射线,紫外线,热辐射,慢性炎性刺激等可引起各种肿瘤的发生。

(二)内部致瘤因素

肿瘤的发生除了与外部因素有关外,机体内在因素也起着重要作用,主要包括遗传因素、免疫因素、内分泌因素、性别和年龄因素。

二、肿瘤发病学简介

肿瘤的发病机理目前不完全清楚。一般认为各种致瘤因素引起体细胞DNA突变,或使基因表达异常,转变为瘤细胞。肿瘤的形成是瘤细胞单克隆性扩增的结果。肿瘤的发生是一个长期的、分阶段的、多种基因突变积累的过程,特别是原癌基因的激活和抑癌基因的失活在细胞恶性转化过程中具有重要作用。机体的免疫监视功能降低,不能及时清除体内突变细胞,与肿瘤的发生也有重要关系。

复习思考题

1. 简述肿瘤的概念及其生物学特性。
2. 简述良性肿瘤与恶性肿瘤的区别。
3. 在动物剖检中,发现肝脏有一肿瘤,应如何命名?
4. 调查一下当地动物肿瘤的类型,并分析引发肿瘤可能的病因。
5. 与良性肿瘤相比,恶性肿瘤最主要的生物学特征是什么?描述该生物学特征的主要病理学过程。

第三单元　器官病理实务

第十六章　器官病理

第一节　皮肤病理

一、皮肤肿胀

皮肤或皮下组织出现局部或弥漫性增大称为皮肤肿胀，皮肤肿胀既是皮肤本身疾病的反映，又是许多内脏疾病的外在表现，是临床诊断的重要依据。

（一）皮肤水肿

1. 病因和机理

局部炎性渗出、血管受压或阻塞、过敏反应等多引起局部皮下水肿，心、肝、肾等内脏疾患以及长期营养不良多引起全身性水肿。心源性水肿，见于心脏衰弱引起的大循环静脉瘀血，四肢、阴囊等易受重力影响的部位先出现水肿；肾源性水肿，见于肾病综合征、急性肾小球肾炎等，眼睑、面部等疏松组织先出现水肿，以后波及全身；肝源性水肿，见于严重肝脏疾病如肝硬变，四肢水肿明显并伴有全身轻度水肿和腹水；营养不良性水肿，常见于慢性消耗性疾病和长期营养不良，四肢凹陷部位先出现水肿并伴有贫血、消瘦、被毛粗乱等症状。

引起皮肤水肿的常见疾病有恶性水肿、炭疽、牛出血性败血症、猪水肿病、马传染性贫血、锥虫病、马媾疫、肝片吸虫病、血孢子虫病、出血性紫癜、荨麻疹，此外还有充血性心力衰竭、创伤性心包炎、蛇咬伤、鸡肿头综合征等。

2. 病变特征

皮肤水肿又称浮肿，多见于动物的颜面部、前胸、下腹和四肢。水肿皮肤肿胀明显，皮肤紧张而有亮泽，缺乏色素部位颜色苍白，皮肤弹性降低，指压留痕，触之有凉感，呈面团样。切面可见皮肤增厚，皮下疏松结缔组织呈黄色胶冻状，并流出多量黄色透明液体。炎性水肿还伴有发热、疼痛。

（二）皮下气肿

1. 病因和机理

见于皮肤外伤、肋骨骨折或穿透性损伤、创伤性网胃炎时刺破肺脏等原因，使空气移行入皮下，也见于气肿疽、恶性水肿病、间质性肺气肿、黑斑病甘薯中毒等疾病过程。

2. 病变特征

局部触感柔软,稍有弹性,并有气体向邻近组织窜逸感,按压有捻发音,局部无红、肿、热、痛等反应。

(三)血肿、脓肿及淋巴外渗

1. 病因和机理

血肿是由于皮下软组织非开放性损伤后,流出的血液将周围组织分离开,形成充满血液的腔洞。血肿大多出现于挫伤之后,并迅速增大,但缺乏炎性反应。脓肿是通过外伤感染或经血流和淋巴流转移所形成的局部组织化脓性炎症,局部组织坏死液化后形成充满脓汁的囊腔,外有结缔组织包膜。淋巴外渗是钝性外力作用使皮下或肌肉的淋巴管发生断裂,淋巴液在组织局部积聚而形成的皮下肿胀,常发生于胸前、膝前、腹胁部、颈基部、肩胛或臀部皮下等具有丰富淋巴管网的组织。

2. 病变特征

血肿受到感染时则具有波动性,伴有热、痛,穿刺液中有血液并混有脓汁,体温升高,称为血脓肿。

脓肿初期呈急性炎症,伴有明显的热、肿、痛反应,触诊硬实,边界不清。以后脓肿逐渐局限化,与正常组织界限清楚,触压有液体波动感,穿刺检查可抽出脓液。

淋巴外渗性肿胀形成缓慢,初期肿胀不明显而波动明显,与周围组织界限分明,无热、痛和炎症反应。随着淋巴液不断渗出,肿胀逐渐增大,形成囊状隆起,但皮肤不紧张,用手推压可感知淋巴液的流动,并听到振水音。穿刺液为橙黄色稍透明的液体,弱碱性。局部温度正常,机能障碍和全身反应不明显。

(四)疝

1. 病因和机理

疝是内脏器官(多为肠管)经先天或后天形成的孔道或薄弱区向体表突出的外科病,以猪、马、牛等多见。

2. 病变特征

局部肿胀柔软,触诊有波动感,听诊有肠蠕动音,位置多局限于脐、阴囊及腹壁。如为可变形疝,当动物变换体位或压迫患处时肿胀即可消失;如为嵌闭性疝,局部高度紧张,有疼痛感及压迫感。因肠腔闭塞或不完全闭塞,引起肠管臌气和排粪困难,伴有拒食、体温升高和腹痛。

(五)炎性肿胀

1. 病因和机理

可见于皮肤创伤感染、各种理化因素引起的皮肤炎症等。

2. 病变特征

创伤感染时,局部有不同程度的红肿热痛或伴有炎症的全身反应。皮炎的眼观病变因病程、病因不同,有红斑、水肿、水(脓)疱、糜烂或溃疡。

(六)皮肤肥厚

1. 病因和机理

各种慢性刺激、营养代谢障碍、内分泌紊乱、各种慢性皮肤病均可引起皮肤肥厚。皮肤肥厚常见于黑色棘皮病、硬皮病、胼胝、疤痕瘤和皮肤角化过度症等。

2. 病变特征

皮肤各层尤其是表皮增厚，有时也累及皮下组织。常伴有皮肤粗糙、颜色变深、皮纹加深、皲裂、干燥或湿润、脱屑或脱毛等病变。皮肤肥厚并变硬称硬皮病。

二、皮肤损害

许多疾患常可在病的早期出现皮损，一般都具有特殊的规律性，对疾病的早期诊断有一定意义。皮损表现复杂多样，同一疾病可见不同的皮损，同一皮损又可见于不同的疾病，有时多种损害并存。

(一)斑疹

1. 病因和机理

创伤、温热、紫外线或X射线照射、化学药品刺激、循环障碍和某些传染病等，均可导致皮肤形成充血、出血性斑块。皮肤色素沉着形成色素斑，色素脱失则形成白斑。

2. 病变特征

皮肤颜色变化是斑疹明显的表现，常见的有红斑、色素斑等。

充血性红斑：局部红肿，温度增高，多呈鲜红色，指压褪色。出现面积较大者叫红斑，较小者称为蔷薇疹。

瘀血性红斑：多呈蓝紫色，指压褪色。常见于猪丹毒、感光过敏、饲料疹等。

出血性红斑：呈点状、斑块状出血灶，色泽鲜红、暗红或褐红，指压不褪色。常见于蓝耳病、猪瘟等。

色素斑：常呈黑褐色，指压不褪色。

(二)丘疹和结节

1. 病因和机理

常见于细菌、病毒、寄生虫等引起的各种皮炎、毛囊炎及变态反应性疾病。根据原因及机理可将丘疹分为炎性和非炎性两类。炎性丘疹病变主要在真皮，多发生血管扩张、充血和炎性细胞浸润；非炎性丘疹的病变在表皮，因各种刺激引起表皮过度增殖，表皮粗糙不平而形成结节状。

2. 病变特征

通常直径小于1 cm的局限性隆起叫丘疹，由小米粒到豌豆大不等，形状有圆形、椭圆形和多角形。在丘疹的顶端含有浆液的称为浆液性丘疹，不含浆液的称为实性丘疹，多个小丘疹的融合称苔藓。丘疹可由斑疹演变而来，丘疹也可演变成水疱。

比丘疹大、位置深的皮肤损害叫结节，呈半球状隆起，直径在1 cm以上，质地较硬，触诊时才被发现。丘疹和结节可被完全吸收，不留痕迹，但也可发展成为水疱而感染化脓，形成溃疡和瘢痕。炎性丘疹为红色，有痛及痒感，非炎性丘疹则不发红、无痛感。

(三)疱疹

1. 病因和机理

炎症引起浆液渗出侵入表皮，在细胞间和细胞内形成过度水肿时，表皮内形成水疱，可见于口蹄疫、猪水疱病、痘病等。脓疱大多由于化脓性细菌如金黄色葡萄球菌、表皮葡萄球菌、链球菌、棒状杆菌和某些病毒感染所引起。

2. 病变特征

疱疹是内含液体的小突起，液体为浆液者称水疱，为脓液者称脓疱。脓疱可由水疱感染引起，也可由化脓菌感染直接引起；由于内容物的性状不同，可呈白、黄、黄绿或黄红色，周围常有红晕。水疱可融合成片，破裂后露出暗红色的糜烂面，以后形成溃疡或愈合。深部脓疱愈合后留有瘢痕。

(四)荨麻疹

1. 病因和机理

常因昆虫蜇咬、有毒植物和霉菌刺激、药物过敏等引起。气候突变、摩擦、搔抓、机体植物神经紊乱也可成为诱发病因。也可继发于某些传染病、寄生虫病。

荨麻疹属于速发型过敏反应性疾病，引起过敏反应的抗体主要是 IgE。IgE 皮肤贮存最多，故最易引起过敏反应。当致敏原进入机体，诱发 IgE 抗体产生后，如再次接触该致敏原，致敏原与 IgE 特异性结合，激活所在细胞内一系列酶的反应，释放一系列炎症介质，引起平滑肌收缩，毛细血管扩张及通透性增加，腺体分泌功能亢进等，在皮肤上发生的效应就表现为荨麻疹。

2. 病变特征

荨麻疹俗称"风团"，是皮肤浅层出现的界限明显的水肿性隆起，其特点是发生突然、此起彼伏、迅速消退(半小时至数小时内自行消退，一般不留痕迹)。隆起呈圆形、椭圆形或不规则形，豆大或胡桃大，顶部扁平，质地柔软，可迅速增大并融合。荨麻疹伴有剧痒。因摩擦、啃咬，体表局部脱毛和擦伤，有时引起继发感染。

(五)皮肤坏死和干性坏疽

1. 病因和机理

物理性损伤(冻伤、烧伤、烫伤及机械性损伤)、化学性损伤(酸、碱、石炭酸、甲醛、升汞、某些农药和化肥、慢性麦角中毒等)、细菌感染(如坏死杆菌、猪丹毒杆菌、葡萄球菌感染)等均可引起皮肤坏死。皮肤坏疽是坏死后继发腐败菌感染所引起的变化。

2. 病变特征

皮肤浅层坏死，僵硬干燥，呈厚块状脱落，露出的浅表湿润面称为糜烂，后被新生的表皮覆盖，愈后不留瘢痕。深层坏死时，整层皮肤为黑色、干燥、牛皮纸状，周围有炎性反应带，坏死的皮肤组织脱落，形成溃疡，表面结痂。

第二节　淋巴结病理

一、急性淋巴结炎

(一)浆液性淋巴结炎

1. 病因和机理

多发生于急性传染病的初期，或邻近组织的急性炎症过程。

2. 病理变化

眼观，淋巴结肿大，被膜紧张，质地柔软，呈潮红色或紫红色；切面隆突，颜色暗红，湿润多汁。镜检，淋巴结中的毛细血管扩张、充血，淋巴窦明显扩张，内含浆液。窦壁细胞肿大、增生，有许多脱落后成为巨噬细胞(此变化称为窦卡他)。扩张的淋巴窦内，常有不同数量的中性粒细胞、淋巴细胞和浆细胞，而巨噬细胞内常有吞噬的致病菌、红细胞、白细胞。淋巴小结生发中心扩张，并有细胞分裂象，淋巴小结周围、副皮质区和髓索处有淋巴细胞增生等。

(二)出血性淋巴结炎

1. 病因和机理

通常由浆液性淋巴结炎发展而来，常见于猪瘟、猪丹毒、猪巴氏杆菌病等。

2. 病理变化

眼观，淋巴结肿大，暗红色或黑红色，被膜紧张，质地稍实；切面湿润并含多量血液，稍隆突，呈弥漫性暗红色或呈大理石样花纹。镜检，除一般急性炎症的变化外，淋巴组织中可见充血和散在的红细胞或出血灶，淋巴窦内及淋巴组织周围有大量红细胞。

二、慢性淋巴结炎

1. 病因和机理

多由急性淋巴结炎转变而来，也可由致病因素持续作用引起。常见于某些慢性疾病，如结核、布鲁氏菌病、猪支原体肺炎等。

2. 病理变化

眼观，淋巴结肿大，质地变硬，切面隆突，呈灰白色，常因淋巴小结增生而呈颗粒状。后期淋巴结缩小，质硬，切面可见增生的结缔组织不规则交错，淋巴结固有结构消失。镜检，淋巴细胞、网状细胞显著增生，淋巴小结肿大，生发中心明显。淋巴小结、髓索淋巴窦之间界限消失，淋巴细胞弥漫性分布在整个淋巴结内。网状细胞肿大、变圆，散在于淋巴细胞间。后期结缔组织显著增生，网状纤维增粗转变为胶原纤维，血管壁硬化。严重时，整个淋巴结可变为纤维结缔组织小体。

第三节　心脏病理

一、心包炎

(一)病因和机理

1. 感染

病原微生物经血液或由相邻器官(心肌和胸膜)进入心包引起。如巴氏杆菌、链球菌、大肠杆菌、结核杆菌、支原体等。

2. 创伤

牛、羊采食时，未经充分咀嚼，误将铁钉、铁丝咽入，经网胃刺穿胃壁、膈肌并刺入心包或心脏,从而引起创伤性心包炎。

(二)病理变化

1. 传染性心包炎

心包表面血管充血扩张,或有出血斑点,心包膜因炎性水肿而增厚。心包腔蓄积大量淡黄色浆液性渗出液,若混有脱落的间皮细胞和白细胞则较浑浊。如渗出物为纤维素,则凝结为黄白色絮状或薄膜状物,分布于心包内膜和心外膜表面或悬浮于心包液中,因心脏搏动而形成绒毛状外观,称为“绒毛心”。慢性经过时,心包壁层和脏层上的纤维素往往发生机化而粘连。如结核性心包炎时,心外膜被覆的干酪样坏死物可达数厘米厚,有“盔甲心”之称。

镜检,初期心外膜充血、水肿并有白细胞浸润,间皮细胞肿胀、变性,浆膜表面有少量浆液-纤维素性渗出物,随后间皮细胞坏死、脱落,浆膜和浆膜下组织水肿、充血及白细胞浸润,或有出血。在组织间隙内有大量丝网状纤维素,心外膜相邻接的心肌纤维呈颗粒变性和脂肪变性,心肌纤维间充血、水肿及白细胞浸润。病程较久者,则有肉芽组织增生。

2. 创伤性心包炎

心包膜显著增厚,失去原有光泽。心包腔内积聚污秽的脓性或纤维素性渗出物。心外膜粗糙肥厚,心壁及心包上可见刺入的异物。

镜检,炎性渗出物由纤维素、中性粒细胞、巨噬细胞、红细胞与脱落的间皮细胞等组成。慢性经过时,渗出物往往浓缩而变为干酪样并可发生机化,造成心包粘连。心肌受损时,则呈化脓性心肌炎的变化。

二、心肌炎

(一)病因和机理

某些细菌、病毒、毒物等通过血源途径侵害心肌,或由心内膜炎、心外膜炎蔓延侵害心肌,导致心肌纤维变性、坏死或损伤血管引起血液循环障碍而发生心肌炎。病原体致敏机体,形成针对心肌的抗体或致敏淋巴细胞,也可能造成心肌的免疫损伤,引起心肌炎。

(二)病理变化

根据心肌炎发生的部位和性质,可分为三种基本类型。

1. 实质性心肌炎

心肌呈灰白色煮肉状,质地松脆,特别是右心室扩张。炎症多为局灶性,心脏横切面有围绕心腔的灰黄或灰白色条状纹,外观似虎皮花纹,故称“虎斑心”。镜检,心肌纤维颗粒变性、脂肪变性。严重时呈水泡变性或蜡样坏死,甚至崩解。间质有程度不同的浆液渗出和中性粒细胞、淋巴细胞、组织细胞及浆细胞浸润,见于恶性口蹄疫。

2. 间质性心肌炎

眼观病变与实质性心肌炎相似。镜检,心肌纤维表现为不同程度的变性和坏死,间质中组织细胞、淋巴细胞、浆细胞浸润及成纤维细胞明显增生。

3. 化脓性心肌炎

心肌有大小不一的脓肿,慢性时,化脓灶外面有包囊形成。脓汁的颜色可因化脓菌种类不同而异。组织学检查,初期血管栓塞部呈出血性浸润,继而发展为纤维素性化脓性渗出,其周围出现充血、出血和中性粒细胞组成的炎性反应带。化脓灶内及其周围的心肌纤维变性。慢性时，化脓灶四周有纤维结缔组织增生。

三、心内膜炎

(一)病因和机理

常常伴发于慢性猪丹毒及链球菌、葡萄球菌、化脓棒状杆菌等化脓性细菌的感染过程中。可因细菌直接引起结缔组织胶原纤维变性，形成自身抗原，或菌体蛋白与瓣膜成分结合形成自身抗原，从而引发自身免疫反应，使瓣膜遭受损伤，在此基础上形成血栓。

(二)病理变化

1. 疣状心内膜炎

以心瓣膜形成疣状血栓为特征，常发生于二尖瓣心房面和主动脉瓣心室面的游离缘。早期炎症局部增厚而失去光泽，继而游离缘可见黄白色小结节，以后逐渐增大形成大小不等的疣状物，表面粗糙，质脆易碎。后期疣状物可发生机化，形成花椰菜样不易剥离的赘生物。镜检，初期疣状物为白色血栓(以血小板、纤维蛋白为主)，有时可见蓝色细菌团块，后期结缔组织增生和炎性细胞浸润明显。

2. 溃疡性心内膜炎

亦称败血性心内膜炎，以瓣膜局灶性坏死为特征。初期瓣膜上有大小不等的淡黄色坏死斑点，以后逐渐融合，并发生脓性溶解，形成溃疡；疣状血栓发生脓性分解后，也可形成溃疡。溃疡表面附有灰黄色凝固物，周围常有出血及炎性反应，并有结缔组织增生，使边缘稍隆起。严重时可继发瓣膜穿孔。镜检，瓣膜深层组织坏死，局部有明显的炎性渗出、中性粒细胞浸润及肉芽组织增生，表面附着由大量纤维素、崩解的细胞与细菌团块组成的血栓凝块。

第四节 肺脏病理

一、上呼吸道炎症

(一)病因和机理

多数由病原微生物引起，如支气管败血波氏杆菌、传染性喉气管炎病毒、恶性卡他热病毒等。少数由物理性因素、化学性因素和寄生虫(如绵羊鼻蝇蛆)等引起。

(二)病理变化

上呼吸道黏膜潮红、肿胀、糜烂。渗出物初为稀薄、透明的浆液，随病程发展转变为灰白色的黏稠液体。继续发展出现黄白色、黏稠、浑浊的脓性液体。镜检，黏膜上皮细胞变性、坏死、脱落，黏膜表面附有浆液或黏液，其中混有脱落上皮、白细胞和少量红细胞，黏膜下充血、水肿和白细胞渗出。

二、肺炎

(一)支气管肺炎

以支气管为中心的单个或一群肺小叶的炎症,其炎性渗出物以浆液为主,也称为卡他性肺炎、小叶性肺炎。

1. 病因和机理

主要是病原体(巴氏杆菌、支原体、霉菌等)感染,当机体在各种有害因子(寒冷、感冒、过劳、长途运输等)影响下,抵抗力降低时,进入呼吸道的病原菌可大量繁殖,引起支气管炎,炎症沿支气管蔓延,引起支气管周围的肺泡发炎。另外,病原菌也可经血流运行至肺脏,引起间质发炎,继而波及支气管和肺泡,引起支气管肺炎。

2. 病理变化

病变常见于肺的尖叶、心叶和膈叶,局部呈不规则实变(坚实并能沉于水),实变区呈暗红色至淡灰红到灰色不等。病变多呈镶嵌状,中心部灰白至黄色、周围为红色的实变区以及充血和萎陷,外围为正常乃至气肿的苍白区。

镜检,早期细支气管和相连的肺泡内充满中性粒细胞,混有数量不等的细胞碎屑、黏液、纤维素。细支气管上皮变性、坏死和脱落。细支气管壁及周围结缔组织充血、水肿、白细胞浸润。如病程延长,则间质出现结缔组织增生(图16-1)。

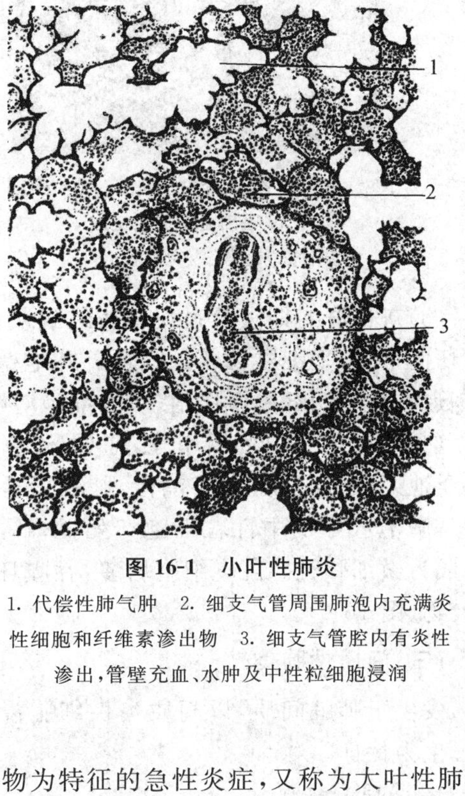

图 16-1　小叶性肺炎

1. 代偿性肺气肿　2. 细支气管周围肺泡内充满炎性细胞和纤维素渗出物　3. 细支气管腔内有炎性渗出,管壁充血、水肿及中性粒细胞浸润

(二)纤维素性肺炎

是以细支气管和肺泡内充满大量纤维素性渗出物为特征的急性炎症,又称为大叶性肺炎。

1. 病因和机理

常见于巴氏杆菌病、牛传染性胸膜肺炎、猪传染性胸膜肺炎等,其病原体通过气源、血源、淋巴源等不同途径侵入肺脏,通过支气管树枝状扩散,引起支气管、肺泡等肺实质的炎症,并迅速扩展至整个肺叶和胸膜。肺组织内毛细血管严重受损,通透性增强,红细胞、血浆纤维蛋白大量渗出,支气管、肺泡内出现大量的纤维素和出血。

2. 病理变化

按病变发展过程可分为四个不同时期。

(1)充血水肿期　以肺泡壁毛细血管充血与浆液性水肿为特征,肺脏体积稍肿大,重量增加,质地稍实(水中半沉半浮),色泽暗红,切面平滑,按压时流出大量泡沫样血液。镜下见病变区毛细血管扩张充血,细支气管和肺泡腔内含有大量红染的浆液,少量红细胞、中性粒细胞和巨噬细胞(图 16-2)。

(2)红色肝变期　由充血水肿期发展而来。眼观肺体积肿大,暗红色,质地坚实如肝,切面干燥呈细颗粒状。肺间质增宽(有半透明胶样液体蓄积)呈灰白色条纹。镜检,肺泡壁毛细血管极度扩张充血,支气管和肺泡腔内充满交织成网的纤维素,网眼内有多量红细胞、少量的白细胞和脱落上皮细胞。间质炎性水肿,淋巴管扩张(图 16-3)。

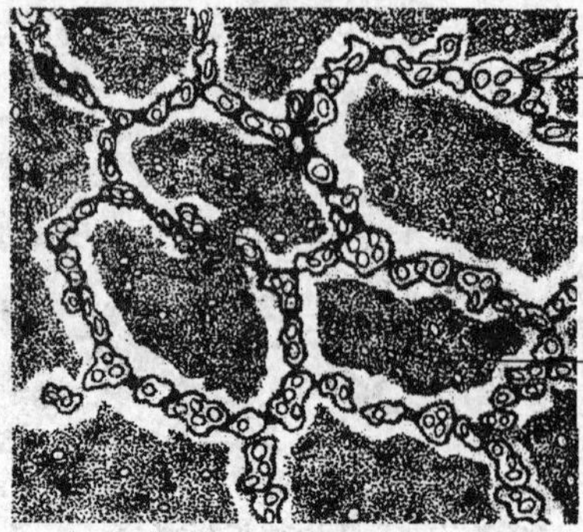

图 16-2 纤维素性肺炎充血水肿期

1. 毛细血管扩张充血
2. 肺泡腔内充满渗出液

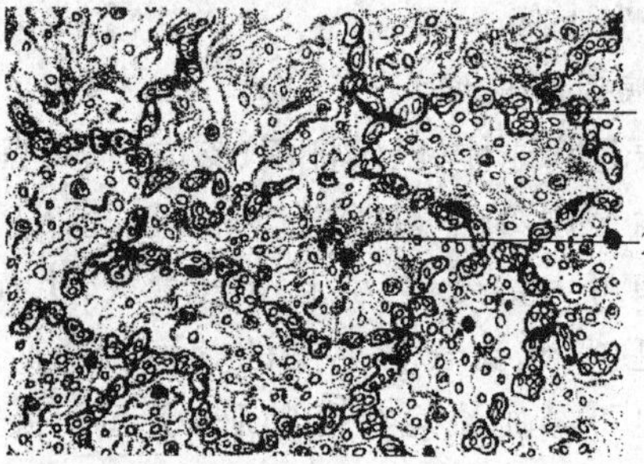

图 16-3 纤维素性肺炎红色肝变期

1. 肺泡壁血管高度充血 2. 肺泡内充满红细胞和纤维蛋白及少量中性粒细胞

(3)灰色肝变期 肺眼观呈灰红或灰白色,质硬如肝,切面干燥,呈细颗粒状。镜检见肺泡壁毛细血管充血消退,白细胞、纤维蛋白增多,红细胞溶解消失。

(4)消散期 肺脏体积较前变小,色带暗红或正常,质地柔软,切面湿润。镜检,肺泡壁毛细血管重新扩张,肺泡腔中的中性粒细胞坏死、崩解,纤维素被溶解,成为微细颗粒。巨噬细胞增多,吞噬坏死细胞及崩解产物(图 16-4)。

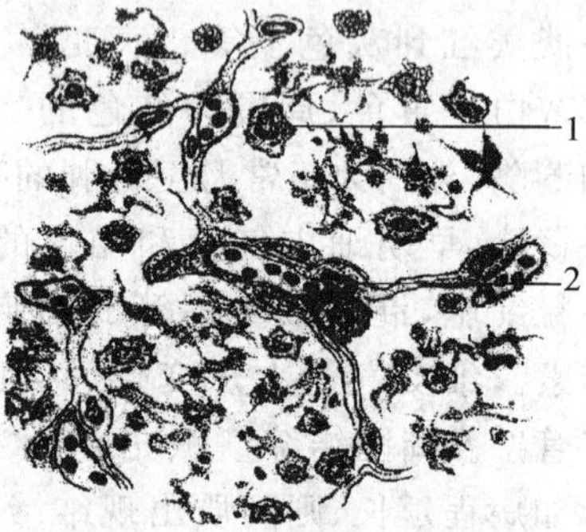

图 16-4 纤维素性肺炎消散期

1. 肺泡内含少量巨噬细胞、坏死的中性粒细胞及纤维素碎片 2. 肺泡壁毛细血管有血液流动

(三)间质性肺炎

发生于肺脏间质,以间质炎性细胞浸润和结缔组织增生为特征。

1. 病因和机理

常见于流感病毒、犬瘟热病毒、支原体、弓形虫、猪后圆线虫(肺丝虫)等病原体感染,过敏反应、某些化学性因素也可引起。致病因素直接或间接损伤肺泡壁毛细血管,并引起肺泡上皮、间质结缔组织增生和单核细胞、淋巴细胞等浸润。

2. 病理变化

病变部肺组织灰白色或灰红色,质地稍硬,切面平整。病变大小不一,可为小叶性、融合性或大叶性,病灶周围常有肺气肿。病程较久时,则可纤维化而变硬。镜检见局部支气管和血管周围、肺小叶间隔和肺泡壁及肺胸膜均有不同程度水肿和淋巴细胞、单核细胞浸润,结缔组织轻度增生,间质增宽,肺泡腔闭塞,有时渗出的血浆成分在肺泡内形成透明膜。

三、肺气肿

肺组织含气量异常增多、肺体积过度膨大称肺气肿。因肺泡内空气增多称肺泡性肺气肿;空气进入肺间质并使其膨胀,称间质性肺气肿。

(一)病因和机理

过度使役、剧烈咳嗽,引起吸气量剧增,肺内压升高,肺泡扩张,可导致急性肺泡性肺气肿。慢性支气管炎,支气管管腔狭窄或不全阻塞,气体不能呼出,或肺泡表面张力降低,回缩力下降,可引起慢性肺泡性肺气肿。肺泡或细支气管破裂,气体进入间质,则引起间质性肺气肿,常见于牛黑斑病甘薯中毒。

(二)病理变化

1. 急性肺泡性肺气肿

肺体积明显增大,常充满胸腔,色泽苍白,质地松软,按压有捻发音,且凹陷复平缓慢,切面干燥。镜检,肺泡极度扩张,间隔变薄,毛细血管闭塞,肺泡隔常发生破裂,融合成大的囊腔(图 16-5)。

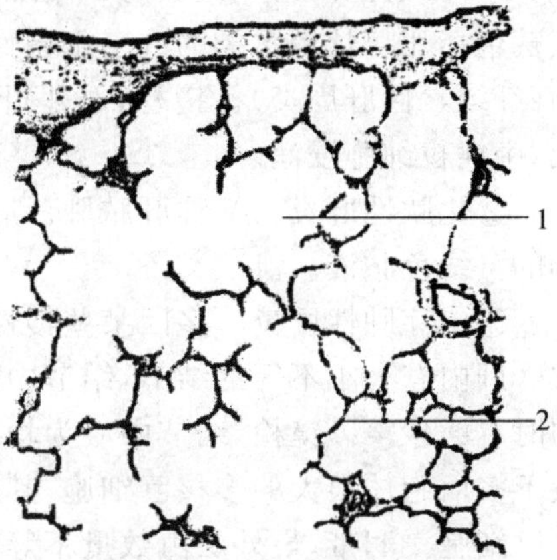

图 16-5 肺泡性肺气肿

1. 肺泡腔扩张 2. 肺泡壁毛细血管闭塞

2. 慢性肺泡性肺气肿

肺脏膨大,表面有肋骨压痕。肺切面有气囊泡,切开时有爆破音。镜检病变与急性肺泡性肺气肿相同,但肺泡弹性纤维减少,间质结缔组织增多。

3. 间质性肺气肿

病变区肺小叶间质增宽,内有成串的大气泡,许多单个气泡形成条索状,使肺呈网状。牛、猪因其肺间质丰富而疏松,故间质性气肿非常明显。镜检,肺间质增宽形成较大气囊,其周围肺组织发生压迫性萎缩,肺泡壁毛细血管腔狭窄贫血。

第五节 肝脏病理

一、肝炎

(一)传染性肝炎

1. 病毒性肝炎

(1)病因和机理 病原为嗜肝性病毒,如鸭肝炎病毒、鸡包涵体肝炎病毒、犬传染性肝炎病毒。其他如牛恶性卡他热病毒、鸭瘟病毒、马传染性贫血病毒等,也可引起肝炎。

(2)病理变化 肝脏不同程度肿大。呈暗红色或红黄相间的斑驳色彩,其间往往有灰白或灰黄色形状不一的坏死灶。胆囊胀大,胆汁蓄积,黏膜发炎。镜检,肝小叶中央静脉扩张,小叶内有出血和坏死病灶。肝细胞广泛水泡变性,淋巴细胞浸润,肝窦充血。小叶间组织、汇管区内小胆管和卵圆形细胞增殖。部分病毒所致肝炎还可于肝细胞的胞核或胞浆内发现特异性包涵体。若转为慢性,肝内出现以结缔组织增生为主的修复性反应,最终导致肝硬化。

2. 细菌性肝炎

(1)病因和机理 常见致病菌有巴氏杆菌、沙门氏菌、坏死杆菌、钩端螺旋体和各种化脓性细菌等。细菌感染后，引起组织变性、坏死，形成脓肿或肉芽肿。

(2)病理变化

①坏死性肝炎　肝脏肿大，暗红色、土黄色或橙黄色。肝被膜下见斑点状出血及灰白色或灰黄色坏死病灶。禽类的许多细菌性肝炎，还见肝被膜上有呈条索样或膜样的纤维素性渗出物(纤维素性肝周炎)。镜检，肝小叶中央静脉扩张，肝窦充血。肝细胞广泛变性和局灶性坏死，中性粒细胞浸润。

②化脓性肝炎　又称肝脓肿。肝脏体积肿大，脓肿为单发或多发，有包膜，脓腔内充满黏稠的黄绿色脓液。

③肉芽肿性肝炎　多因某些慢性传染病的病原体如结核杆菌、鼻疽杆菌、放线菌等感染导致。肝内有大小不等的结节，结节中心为黄白色干酪样坏死物，如有钙化时质地比较硬固，刀切时有磨砂声。镜检，结节中心为均质无结构坏死灶，周围有多量上皮样细胞浸润区，混有数量不多而胞体很大的多核巨细胞，其胞核位于胞浆的一侧边缘，呈马蹄状排列，在外围有多量淋巴细胞浸润带，最外层由数量不等的结缔组织包裹。

3. 霉菌性肝炎

(1)病因和机理　常见有烟曲霉菌、黄曲霉菌、灰绿曲霉和构巢曲霉等致病性真菌。

(2)病理变化　肝脏肿大，边缘钝圆，呈土黄色，质脆易碎。镜检，肝细胞脂肪变性、坏死，肝组织出血和淋巴细胞增生，间质小胆管增生。慢性病例则形成肉芽肿结节，其组织结构与其他特异性肉芽肿相似，但可发现大量菌丝。

4. 寄生虫性肝炎

(1)病因和机理　某些寄生虫在肝实质中或肝内胆管寄生繁殖，或寄生虫的幼虫移行于肝脏时造成肝脏损害。

(2)病理变化　鸡盲肠肝炎(黑头病)时，肝脏肿大，表面形成圆形或不规则形的、稍凹陷的溃疡病灶，溃疡呈淡黄色或淡绿色，边缘稍隆起。

兔球虫病时，肝脏肿大，表面有米粒至豌豆大的黄白色结节，增生和扩大的胆管呈弯曲的灰白色条索状物。镜检，胆管黏膜上皮脱落或增生，在增生的上皮层内可以看到球虫卵囊、裂殖体。

由某些寄生虫(蛔虫和肾虫)的幼虫移行损伤肝脏时，肝脏表面有大量形态不一的白斑散布，白斑质地致密和硬固，有时高出被膜位置，俗称“乳斑肝”。镜检，多个肝小叶有局灶性坏死，其周围有大量嗜酸性粒细胞浸润，小叶间和汇管区结缔组织增生。局部形成有上皮样细胞围绕和炎性细胞浸润以及结缔组织增生的肉芽肿。

(二)中毒性肝炎

1. 病因和机理

农药、消毒剂、某些药物、添加剂使用不当，或毒性代谢产物在体内蓄积过多，对肝脏均能产生毒害作用。

2. 病理变化

肝脏肿大、潮红，或可见出血斑点，水肿明显时肝湿润和重量增加，切面多汁。重度肝细胞脂肪变性，外观呈黄褐色。有时呈类似于槟榔切面的斑纹。肝表面和切面常可见灰白色坏死灶。镜检，肝小叶中央静脉扩大，肝窦瘀血和出血，肝细胞重度脂肪变性和颗粒变性，小叶周边、中央静脉周围或散在的肝细胞坏死。严重病例坏死灶遍及整个小叶；肝细胞核固缩或碎裂。肝小叶内或间质中有少量炎性细胞渗出，有时仅见少许淋巴细胞。

二、肝硬变

(一)病因和机理

细菌、病毒、寄生虫感染,各种内外源性毒物中毒或慢性瘀血、胆汁淤滞、胆道阻塞等,导致肝细胞严重变性和坏死后,出现肝细胞结节状再生和间质结缔组织广泛增生,使肝小叶正常结构受到严重破坏,肝脏变形、变硬。

(二)病理变化

病因不同,其形态结构变化有一定差异,但基本变化是一致的。

眼观:肝脏缩小,边缘锐薄,质地坚硬,表面凹凸不平或呈颗粒状、结节状隆起,色彩斑驳,常染有胆汁,肝被膜变厚。切面见明显的淡灰色结缔组织条索围绕着淡黄色圆形的肝实质。肝内胆管管壁明显增厚。

镜检可见,①结缔组织广泛增生。小叶内及间质中结缔组织增生,炎性细胞以淋巴细胞浸润为主。②假性肝小叶形成。增生的结缔组织将肝小叶包围或分割,形成大小不等的圆形小岛,称假性肝小叶。假小叶没有中央静脉或中央静脉偏位,肝细胞大小不一,排列紊乱。③假胆管。在增生的结缔组织中形成两条立方形细胞构成的条索,但无腔,故称假胆管。此外,还有新生毛细血管。④肝细胞结节。病程较长时,残存肝细胞再生,由于没有网状纤维作支架,故再生肝细胞排列紊乱,聚集成团,且无中央静脉。再生的肝细胞体积较大,胞核可能有两个或两个以上,胞浆着染良好。

第六节 脾脏病理

一、急性炎性脾肿

(一)病因和机理

急性炎性脾肿又称败血脾,是伴有脾脏明显肿大的急性炎症。多见于炭疽、弓形虫病、急性猪丹毒、猪急性副伤寒、猪急性链球菌病等所致的败血症过程中,也可见于牛的泰勒焦虫病、马梨形虫病等急性经过的血液原虫病。

(二)病理变化

眼观:脾脏体积增大,一般比正常大 2~3 倍,切开时流出血样液体,切面隆起并富有血液,明显肿大时犹如血肿,呈暗红色或黑红色,白髓和脾小梁纹理不清,脾髓质软,用刀轻刮切面,可刮下大量富含血液而软化的脾髓。

镜检:脾髓内充盈大量血液,脾实质细胞(淋巴细胞、网状细胞)弥漫性坏死、崩解而明显减少;白髓体积缩小,几乎完全消失,仅在中央动脉周围残留少量淋巴细胞;红髓中固有的细胞成分也大为减少,有时在小梁或被膜附近可见一些被血液排挤的淋巴组织。

脾脏含血量增多是急性炎性脾肿最突出的病变,是脾炎性充血和出血的结果。在充血的脾髓中还可见病原菌和散在的炎性坏死灶。坏死灶大小不一,形状不规则,其中渗出的浆液、中性粒细胞和坏死崩解的脾实质细胞混杂在一起。此外，被膜和小梁中的平滑肌、胶原纤维和弹性纤维肿胀、溶解、排列疏松。

二、坏死性脾炎

(一)病因和机理

是指脾脏实质坏死明显而体积不肿大的急性脾炎。多见于出血性败血症，如鸡新城疫、禽霍乱、巴氏杆菌病、猪瘟、结核病、弓形虫病及牛坏死杆菌病等。

(二)病理变化

脾脏体积不肿大，其外形、色彩、质度与正常脾脏无明显的差别，透过被膜可见分布不均的灰白色坏死小点。镜检，脾脏实质细胞坏死特别明显，在白髓和红髓均可见散在的坏死灶，其中多数淋巴细胞和网状细胞已坏死，其胞核溶解或破碎，胞浆肿胀、崩解。坏死灶内同时见浆液渗出和中性粒细胞浸润，有些粒细胞也发生核破碎。脾脏含血量不见增多，故脾脏的体积不肿大。被膜和小梁均见变质性变化。

三、慢性脾炎

(一)病因和机理

多见于慢性传染病和寄生虫病，如结核、布鲁氏菌病、副伤寒、亚急性或慢性马传染性贫血、牛传染性胸膜肺炎、锥虫病、焦虫病等。

(二)病理变化

眼观：脾脏轻度肿大或比正常大1～2倍，被膜增厚，边缘稍显钝圆，质地硬实，切面平整或稍隆突，在暗红色红髓的背景上可见灰白色增大的淋巴小结呈颗粒状向外突出；但有时这种现象不明显，只见整个脾脏切面色彩变淡，呈灰红色。

镜检：增生过程明显，淋巴细胞和巨噬细胞呈现分裂增殖，但不同的传染病过程表现不一致，如亚急性马传染性贫血引起的慢性脾炎是以淋巴细胞增生为主；而鸡结核性脾炎时，以巨噬细胞增生明显；布鲁氏菌病所致慢性脾炎时，淋巴细胞和巨噬细胞都明显增生。

随着慢性传染病过程的结束，脾脏中增生的淋巴细胞逐渐减少，局部网状纤维胶原化，上皮样细胞转变为成纤维细胞，脾脏内结缔组织成分增多，发生纤维化，被膜、小梁也因结缔组织增生而增厚、变粗。

第七节 胃肠病理

一、胃炎

(一)急性胃炎

1. 急性卡他性胃炎

(1)病因和机理　细菌、病毒、寄生虫感染，粗硬饲料、尖锐异物机械损伤，冷、热刺激，酸、碱物质，霉败饲料、某些化学药物，以及剧烈的应激因素等。其中以生物性因素最为常见。

(2)病理变化　局部胃黏膜特别是胃底腺部黏膜弥漫性充血、潮红、肿胀，黏膜面被覆多量浆液性、浆液-黏性、脓性甚至血性分泌物，并常散发斑点状出血和糜烂。镜检，胃黏膜上皮细胞变性、坏死、脱落，固有层、黏膜下层毛细血管扩张、充血、出血；有时可见生发中心扩大或有新生淋巴小结，组织间隙有大量浆液渗出及炎性细胞浸润，杯状细胞增多。

2. 出血性胃炎

(1)病因和机理　可见于各种原因造成的剧烈呕吐、强烈的机械性刺激、毒物中毒及某些传染病、寄生虫病。

(2)病理变化　胃黏膜深红色，有弥漫性、斑块状或点状出血，黏膜表面或胃内容物内含有游离的血液。时间稍久，血液渐呈棕黑色，与黏液混在一起成为一种淡棕色的黏稠物，附着在胃黏膜表面。镜检，黏膜固有层、黏膜下层毛细血管扩张、充血，红细胞局灶性或弥漫分布于整个黏膜内。

3. 纤维素性-坏死性胃炎

(1)病因和机理　由应激、病原微生物和寄生虫感染等引起，如猪应激性溃疡、猪瘟、鸡新城疫、沙门氏菌病、坏死杆菌病及化脓菌感染等。

(2)病理变化　胃黏膜表面被覆一层灰白或灰黄色纤维素性薄膜。薄膜剥离后，黏膜表面充血、肿胀、出血。若纤维素膜与组织结合牢固，则不易剥离，强行剥离则见糜烂和溃疡。镜检，黏膜表面、黏膜固有层甚至黏膜下层有大量纤维素渗出，黏膜上皮坏死、脱落，黏膜固有层和黏膜下层充血、出血，有大量多形核中性粒细胞等浸润。若继发感染化脓菌，则转为化脓性胃炎，黏膜表面覆盖物为脓性分泌物。

(二)慢性胃炎

1. 病因和机理

多由急性胃炎发展转变而来，少数由寄生虫(猪蛔虫，马胃蝇的幼虫，牛、羊真胃捻转血矛线虫)寄生所致。

2. 病理变化

胃黏膜表面被覆大量灰白色、灰黄色黏稠的液体，皱褶显著增厚。由于增生性变化，使全胃或幽门部黏膜肥厚，称肥厚性胃炎。初期黏膜固有层腺体与黏膜下层的结缔组织呈不均匀增生，使黏膜表面呈高低不平的颗粒状，称颗粒性胃炎，多发于胃底腺部。后期随着病变的发展，增生的结缔组织发生疤痕性收缩，腺体、肌层、胃黏膜萎缩变薄，胃壁由厚变薄，皱襞减少，称萎缩性胃炎。

镜检：黏膜固有层、黏膜下层腺体、结缔组织增生，并有多量炎性细胞浸润。部分固有层的部分腺体受增生的结缔组织压迫而萎缩，部分存活的腺体则呈代偿性增生。腺体的排泄管也因受增生的结缔组织压迫而变得狭长或形成闭塞的小囊泡。后期胃黏膜萎缩，肌层也发生萎缩。

二、肠炎

(一)急性肠炎

1. 急性卡他性肠炎

(1)病因和机理　饲料粗糙、霉败、搭配不合理，饮水过冷、不洁，误食有毒植物，滥用抗生素导致肠道正常菌群失调，病毒、细菌、寄生虫感染等。

(2)病理变化　肠黏膜表面有大量半透明无色浆液或灰白色、灰黄色黏液，肠黏膜潮红、肿胀，伴有斑点状出血，肠壁孤立淋巴滤泡和淋巴集结肿胀，形成灰白色结节，呈半球状凸起。镜检，黏膜上皮变性、脱落，黏液分泌增多，杯状细胞显著增多。黏膜固有层毛细血管扩张、充血和浆液渗出，伴有大量中性粒细胞及数量不等的组织细胞、淋巴细胞浸润，有时可见出血性变化。

2. 出血性肠炎

(1)病因和机理　化学毒物(如牛、羊误食夹竹桃叶子)引起的中毒，微生物感染(炭疽、犬细小病毒性肠炎、仔猪红痢、羊肠毒血症)或寄生虫侵袭(鸡、兔球虫病)。

(2)病理变化　肠内容物混有血液，呈淡红色或暗红色，肠黏膜肿胀，有点状、斑块状或弥漫性出血，黏膜表面覆盖多量红褐色黏液，有时有暗红色凝血块。镜检，黏膜上皮和腺上皮变性、坏死和脱落，黏膜固有层和黏膜下层血管明显扩张、充血、出血和炎性渗出。

3. 化脓性肠炎

(1)病因和机理　由各种化脓菌经肠黏膜损伤部或溃疡面侵入引起。

(2)病理变化　肠黏膜表面被覆多量脓性渗出物，有时形成大片糜烂和溃疡。镜检，肠黏膜固有层和肠腔内有大量中性粒细胞，毛细血管充血、水肿，黏膜上皮细胞变性、坏死和大量脱落。

4. 纤维素性肠炎

(1)病因和机理　见于猪瘟、仔猪副伤寒、鸡沙门氏菌病、猪坏死性肠炎、鸡新城疫、小鹅瘟等传染病。

(2)病理变化　初期肠黏膜充血、出血和水肿，表面有多量灰白色、灰黄色絮状、片状、糠麸样纤维素性渗出物，形成假膜被覆于黏膜表面。有的假膜易于剥离，剥离后黏膜充血、水肿，表面光滑，肠黏膜表面仅有浅层坏死，称为浮膜性肠炎。如果肠黏膜发生深层坏死，渗出的纤维性假膜与黏膜深部组织牢固结合，不易剥离，强行剥离后，可见黏膜出血和溃疡，称固膜性肠炎，也称为纤维素性坏死性肠炎。以亚急性、慢性猪瘟在大肠黏膜表面形成的"扣状肿"最为典型。

镜检:病变部位肠黏膜上皮脱落，渗出物的黏液中混有大量纤维素和中性粒细胞，黏膜层、黏膜下层小血管充血、水肿和炎性细胞浸润。固膜性肠炎时大量渗出的纤维蛋白和坏死组织融合在一起，黏膜及黏膜下层因凝固性坏死而失去固有结构，坏死组织周围有明显充血、出血和炎性细胞(中性粒细胞、浆细胞、淋巴细胞等)浸润。

(二)慢性肠炎

1. 病因和机理

多由急性肠炎转化而来，也可由长期饲养管理不当，肠内大量寄生虫寄生或其他致病因子所引起。

2. 病理变化

肠腔臌气(肠管蠕动减弱、排气不畅)，肠黏膜增厚，被覆多量黏液。有时因结缔组织增生不均而使黏膜表面呈现高低不平的颗粒状或形成皱褶。如果病程较长，黏膜萎缩，增生的结缔组织收缩，肠壁变薄。镜检，黏膜上皮细胞变性、坏死、脱落，肠腺萎缩或完全消失，肠腺之间结缔组织增生，有时侵及肌层及浆膜层，伴有淋巴细胞、浆细胞、组织细胞浸润，有时有嗜酸性粒细胞浸润。

第八节 肾脏病理

一、肾小球炎

(一)病因和机理

多发于猪瘟、猪丹毒、马传染性贫血等传染病过程,可分为两种类型。

1. 免疫复合物型

外源性抗原(如细菌、真菌、血吸虫、原虫、异种血清、磺胺类药物等)或内源性抗原(如自身组织破坏而产生的变性物质等)刺激机体产生相应的抗体,形成中等大小的可溶性抗原抗体复合物,未被机体清除,随血液循环沉积在肾小球毛细血管壁的基底膜上,引起炎症反应。

2. 抗肾小球基底膜抗体型

在感染或其他因素作用下,肾小球基底膜形成抗原(自身抗原),刺激机体产生抗自身基底膜的抗体,损害肾小球。

(二)病理变化

1. 急性肾小球肾炎

肾肿大、充血,包膜紧张易剥离,表面光滑,呈棕红色,故称“大红肾”。若肾小球毛细血管出血,肾脏表面及切面可见散在的小出血点。肾皮质增厚,纹理模糊,与髓质分界清楚。

镜检:肾小球内皮细胞、系膜细胞、壁层上皮细胞肿胀增生,中性粒细胞、巨噬细胞及淋巴细胞浸润。增生的细胞压迫毛细血管,使肾小球呈缺血状。严重者,毛细血管腔内有血栓形成,毛细血管纤维素样坏死,毛细血管破裂出血,大量红细胞进入肾小球囊腔。肾小管上皮颗粒变性、玻璃样变性或脂肪变性,从肾小球滤过的蛋白、红细胞、白细胞和脱落的上皮细胞在肾小管内凝集成各种管型。肾间质内有不同程度的充血、水肿及少量淋巴细胞和中性粒细胞浸润。

2. 亚急性肾小球肾炎

多由急性肾小球肾炎转化而来,眼观肾脏体积增大,被膜紧张,质度柔软,颜色苍白或淡黄色,俗称“大白肾”。切面隆起,皮质增宽,苍白色、浑浊,与颜色正常的髓质分界明显。

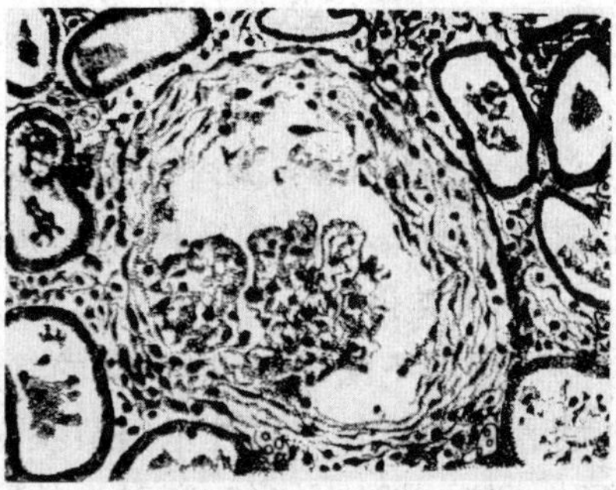

图 16-6 肾小球囊上皮增生形成新月状

镜检:突出的病变为大部分肾小球囊上皮细胞增生,在肾小球囊内毛细血管丛周围形成“新月体”(图16-6)。早期“新月体”主要由细胞构成,称为“细胞性新月体”。然后上皮细胞之间逐渐出现新生的纤维细胞,纤维组织逐渐增多,形成“纤维-细胞性新月体”。最后“新月体”内的上皮细胞和渗出物完全由纤维组织替代,形成“纤维性新月体”。“新月体”形成会压迫毛细血管丛,影响血浆从肾小球滤过,最后毛细血管丛萎缩、纤维化,整个肾小球呈纤维化玻璃样变。肾小管上皮细胞广泛颗粒变性,由于蛋白的吸收形成细胞内玻璃样变。病变肾单位所属肾小管上皮细胞萎缩甚至消失。间质水肿,炎性细胞浸润,后期发生纤维化。

3. 慢性肾小球肾炎

肾脏体积缩小,质地变硬,表面高低不平,呈弥漫性细颗粒状,颜色苍白,故称"颗粒性固缩肾"或"皱缩肾",肾包膜与皮质粘连,切面见皮质变薄,纹理模糊不清,皮质与髓质分界不明显。

镜检:大量的肾小球被增生的结缔组织所取代而发生纤维化,进而发生玻璃样变,所属的肾小管也萎缩消失,纤维化。间质纤维组织明显增生,并有大量淋巴细胞和浆细胞浸润。

二、肾病

因各种内、外源性毒物随血液流入肾脏,直接损害肾小管上皮细胞,使肾小管上皮细胞变性、坏死的一种病变。

(一)坏死性肾病(急性肾病)

多见于急性传染病和中毒病。眼观两侧肾脏肿大,质地柔软,颜色苍白。切面稍隆起,皮质部略有增宽,呈苍白色,髓质瘀血,暗红色。镜检,肾小管上皮细胞变性、坏死、脱落,管腔内出现颗粒管型和透明管型。

(二)淀粉样肾病(慢性肾病)

多见于一些慢性消耗性疾病。眼观肾脏肿大,质地坚硬,色泽灰白,切面呈灰黄色半透明的蜡样或油脂状。镜检,肾小球毛细血管、入球动脉、小叶间动脉及肾小管的基底膜上有大量淀粉样物质沉着。病变区肾小管上皮细胞变性和坏死。病程稍长,可见间质结缔组织广泛增生。

第九节 骨、关节、肌肉病理

一、骨和关节病理

(一)佝偻病和骨软症

1. 病因和机理

母乳或饲料中钙、磷含量不足或比例不当,维生素 D 缺乏或吸收障碍,光照不足或肝、肾功能障碍影响维生素 D 及其衍生物的转化生成。

2. 病理变化

早期病变不明显,后期长骨的骨端、肋胸关节肿大。严重时四肢骨因负重而弯曲,产生"弓腿";肋骨和肋软骨交界处呈结节状隆起,形成串珠状的"佝偻珠";脊柱弯曲,胸骨变形;牙齿排列紊乱、磨损程度不均匀;有时骨外膜形成骨赘,或骨髓腔变小。

镜检:病变局部有数量较多的、肥大的骨骺软骨细胞堆积,使软骨带加宽,软骨细胞呈岛屿状或舌状突向骨干侧生长，使骨骺线变宽且不齐。其他部位的骨内膜和骨外膜也有大量未钙化的骨样组织，软骨细胞增多。在骨软症时，因已形成的骨组织脱钙，而形成大小不等、形态各异的陷窝，使骨组织失去正常的结构。

(二)关节炎

1. 病因和机理

多因关节创伤、感染引起，也可由相邻部位(骨髓、皮肤、肌肉)的炎症蔓延而发病。风湿性关节炎是一种变态反应性疾病，类风湿性关节炎则是一种慢性、全身性、自身免疫性疾病。

2. 病理变化

急性关节炎时关节肿胀，关节腔内积聚有浆液性、纤维素性或化脓性渗出物，滑膜充血、增厚。若关节囊内充满的是稀薄、无色或淡黄色的浆液称浆液性关节炎；充满的是黄白色纤维蛋白称纤维素性关节炎；充满的是脓性液体称化脓性关节炎。慢性关节炎时关节明显粗大，关节及周围结缔组织呈慢性纤维性增生甚至发生骨化，两骨端被新生骨化组织完全愈着。

二、肌肉病理

(一)白肌病

1. 病因和机理

饲料中长期缺乏硒和(或)维生素 E。

2. 病理变化

病变见于负重较大的肌肉和持续活动的肌肉。眼观骨骼肌肌间结缔组织水肿，肌肉肿胀、色变淡，单个肌组织或整个肌群出现黄白色条纹状的坏死病变。心肌呈黄白色斑块状或弥漫状，心肌柔软，有时有斑点或条纹状出血。机化后，心壁变薄。镜检，肌纤维肿胀、变性，横纹消失，甚至断裂成长短不一的节片，肌间水肿。后期肌纤维消失，肌纤维蜡样坏死区有巨噬细胞、淋巴细胞及浆细胞浸润，并有较多成纤维细胞增生。

(二)猪应激性肌病

1. 病因和机理

肉猪宰前受到各种刺激(如捆绑、运输、电刺激等)，而发生应激反应。

2. 病理变化

猪肉色泽苍白、质地松软和肉汁渗出，称 PSE 猪肉，俗称白肌肉，镜检可见肌纤维变性、横纹不清，肌纤维间水肿，但不见炎性细胞浸润。猪肌肉坏死(LMN)的肌肉粉红或苍白色，水肿、出血，质地变硬，镜检变化是肌纤维肿胀变圆，出现“粗大纤维”，肌纤维肌浆溶解，巨噬细胞吞噬肌浆。肌纤维间有炎性细胞浸润，坏死肌纤维可发生钙化或再生，可见肌芽和结缔组织。

(三)寄生虫性肌炎

1. 肉孢子虫病

肌肉内寄生不同种类的肉孢子虫引起，能在肌肉中检查到肉孢子虫虫体即米氏囊。

2. 旋毛虫肌炎

旋毛虫的幼虫(肌旋毛虫)寄生于动物肌肉组织中引起的肌炎，呈小结节状。

3. 囊虫(囊尾蚴)病

猪囊尾蚴寄生于骨骼肌和其他部位肌组织引起。肉眼可见石榴米样的小泡状囊尾蚴寄生于感染肌肉中。牛囊尾蚴见于牛、羊、鹿、驼等动物，眼观所见和猪囊尾蚴相似。

第十节 生殖器官病理

一、卵巢病变

(一)卵巢炎

1. 急性卵巢炎

继发于产后输卵管炎或由腹膜炎波及而来。眼观卵巢肿大、柔软，并有炎性渗出物，有时覆盖大量纤维素或散在出血斑点。化脓性炎症时，可见卵巢表面和实质内有小脓肿。

2. 慢性卵巢炎

多继发于急性卵巢炎，也有一开始即呈慢性经过。卵巢实质变性，淋巴细胞和浆细胞浸润，结缔组织增生，卵巢白膜增厚，体积缩小，质地变硬，称“卵巢硬化”。

(二)卵巢囊肿

1. 卵泡囊肿

成熟的卵泡没有破裂而形成的囊肿。呈单发或多发，发生于一侧或两侧卵巢，囊肿大小不等，从核桃大到拳头大。囊肿壁薄而致密，内含透明液体，其中含有少量白蛋白。镜检，囊肿内一般不见卵细胞，囊肿膜萎缩，囊肿内壁为扁平细胞，有时囊壁细胞完全消失。

2. 黄体囊肿

是由黄体的中心部呈囊泡状扩张所形成的囊肿，多为单侧发生。因颗粒层黄体色素细胞内含有黄色素，故囊肿呈黄色。囊肿有核桃大至拳头大，囊内容物为透明液体，常伴发出血。

二、子宫内膜炎

(一)病因和机理

动物分娩时或产后感染，或全身性感染或局部炎症经血行感染。也可因冲洗子宫时药物刺激或机械损伤导致。

(二)病理变化

1. 急性卡他性子宫内膜炎

子宫腔内积有浑浊、黏稠而灰白或褐红色的渗出物，子宫内膜呈弥漫性或局灶性潮红肿胀，有散在的出血点或出血斑。有时黏膜表面覆盖纤维素性假膜。镜检，子宫内膜血管扩张充血，有时可见散在性出血和血栓形成。内膜表层的子宫腺腺管水肿，腺管内及周围有中性粒细胞、巨噬细胞和淋巴细胞浸润。内膜上皮细胞(包括浅层子宫腺上皮)变性、坏死和剥脱。严重时，内膜组织坏死，并混有纤维素和红细胞，子宫肌层甚至浆膜层也有炎性细胞浸润和水肿，肌纤维变性或坏死。

2. 慢性非化脓性子宫内膜炎

初期呈轻微的急性卡他性子宫内膜炎变化，继之淋巴细胞、浆细胞浸润，并有成纤维细胞增生，内膜增厚，肥厚部分呈息肉状隆起，称为慢性息肉性子宫内膜炎。内膜上出现大小不等的囊肿，呈半球状隆起，内含白色浑浊液体，称为慢性囊肿性子宫内膜炎。黏液腺及增生的结缔组织萎缩，黏膜变薄，称为萎缩性子宫内膜炎。

3. 慢性化脓性子宫内膜炎

由化脓性细菌感染而引起。子宫扩张，腔内蓄积大量脓液，触之有波动感。脓液可呈黄色、绿色或红褐色，脓液稀薄或浑浊浓稠，有时呈干酪样。子宫内膜多覆盖坏死组织碎屑，刮落后可见糜烂或溃疡灶。镜检，子宫内膜坏死脱落，有大量中性粒细胞、淋巴细胞和浆细胞浸润，在坏死组织中可检出感染菌。

三、乳腺炎

(一)急性弥漫性乳腺炎

1. 病因和机理

病原体为葡萄球菌、大肠杆菌、链球菌或混合感染。

2. 病理变化

浆液性乳腺炎，切面湿润有光泽，乳腺小叶呈灰黄色，小叶间质及皮下结缔组织炎性水肿和血管扩张充血。卡他性乳腺炎，切面湿润，乳腺小叶肿大呈淡黄色颗粒状，按压时，自切口流出浑浊脓样渗出物。出血性乳腺炎，切面平坦，呈暗红色或黑红色，自切口流出淡红色或血样稀薄液体，常混有絮状血凝块，输乳管和乳池黏膜常见出血点。纤维素性乳腺炎，切面干燥，质硬，呈白色或灰黄色。化脓性乳腺炎，乳池和输乳管内有灰白色脓液，黏膜糜烂或溃疡。

镜检：浆液性乳腺炎，可见腺泡腔内有均质带有空泡(脂肪滴)的渗出物，其中混有少数脱落上皮和中性粒细胞，腺泡上皮细胞颗粒变性、脂肪变性和脱落，小叶间及腺泡间有明显的炎性水肿、血管充血和中性粒细胞浸润。卡他性乳腺炎，腺泡腔及导管内有多量脱落上皮细胞和中性粒细胞、单核细胞、淋巴细胞，间质水肿并有细胞浸润。出血性乳腺炎，腺泡腔及导管内蓄积红细胞，上皮细胞变性和脱落，间质内亦有红细胞，血管充血，有时可见血栓形成。纤维素性乳腺炎，腺泡腔内有网状纤维素，同时上皮细胞变性脱落，以及少量的中性粒细胞和单核细胞浸润。化脓性乳腺炎，腺泡及导管系统的上皮细胞显著坏死脱落，并形成组织缺损，管腔内的渗出物中有大量坏死崩解组织、中性粒细胞和脓球，间质内亦有大量中性粒细胞浸润。

(二)慢性弥漫性乳腺炎

1. 病因和机理

常见于牛，多由无乳链球菌和乳腺炎链球菌引起。

2. 病理变化

初期乳叶肿大、硬实，乳池和输乳管黏膜充血，呈颗粒状，管腔内充满黄褐色或黄绿色脓样液，常混有血液，或为带乳块的浆液性分泌物，乳腺小叶灰黄色或灰红色，肿大并突出于切面，按压时流出浑浊的脓样液体。后期间质结缔组织显著增生，病变部乳腺显著缩小硬化。

镜检：初期在腺泡、输乳管和乳池的渗出物中检出脂肪溶解后的空泡，混有脱落上皮和中性粒细胞。间质水肿及中性粒细胞和单核细胞浸润，以后以淋巴细胞、浆细胞为主，并有成纤维细胞增生。输乳管及乳池黏膜因炎性细胞浸润及上皮细胞增生而肥厚,并形成皱襞或疣状突起。最后,增生的结缔组织纤维化和收缩,输乳管和乳池被牵引而显著扩张,上皮萎缩或化生为鳞状上皮。

四、睾丸炎

(一)急性睾丸炎

化脓菌、坏死杆菌、布鲁氏菌等因外伤、经血源性感染或由尿道经输精管感染发病。

眼观,睾丸红肿,被膜紧张变硬,切面湿润多汁、实质隆突,炎症波及被膜,可引起睾丸鞘膜炎,有时见有大小不等的凝固性坏死灶或化脓灶。镜检,细精管内及间质有中性粒细胞、淋巴细胞及浆细胞等浸润,血管充血和炎性水肿,并见组织坏死。

(二)慢性睾丸炎

多由急性炎症转化而来,以局灶性或弥漫性肉芽组织增生为特征。睾丸体积不变或缩小,质硬,表面粗糙,被膜增厚,切面干燥,常有钙盐沉着。伴有鞘膜炎时,因机化使鞘膜脏层和壁层粘连。

此外,结核分枝杆菌、布鲁氏菌、鼻疽杆菌等特定病原菌还可引起特异性睾丸炎,病原多源于血源散播,病程多取慢性经过。

第十一节 脑、脊髓病理

一、脑炎

(一)化脓性脑炎

引起化脓性脑炎的病原体主要是细菌,如葡萄球菌、链球菌、棒状杆菌、巴氏杆菌、李氏杆菌、大肠杆菌等,经血源性和组织源性感染。

化脓性脑炎在脑组织中形成微细脓肿到眼观可见的脓肿,单发或多发,但很少出现大范围的化脓性浸润。脓肿壁呈絮状的软化组织,浸润有大量中性粒细胞。毛细血管周围可由中性粒细胞形成袖套。陈旧的脓肿灶周围由神经胶质细胞及结缔组织增生形成包囊。

(二)非化脓性脑炎

1. *病毒性脑炎*

多见于乙型脑炎、狂犬病、伪狂犬病、猪瘟、犬瘟热、鸡新城疫、禽脑脊髓炎等。病变主要在脑脊髓实质,脑脊髓膜变化轻微。

眼观,软脑膜充血水肿,脑回变短、变宽,脑沟变浅,切面充血、水肿,严重者可见点状出血及粟粒至米粒大小的软化灶,软化灶可以散在或聚集成群。镜检,脑血管扩张充血,血管内皮细胞肿胀,血管周围有浆液渗出,间隙增宽,由淋巴细胞、单核细胞等构成袖套。神经细胞变性、坏死,数量减少,神经胶质细胞呈弥漫性或局灶性增生。如为狂犬病,其脑神经细胞胞质内可见包涵体。

2. 嗜酸性粒细胞性脑炎

多发于鸡、猪，主要由于摄入含盐过多的饲料引起。

眼观，软脑膜充血，脑回变平，脑实质有小出血点，其他病变不明显。镜检，大脑软脑膜充血、水肿，有时出血。脑膜及灰质内血管周围有嗜酸性粒细胞构成的血管套，多者达十几层。脑实质毛细血管内常形成微血栓。大脑灰质的另一变化是发生急性层状或假层状坏死与液化，发生在灰质的中层。有时第三、四、六层还可见散在的微细海绵状空腔化区。

二、脑软化

脑软化是指脑组织坏死后分解液化的过程。引起脑软化的病因有细菌、病毒等病原微生物感染，维生素缺乏，缺氧等。病因不同，脑软化形成的部位、大小及数量具有某些特异性。

(一)雏鸡脑软化

雏鸡脑软化又称疯狂病，由维生素 E 缺乏引起。通常发生于 15～30 日龄间，特征为病鸡运动失调，头后仰或向下收缩，运动吃力，共济失调，鸡腿快速地收缩与松弛，最终因完全衰竭而死亡。未见腿和翅的完全麻痹。

眼观，小脑软而肿胀，脑膜水肿，表面有微细出血点，脑回被挤平。病灶小时，肉眼不能分辨。脑软化症状出现 1～2 d 后，坏死区即出现绿黄色不透明外观。纹状体坏死组织常显苍白、肿胀和湿润，早期就与正常组织分界明显。镜检，脑膜、小脑、大脑血管充血，并发展为水肿。因毛细血管内微血栓形成而引起坏死。神经细胞变性，尤以浦金野氏细胞和大运动核里的神经元病变最明显，细胞皱缩并深染，核呈典型的三角形，周边染色质溶解。

(二)牛海绵状脑病

牛海绵状脑病又称疯牛病，是由朊病毒引起的一种具有传染性的人兽共患病。

病理变化主要在中枢神经系统。眼观病变不明显。镜检见脑干灰质两侧对称性变性。在脑干的某些神经核的神经元和神经纤维网中散在分布有中等大小呈卵圆形或圆形的空泡，其边缘整齐，很少形成不规则的孔隙。脑干的迷走神经背核、三叉神经脊束核、孤束核、前庭核、脑干网状结构等，在其神经细胞核周围和轴突内含有一个或多个大空泡，有时明显扩大致使胞体呈气球样，使局部呈海绵状结构。延髓、中脑的中央灰质部，下丘脑的室旁核区以及丘脑的中隔区是空泡变性最严重的部位，而小脑、海马、大脑皮层和基底神经节通常很少形成空泡。在神经细胞内尚见类脂质-脂褐素颗粒沉积。此外，神经元变性及丧失使神经元数目减少，还有神经胶质增生、胶质细胞肥大等变化。

复习思考题

1. 简述皮肤炎症、丘疹、疱疹的病理变化特征并列举其常见疾病。
2. 描述急性浆液性、出血性淋巴结炎的病理变化特征并列举其常见疾病。
3. 试述心包炎、心肌炎、心内膜炎的常见原因、类型和病理特征。
4. 上呼吸道炎症多见于哪些传染病？
5. 描述支气管肺炎的病理变化特征，说明其常发原因。
6. 描述纤维素性肺炎不同阶段的病理变化特征，其结局和对机体影响。
7. 急性炎性脾肿的病理变化特征是什么？常见于哪些传染病？

8. 肝炎的原因和病理变化特征是什么？

9. 试述胃炎、肠炎的类型及其病理变化特征，列举其常见疾病。

10. 试述肾炎的类型及其常见疾病。

11. 描述卵巢炎、子宫内膜炎和乳腺炎的病理变化特征。

12. 试述白肌病的病理变化特征。

第四单元　临床病理实务

第十七章　临 床 病 理

第一节　营养与代谢病病理

一、维生素 A 缺乏症

（一）原因及发病机理

动物体内的维生素 A 来源于一切绿色植物和黄色根茎及黄玉米，在动物小肠内被吸收，大多数动物对维生素 A 需要量较低，多余者贮藏在肝脏中。食入过量维生素 A 并超过肝脏贮藏能力时，可引起中毒。维生素 A 对上皮的正常形成、发育及维持十分重要。当维生素 A 缺乏时，黏膜细胞中的糖蛋白生物合成受阻，改变了黏膜上皮的正常结构，导致所有的上皮细胞萎缩，特别是具有分泌机能的上皮细胞被复层角化上皮细胞取代，常导致胎盘变形、眼干燥、角膜变化等临床症状。维生素 A 可维持成骨细胞和破骨细胞的正常位置和活动，缺乏时，成骨细胞活性增高，导致骨皮质内钙盐过度沉积，软骨内成骨成形失调，特别是骨的细致造型不能正常进行，骨质肥厚、腔隙缩小，可造成神经系统严重的损伤。

维生素 A 缺乏的原因有三种：①缺乏青绿饲料、黄玉米、胡萝卜等，或饲料收获、贮存不良，存放时间过长，导致胡萝卜素破坏。②胆汁或胰液分泌障碍或腹泻、慢性肠炎，可致肠道不能吸收维生素 A。③存在氯化萘等维生素 A 的对抗物，干扰其代谢。

（二）病理变化

维生素 A 缺乏可引起上皮结构受损，骨和牙齿生长障碍，畸胎和神经系统病变。

1. 上皮的完整性受损

视网膜感暗光的锥体细胞中的视紫质因缺乏维生素 A 不能再合成，感暗光机能减退，引起夜盲。眼结膜和泪腺上皮化生为复层鳞状上皮，导致干眼症，可继发结膜炎、角膜炎症或溃疡。唾液腺小叶间导管化生，因分泌物停滞并继发感染，可引起犊牛和猪的化脓性涎腺炎。猪膀胱黏膜化生，眼观黏膜上有 1～2 mm 大小结节，并易引起尿结石。对于鸡，常可造成口腔、咽部、食管甚至嗉囊黏膜表面形成多量 1～2 mm 大小白色脓疱样结节，有的可见溃疡、干酪样坏死或白喉样假膜，部分堵塞鼻腔、喉头和声门。

2. 齿、肾和骨骼生长障碍

因成牙质细胞分化不当，齿质形成不规则，出牙延长时间或不出牙。母猪肾异位、畸形或纤维化。扁骨生长受损，使颅骨和椎管的容积相对变小。骨形成失调，出现长骨变短和骨骼变形。

3. 畸胎、神经系统受损

维生素A缺乏可引起母畜(猪、牛)发生流产、死胎、胎儿畸形。犊牛视神经孔狭窄而使视神经萎缩和纤维化。小脑膜骨性增厚，小脑呈圆锥状，大脑水肿。

二、维生素D缺乏症

(一)原因及发病机理

维生素D是一种固醇类衍生物，脂溶性，共有6～8种之多，其中与动物营养最为密切的只有维生素D_2(麦角骨化醇)和维生素D_3(胆骨化醇)两种。主要作用是调节血钙浓度、促进骨骼正常钙化。维生素D_3主要来源于饲料，动物皮肤颗粒层中的7-脱氢胆固醇在紫外线照射下，也可转变为维生素D_3，贮存在肝脏。维生素D缺乏时，小肠对钙、磷的吸收和运输降低，血钙、血磷水平下降。低血钙可引起破骨细胞活性加强，使钙盐溶出，同时抑制肾小管对磷的重吸收，钙、磷不能在骨生长区的基质中沉积转化为骨质，引起幼畜佝偻病。在成年动物，因骨盐不断溶解而发生骨软症。

(二)病理变化

1. 佝偻病

为幼畜生长性骨骼疾病，可因饲料中维生素D或磷缺乏，影响钙、磷的吸收和血液内钙、磷的平衡而引起本病。主要病变表现为：软骨不能钙化，骨化线呈锯齿状；骨干比正常短，骨髓腔狭窄，长骨因负重而弯曲或骨折；关节肿大，在肋骨肋软骨连接处出现一排珠状干骺端(佝偻珠)；颅骨比正常更呈圆顶状，囟门可能仍然开放，骨缝增宽。

2. 骨软症

为成年动物骨骼代谢病。其原因可能为饲料中维生素D含量低，舍饲动物受阳光照射少，妊娠和泌乳使维生素D流失等。其病变特征为大量类骨质聚积，使骨骼变软变形，骨盆腔狭窄，胸腔扁平，胸骨突出。骨髓腔增大并可能延伸到骨骺，骨皮质变薄、多孔状。动物表现为低血钙。

三、维生素E和硒缺乏症

(一)原因及发病机理

维生素E和硒常同时缺乏，缺硒多与土壤有关，如多石灰质性、玄武岩性土壤，因硒含量低，其生长的植物含硒也低。此外，某些治疗药物、矿物添加剂与硒络合而诱发本病。有研究认为，每千克饲料中硒含量低于0.05 mg时就会引起40多种动物发生20多种缺硒病，但每千克饲料中硒含量高于0.5 mg时则可发生硒中毒。维生素E缺乏则多由于饲料变质、动物性饲料中含有不饱和脂肪酸等引起。

维生素E和含硒酶(谷胱甘肽过氧化物酶)都有抗氧化和抗自由基作用。硒还可以促进淋巴细胞增生，增强动物对传染病的抵抗力。维生素E和硒缺乏时，动物机体在氧化过程中不断形成的过氧化物和自由基，可引起细胞膜的过氧化作用与蛋白质分子的损伤，从而损伤细胞，造成血管通透性增高，血浆外渗，神经内分泌机能和繁殖机能障碍等。

(二)病理变化

1. 牛、羊

犊牛、羔羊营养性肌萎缩,四肢僵硬,犊牛走路时常伴有跗关节的旋转运动,羔羊则表现为僵硬的鹅步或踩高跷步态,肌肉颤抖。触摸肌肉有硬感似橡胶样,并常见肿胀。严重病例,由于肌肉损害,致使肩胛骨上缘突出甚至高于背中线,并且远离胸壁,腕关节和掌关节松弛。无力抬头,吞咽困难,舌无力,腹肌松弛,饮水时常发生哽噎。尸体剖检病变以骨骼肌与心肌钙化为主。心外膜与心内膜下有白色刷状条纹,钙化处呈不透明乳白色。有的在大腿和肩胛部肌肉中也有病变,呈双侧对称。

2. 猪

猪缺硒和维生素 E 有三种表现方式。

(1)白肌病　常侵犯 6～20 周龄仔猪,主要病变为骨骼肌颜色苍白;镜检见肌纤维变性。

(2)桑葚心病　心脏表面广泛出血,状如桑葚,心外膜和心内膜面有苍白坏死条纹与斑点伸入心肌。全身多处小动脉壁形成透明血栓或纤维素变性。

(3)营养性肝病　肝肿大,灰白色坏死区与深红色出血区呈镶嵌状,残存的肝小叶呈黄褐色。此外还可见心肌、骨骼肌变性,体脂呈黄褐色,皮下普遍发生水肿。

3. 鸡

主要病症有三种:渗出性素质、肌肉营养性病变和胰脏营养性萎缩。渗出性素质,发病一般在 3～6 周龄。皮下、肌间间质水肿与出血,尤以胸、腹部最为严重,呈褐红色或蓝色。病雏常发生贫血和低蛋白血症,生长缓慢。肌肉营养性病变(白肌病),特征是虚弱、运动困难,腿、颈、胸等处肌肉及肌胃壁中,可见对称性、与肌纤维平行的灰黄色条纹,大部分雏鸡心室壁有灰白色条纹。镜检可见横纹肌发生变性、坏死。胰脏营养性萎缩,症状特征为:胰脏硬化、萎缩而且胰脏机能消失,病鸡生长受阻,羽毛生长不良。

第二节　中毒病病理

一、氨中毒

(一)原因及发病机理

氨中毒是指由氨合成的铵态和部分硝态的氮素肥料,以及由厩肥和其他来源的氨所引起的一种中毒性疾病。化肥保管不严,被动物误食误饮,或氨化饲料处理不当,或用尿素喂牛过量,氨经消化道吸收而中毒;装有液氨或氨水的容器密闭不严或有损坏,氨气逸出,或因进行畜禽舍熏蒸消毒后,未充分通风换气而过早地放入畜禽,极易经呼吸道和皮肤吸收而引起氨气中毒;另外,畜禽舍内粪便不能及时清除,粪便或其他含氮物质发酵分解产生多量氨气,加之通风不良,极易引起动物氨中毒,应当引起重视。

氨对接触的部位产生强烈的刺激作用。皮肤和黏膜接触不同形态的氨时,可引起皮肤充血、水疱,结膜炎,角膜炎,甚至角膜溃疡。低浓度的氨气引起眼结膜、角膜、黏膜和上呼吸道充血、水肿、分泌物增加；高浓度的氨对所接触的局部引起碱性化学灼伤，吸收水分，碱化脂肪，造成组织呈溶解性坏死。氨进入消化道后，直接刺激黏膜，引起口膜炎、咽炎、咽水肿和胃肠炎等。吸入高浓度氨时，可引起喉炎、喉水肿和喉痉挛，以及气管、支气管、肺的炎症和肺水肿，还可以通过刺激三叉神经末梢，引起反射性呼吸中枢抑制。

氨被吸收入血后，可阻断柠檬酸循环，使糖原无氧酵解，导致血糖和乳酸增多，引起动物酸中毒。干扰脑细胞的能量代谢，引起中枢神经机能障碍。呼吸中枢抑制，引起呼吸衰竭。血氨可增加毛细血管壁的通透性，引起肺水肿，体液丧失，血液浓缩；血氨增加还能引起中毒性肝病、肾间质性炎症，重者因心肌变性、导致心力衰竭而死亡。

(二)病理变化

急性病例皮肤及整个尸体浆膜下均布满出血斑，血液稀薄而色淡。口腔黏膜充血、出血、肿胀及糜烂。胃肠黏膜水肿、出血和坏死，胃肠内容物有氨味。鼻、咽、喉、气管、支气管黏膜充血、出血，管腔内有大量泡沫状炎性渗出液。肺充血、出血和水肿。肝脏、脾脏肿大，质地脆弱，有出血点。肾脏有出血点和坏死灶，肾小管浑浊肿胀。心包和心外膜点状出血，心肌色淡。慢性病例可见肾脏肿大，尿道黏膜充血、炎症。

二、亚硝酸盐中毒

(一)原因及发病机理

亚硝酸盐多由硝酸盐通过还原菌或反硝化菌(具有硝化酶和供氢酶的细菌)的作用而产生。富含硝酸盐的植物性饲料由于加工、调制或保存不当，如焖泡时间过长、堆制中发生腐败等，为细菌滋长造成良好条件，使饲料中的硝酸盐还原成亚硝酸盐。另外，动物胃肠道内有许多细菌在适宜的 pH 条件下，也能将摄入饲料中的硝酸盐还原成亚硝酸盐而引起中毒。

亚硝酸盐是一种强氧化剂。当过量吸入血液后，使血红蛋白中的二价铁(Fe^{2+})脱去电子而氧化成为三价铁(Fe^{3+})，形成的高铁血红蛋白与羟基结合牢固，流经肺泡时不能氧合，流经组织时不能氧离，失去正常运载氧的能力，导致全身性缺氧。当高铁血红蛋白达到 30%～40%时，即可引起动物缺氧，引起全身组织尤其是脑组织的急性损伤。亚硝酸盐还有扩血管作用，导致外周循环障碍，使全身组织缺氧加剧，表现为呼吸困难，神经功能紊乱。当短时间摄入大量亚硝酸盐，形成的高铁血红蛋白量达到 70%～90%时，可引起动物严重缺氧而迅速死亡。另外，硝酸盐对消化道黏膜有刺激作用，可引起胃肠道炎症。

(二)病理变化

大多突然发病，流涎呕吐，呼吸急促。皮肤、可视黏膜发绀，呈蓝紫色或紫褐色。血液呈咖啡色或酱油样，在空气中长期暴露也不变红、不凝固。心外膜点状出血，心肌变性，心腔内充满暗红色血液。气管与支气管充满白色或淡红色泡沫样液体，肺胸膜下有散发性出血点，肺膨大，气肿明显，伴发瘀血、水肿。肝、脾、肾瘀血，呈黑红色；胃内充满饲料，内容物有硝酸样气味，胃底腺区黏膜充血或见密集小出血点，黏膜容易剥脱，小肠黏膜散在点状出血。

三、黄曲霉毒素中毒

(一)原因及发病机理

黄曲霉毒素是黄曲霉群真菌的代谢产物，对人和大多数动物都具有强烈的毒性作用，主要损害肝脏。依据其化学结构不同,黄曲霉毒素有20多种,其中以B_1毒素的毒性最强。动物摄入黄曲霉毒素B_1后,迅速经胃肠道吸收,毒素从门静脉进入肝脏,在肝脏中通过羟基化、去甲基作用转化为毒性较低的代谢产物,大部分经胆汁进入肠道随粪便排出。

黄曲霉毒素在体内代谢过程中,抑制RNA聚合酶,使核糖体的RNA合成受阻;抑制DNA前体,干扰DNA转录,抑制蛋白质合成。研究证实,黄曲霉毒素进入细胞内,首先引起核仁变化,然后出现细胞质变化。核染色体碎裂,核分裂受阻,结果使细胞增大,肝内可见巨肝细胞。黄曲霉毒素还可作为致癌物,经代谢活化后与DNA或RNA的特异受体以共价键相结合,引起遗传密码改变,最终引起肿瘤发生。

(二)病理变化

由于动物品种、年龄及饲料含毒量不同,中毒的病变有所差别。

1. 猪

仔猪常为急性中毒,可见耳、腹、四肢内侧皮肤出血斑,腹腔中有淡黄或淡红色腹水。肝肿大,苍白或砖红色,质脆易碎,切面结构模糊不清;心包积液,心内外膜上有出血斑点或条纹;小肠有出血斑点,粪便因含多量血液而呈煤焦油样;血液稀薄且凝固不良。病程稍长的皮肤、黏膜黄染,肌肉苍白;肝枯黄色,表面及切面有胆汁沉积的小斑块;肾土黄色并有小出血点,结肠壁及黏膜水肿,全身淋巴结水肿。慢性病例特征性病变为结节性肝硬化、黄色脂肪变性和胸、腹腔积液。

2. 犊牛

主要病变为肝硬化、腹水、内脏器官水肿。肝质地坚实,色泽苍白,胆囊扩张,腹腔内有橙黄色液体,在空气中易凝固。瘤胃浆膜、皱胃黏膜、肠系膜、直肠黏膜水肿。

3. 雏鸭

急性中毒者肝脏肿大,色泽变淡,有弥漫性出血斑点,显微镜下见肝细胞变性、坏死,卵圆细胞和胆管组织显著增生。慢性中毒时,肝脏硬度增加,体积缩小,表面粗糙呈颗粒状,胆囊扩张,肾苍白肿大,常发生心包积水和腹水症。镜下可见肝脏内胆管上皮增生更加明显,肝小叶内淋巴细胞广泛增生形成结节,肉眼看如针尖样灰白色小点。慢性中毒病例,易诱发原发性肝癌。

第三节 细菌性传染病病理

一、炭疽

(一)发病机理

由炭疽杆菌引起的急性败血性传染病。主要通过采食、饮水经消化道感染,也可因皮肤创伤、昆虫叮咬感染。也可因吸入带有炭疽芽孢的灰尘,经呼吸道感染。病原体侵入机体后,在侵入局部增殖或发芽繁殖,形成局部感染病灶并侵入局部淋巴结。在组织内增殖的炭疽杆菌多形成荚膜,它具有保护菌体抵御白细胞吞噬的作用,荚膜的可溶性物质(荚膜黏液素)及菌体死亡后的崩解产物进入血液能中和血液中的杀菌物质,并对机体产生强烈的致病作用。炭疽杆菌繁殖过程中可产生水肿因子、保护性抗原、致死因子三种外毒素蛋白复合物,使局部组织细胞发生变性、坏死,血管通透性增高,局部浆液、纤维素渗出和出血。炭疽杆菌在局部形成的炎症灶,称炭疽痈,当病灶内细菌大量繁殖和产生毒素时,可突破和瓦解组织的防御屏障,进入血液和淋巴液,扩散到全身组织和器官继续繁殖,最终发展为败血症而引起动物死亡。

(二)病理变化

1. 败血型

多见于牛、羊、马。死于败血症的病例,尸僵不全,尸体容易腐败,可视黏膜发绀、出血,天然孔流出暗红色或煤焦油样不凝固的血液。全身组织均可见出血斑点。脾明显肿大,暗红色,脾髓软如烂泥样,脾白髓及小梁结构模糊不清。全身淋巴结肿大出血,暗红或砖红色。心、肝、肾变性、出血,肺瘀血、水肿和出血。镜检脾脏和淋巴结,除发现有充血、出血、组织细胞变性坏死外,还可见大量炭疽杆菌。

2. 痈型

由于动物机体抵抗力强,或侵入的病菌数量少、毒力弱等原因,病原体在入侵局部形成炭疽痈病灶。根据发生部位有不同名称。

(1)咽炭疽　主要见于猪。急性者整个咽喉或一侧腮腺肿胀,皮肤发紫,有时肿胀蔓延至颈部与胸前。剖检可见以咽扁桃体为中心,黏膜出血、坏死,咽喉和颈部皮下出血性胶样浸润,下颌淋巴结明显肿大、充血、出血,有的可见中央有稍凹陷的黑红色坏死灶。慢性者多在宰后检查时发现,下颌淋巴结肿大质硬,切面干燥,有砖红色坏死灶,有的形成脓肿或外周包囊形成。

(2)皮肤炭疽　最典型的皮肤炭疽见于人,初期在皮肤上形成炎性肿胀,出现鲜红色、圆锥状隆起,在病灶顶端形成含有浑浊液体的小水疱,小水疱干涸后形成煤炭样褐色痂,病灶周围有广泛的水肿区,局部淋巴结呈浆液出血性淋巴结炎。牛和绵羊有时也可发生皮肤炭疽。

(3)肠炭疽　见于马、牛、羊和猪,主要发生在小肠。多数以肿大、出血和坏死的淋巴滤泡为中心,形成局灶性出血性坏死性肠炎。痈灶表面覆有纤维素性固膜性痂,邻接的肠黏膜呈出血性胶样浸润。光镜下见肠绒毛大片坏死、黏膜下层水肿,出血和中性粒细胞浸润,肠系膜淋巴结呈浆液出血性炎症。

(4)肺炭疽　较少见。主要位于膈叶前下部,有多少不等拇指或鸡蛋大的硬块,切开呈暗红或黑褐色,干燥,无弹性。周围水肿,呈明显的胶样浸润。镜检可见肺组织充血、出血,肺泡内有多量浆液和纤维素渗出物,也可见到炭疽杆菌。

二、沙门氏菌病

(一)发病机理

由沙门氏菌属细菌引起各种动物疫病的总称。致病菌的血清型有30多种。有的只对相应动物有致病性,如羊流产沙门氏菌、鸡白痢沙门氏菌;有的对多种动物有致病性,如肠炎沙门氏菌。本病除通过直接或间接接触传播外,健康动物的带菌现象较为普遍,消化道、淋巴组织和胆囊内常有病菌潜藏,当机体抵抗力降低时,可造成内源感染。鸡患本病时可通过种蛋传播。病菌在体内可产生内毒素、肠毒素,突破屏障系统进入血液,引起毒血症、败血症,最终导致病畜死亡。当动物抵抗力强或病菌的毒力较弱时，进入血液的病菌大部分被消灭，其余的可局限在肝、脾、肺、肠等器官内，形成局灶性损害。

(二)病理变化

1. 猪副伤寒

急性者主要为败血症病变，皮肤淡蓝或淡紫色，全身浆膜、黏膜斑点状出血；淋巴结出血，大理石样；肠系膜淋巴结索状肿大、水肿和出血。脾肿大，暗蓝色，质硬如橡皮。肝实质有时可见糠麸样细小坏死点。慢性病例以坏死性肠炎为特征，盲肠、结肠壁增厚，黏膜上覆盖污灰色糠麸样物，撕去后露出红色不规则溃疡面，周围呈堤状隆起。肠系膜淋巴管因淋巴淤滞或淋巴栓而变粗，呈灰白色条索状。肝被膜下或切面可见灰黄色坏死小点。

2. 牛副伤寒

成年牛主要表现为急性出血性肠炎。肠黏膜潮红、出血，大肠黏膜脱落，有局灶性坏死，肠系膜淋巴结水肿、出血。肝脏局灶性坏死。犊牛常呈败血症变化，脾肿大 2～3 倍，黑红色，包膜下见出血、粟粒大坏死灶和结节；肝肿大柔软，色泽苍白，被膜下散在针尖大病灶，为组织坏死或细胞增生形成。心壁、皱胃、肠和膀胱黏膜有小出血点；肠淋巴滤泡髓样肿胀，呈半球状或堤状隆起。病程较长者，小肠可见浮膜性或固膜性炎。慢性病例，可见肺脏有卡他性和化脓性支气管肺炎病变，局部色红质硬，有时见散在性粟粒至豌豆大小、灰黄色病灶，切开时流出黏液或脓性渗出物。关节囊肿大，关节腔中有脓汁或纤维素渗出物。

3. 鸡白痢

雏鸡发生本病时，尸体消瘦，肛周沾污石灰浆样白色稀粪。肝肿大变性，表面散在针尖或粟粒大灰黄色坏死点或灰白色结节。胆囊肿大，充满胆汁。脾肿大达 2～3 倍，被膜下有小坏死灶。肺充血出血，有灰黄色干酪样坏死灶或灰白色结节。心肌苍白柔软，见有米粒大坏死灶，有的在心外膜上见到灰白色突起结节，状如小丘。输尿管充满尿酸盐而扩张。盲肠中常含有白色干酪样物，有时混有血液。成年母鸡以卵巢慢性炎症为特征，卵泡变色变形，内容物呈干酪样或稀薄油样。常因卵泡破裂，卵黄物质布满腹腔而引起腹膜炎，腹腔内可见多量黏稠的卵黄或纤维素渗出物。输卵管内充满煮熟样的卵白和卵黄物质。患病公鸡可见一侧或双侧睾丸肿大或萎缩变硬，睾丸鞘膜增厚，实质内有许多坏死灶或小脓肿，输精管增粗，充满稠密的均质渗出物。

三、巴氏杆菌病

(一)发病机理

病原主要为多杀性巴氏杆菌，有许多血清型。本病可因病畜的分泌物、排泄物污染饲料、水源等经消化道感染，也可因病畜禽咳嗽排菌经呼吸道感染。此外，畜禽扁桃体和上呼吸道正常情况下即有本菌寄居，当机体抵抗力降低时，这些寄居的病菌毒力增强，病原菌突破局部防御屏障，经淋巴进入血流形成菌血症。由于受害局部组织坏死及菌体崩解，产生内毒素，导致机体功能紊乱，很快发展为败血症，导致动物死亡。

(二)病理变化

1. 猪巴氏杆菌病

有流行性和散发性两种。

(1)流行性　为感染 Fg 型菌所致,发病急,死亡快,口、鼻流出红色泡沫样液体。外观咽喉及颈部肿胀,硬实,切开可见多量淡黄色浆液,局部组织呈黄色胶冻样,故俗称"锁喉风"。颌下、咽后及颈部淋巴结充血、出血、水肿明显,全身浆膜和黏膜有点状出血,胸、腹腔及心包内积液,肺局部呈红色肝变病灶。脾脏眼观变化不明显。

(2)散发性　多为感染 Fo 型菌引起,肺部病变明显,多发生于心叶、尖叶和膈叶前部,严重时累及整个肺叶。病变肺组织肿大、坚实,色泽暗红或灰黄,被膜粗糙,呈现不同阶段的纤维素性肺炎病变,外观大理石样。胸膜有斑点状出血,表面常因纤维蛋白附着而粗糙,失去光泽。有的肺和肋胸膜粘连。心包液增多,内含絮状纤维素,心外膜充血、出血。镜检,病变部肺泡壁毛细血管充血、出血,肺泡内充满了浆液、纤维蛋白和红细胞及大量中性粒细胞。

2. 牛巴氏杆菌病

多为 Fg 型菌引起,根据剖检特征可分为三种类型。

(1)败血型　生前无明显症状,剖检呈一般败血症病变。可视黏膜紫红色,全身组织器官均可见散在性出血点,实质器官变性,淋巴结肿大、充血,呈急性浆液性炎症。心包液增多,含多量纤维素渗出物。

(2)水肿型　主要表现为颌下、咽喉部、面部和颈胸部肿胀,切开时流出淡黄色稍浑浊液体,颌下、咽背、颈部及肺门淋巴结肿胀充血,上呼吸道黏膜红肿,肺瘀血水肿,胃肠黏膜呈急性卡他性或出血性炎,各实质器官变性,脾不肿大。

(3)肺炎型(胸型)　除出现败血症的各种病变外,突出病变为纤维素性肺炎和胸膜炎。肺不同部位呈不同肝变期,质地硬软不一,表面和切面大理石样。胸膜表面附着灰白色纤维素薄膜,胸腔、心包腔内有多量纤维素渗出物,有的发生粘连。

3. 兔巴氏杆菌病

由 Fo 型菌引起,病变因临床表现不同而异。

(1)败血症型　生前无症状而突然死亡,剖检见一般败血症变化。全身浆膜、黏膜有散在性出血点,肺瘀血水肿,心包和胸腔积液,肝有细小坏死灶,淋巴结肿胀出血。

(2)鼻炎型　比较多见,鼻腔黏膜红肿,表面覆有黏稠脓液,鼻窦和副鼻窦内也积有脓性渗出物。慢性病例可见鼻黏膜增厚。

(3)肺炎型　两侧肺叶同时表现为纤维素性炎症,有的还可见化脓或坏死。常伴发纤维素性胸膜炎和心包炎,心包和胸腔积液,胸膜有纤维素假膜。

(4)子宫内膜炎型　主要病变为子宫内膜炎和子宫积脓。

(5)中耳炎型　外耳道有脓液流出,耳廓内侧皮毛粘有脓痂或碎屑。

(6)睾丸炎和附睾炎型　阴囊肿大积脓,睾丸或附睾有小脓肿灶。

4. 禽巴氏杆菌病

又称禽霍乱,由 Fo 型菌引起,传染性强,死亡率高。最急性者往往突然死亡,病变不明显。急性病例可见鸡冠和肉髯发紫,嗉囊积食,口鼻流黏稠液体,肛周羽毛被粪便污染。剖检见全身组织器官有出血点,尤以心冠状沟明显。心包腔扩张并蓄积多量纤维素性渗出液。肝肿大,表面见针尖大到粟粒大坏死灶(具有证病意义)。十二指肠扩张,黏膜充血肿胀和出血,肠腔内有多量混有血液的黏液样渗出物。

慢性病例,通常表现为局部病变,如纤维素性坏死性肺炎、心包炎、胸膜腹膜炎、关节炎及鸡冠和肉髯坏死等。发生纤维素性坏死性肺炎时,肺炎病灶大小不一,胸膜也可伴发纤维素性炎，胸腔内有浑浊液体或干酪样纤维素凝块。肝肿大，表面呈结节样高低不平。关节炎时，关节肿胀、变形，关节囊内蓄积黏稠或干酪样纤维素性或脓性渗出物。

四、布鲁氏菌病

(一)发病机理

是由布鲁氏菌引起的一种人兽共患传染病，动物以流产、不孕、睾丸炎等为特征。细菌可通过消化道、生殖道、皮肤、结膜以及呼吸道等途径感染。细菌侵入机体后，由淋巴管到达淋巴结定居，条件允许时，细菌开始增殖并突破淋巴结防御进入血液，出现菌血症、毒血症，并引起发热和抗体产生。细菌因寄生于中性粒细胞和巨噬细胞内，从而逃避了宿主免疫作用而长期生存。同时，病菌通过血液循环散播于生殖系统和肝、脾、乳腺、骨髓、关节等各个器官组织，引起广泛的病理变化。

母畜感染布鲁氏菌后，细菌感染胎盘，引起胎盘化脓性和坏死性炎症，常常引发流产、胎儿发育不良、死胎及胎衣不下。公畜感染后多出现睾丸和附睾炎症。

(二)病理变化

1. 牛

子宫绒毛膜的绒毛有坏死病灶，表面有污灰色或黄色无气味的胶样渗出物；胎膜因水肿而肥厚，呈胶样浸润，表面覆以纤维素和脓汁。子宫内膜充血、水肿，呈污红色，有时还可见弥漫性红色斑纹，有时尚可见到局灶性坏死和溃疡。输卵管肿大，有时可见卵巢囊肿。严重时乳腺可因间质性炎而发生萎缩和硬化。流产的胎儿主要为败血症变化，浆膜和黏膜有出血斑点，脾与淋巴结肿大，肝脏中有坏死灶，肺常见支气管肺炎。

公牛主要是化脓性坏死性睾丸炎或附睾炎。睾丸显著肿大，其被膜与外层浆膜粘连，切面可见到坏死灶或化脓灶。阴茎可以出现红肿，其黏膜上有时可见到小而硬的结节。

2. 羊

淋巴结、脾、肝等表现为网状内皮细胞增生，呈弥漫肿大，有的表现为结节性肉芽肿。子宫、胎盘与胎儿的病变与牛相似，可见子宫内膜有结节性肉芽肿，切开结节，其中心可见坏死灶。

3. 猪

流产母猪的子宫黏膜坏死脱落，黏膜深部有许多灰黄色粟粒样结节，向表面隆起，结节中央含有脓液或干酪样物质。胎盘布满出血点，胎膜由于水肿而增厚，表面覆盖有纤维蛋白和脓汁。镜检，子宫腺体和内膜基质有淋巴细胞浸润，腺体周围有结缔组织增生。

胎儿通常因感染而死亡，多呈败血症病变。主要表现为浆膜、黏膜有出血斑点，皮下组织炎性水肿；淋巴结、脾脏肿大，出血；肝脏出现小坏死灶；脐带也常呈现炎性水肿变化。

公猪的主要病变发生在睾丸，据统计有34%～95%的患病公猪有睾丸病变。病初，睾丸肿大，出现化脓性或坏死性炎；后期病灶可发生钙化，睾丸萎缩。切开睾丸，肿大的睾丸多呈灰白色，有大量的结缔组织增生，在增生组织中常见出血及坏死灶；而萎缩的睾丸多发生出血和坏死，睾丸的实质明显减少；除睾丸外，附睾、精囊腺、前列腺和尿道球腺等均可发生相同性质的炎症。病猪颌下、颈部、腹股沟和咽淋巴结肿大，皮下淋巴结、胸腔淋巴结、脾、腱鞘等脓肿，有的肝肿大充血。有的还可见化脓性关节炎、滑腱炎及腱鞘炎。

五、链球菌病

(一)发病机理

链球菌能引起人和多种动物患病,菌属分类复杂,临床报道大多为β溶血型。病菌可经过呼吸道、消化道、皮肤黏膜的创口或昆虫叮咬而感染。由于链球菌是禽肠道菌群的一部分,因此禽也可发生内源性感染。病菌进入机体后,能很快突破防御屏障侵入淋巴或血流,迅速播散到全身。由于细菌大量生长繁殖并产生溶血素、杀白细胞素、透明质酸酶等毒素,溶解红细胞,损伤血管壁等,致使机体内相继发生菌血症、毒血症和败血症。因本菌菌型、侵害部位及各种动物抵抗力不同,所引起的症状和病理变化多种多样。

(二)病理变化

1. 猪

最急性死亡的猪,解剖病变不明显,多见脑膜增厚、充血,脑实质有化脓性脑炎变化。急性病例多以败血症为主。胸腹下部和四肢内侧皮肤呈紫红色并有出血点;上呼吸道黏膜充血,表面附有黏液;肺充血肿大,表面和切面有出血点;心肌柔软色淡,心外膜点状或弥漫性出血,有时因附着纤维素而呈"绒毛心",并常与心包粘连,心室内积有煤焦油样血块;胸、腹腔积有含纤维素絮片的浑浊液体;肝、脾肿胀,胆囊水肿,囊壁增厚;肾肿胀或瘀血,皮质和髓质有斑点状出血;胃底部弥漫性出血,黏膜脱落;肠黏膜、浆膜点状或条索状出血;膀胱积尿,有出血点;全身淋巴结出血、肿大或坏死。有的关节周围肿胀,滑液浑浊,甚至关节软骨坏死,周围组织化脓。

2. 禽

急性型剖检主要呈败血症变化,皮下、浆膜及肌肉出血、水肿,肝肿大,表面有红色、黄褐色或白色坏死灶。脾、肾肿大,肺瘀血或水肿。部分病例喉头有干酪样粟粒大小坏死,气管、支气管黏膜出血,心包积液,心冠脂肪、心内膜出血,心肌布满出血点。腹膜炎、卡他性肠炎,十二指肠、直肠出血。少数腺胃出血或肌胃角质膜糜烂。输卵管黏膜出血。雏鸡还可见皮下有淡红色胶冻样浆液渗出,胸肌、大腿肌有针尖样出血,肝稍肿,呈淡黄色,肾尿酸盐沉积,腺胃黏膜增厚,卵黄吸收不全。

3. 羊

特征病变为全身出血性败血症,可视黏膜紫红,各脏器广泛出血。咽喉部组织水肿、多汁,黏膜上有斑块状出血。心外膜出血,心肌色泽浑浊,质脆易碎。肝肿胀质脆,呈槟榔样花纹,表面紫红,切面黄褐色。胆囊肿大。脾明显肿大,质度柔软,切面结构模糊不清,全身淋巴结肿大出血。病程稍长者,表现为纤维素性胸膜肺炎和腹膜炎病变。胸腔积有纤维素性渗出液,肺呈纤维素性大叶性肺炎景象,肺与胸膜和横膈粘连;腹腔积液浑浊,含有纤维素絮片,肝与横膈及肠袢可发生粘连。

六、大肠杆菌病

(一)发病机理

是由致病性大肠杆菌引起的人和多种动物共患的传染病。病菌抗原结构复杂,有数千个血清型。感染途径多为消化道。病菌的荚膜、K抗原、脂多糖等有抗吞噬活性,并能抵御血清免疫物质。根据对人和动物的致病性不同,可将致病性大肠杆菌分为8类,其致病机理各有差异。有的通过菌毛黏附于小肠黏膜表面生长繁殖，产生肠毒素，刺激肠道分泌增加而引起腹泻。有的能产生神经毒素，经肠壁吸收后，引起肠毒血症，导致水肿和神经症状。有的病菌产生溶血素，溶解红细胞。也有的虽不产生肠毒素，但可产生束状菌毛和紧密素，与十二指肠、空肠和回肠上段的肠壁细胞紧密黏附，导致细胞损伤、吸收不良和腹泻，或是在大、小肠黏膜上皮细胞内增殖，引起局部溃疡和炎症。有些病原菌株能产生大肠杆菌素V等，可抵御宿主防御机制，引起败血症，也可引起局部组织器官感染，如脑膜炎、关节炎、气囊炎、心包炎等。

(二)病理变化

1. 猪大肠杆菌病

按其发病日龄可分为3种。

(1)仔猪黄痢　见于1周龄内仔猪。尸体严重脱水，肛周有黄色稀粪沾污。胃内充满酸臭的凝乳块，胃底潮红出血，被覆多量黏液。肠壁变薄，肠黏膜和浆膜充血水肿，肠腔内充满腥臭黄色稀薄液状内容物或气体，以十二指肠最严重，空肠、回肠次之，结肠较轻，肠系膜淋巴结有弥漫性小出血点。实质器官变性，肝、肾有小的凝固性坏死灶。

(2)仔猪白痢　多发生于10～30日龄仔猪。病死仔猪消瘦，胃内有凝乳块，幽门部和小肠黏膜充血，肠壁淋巴滤泡肿大。肠腔内有灰白色糊状内容物，混有腥臭气体。病程稍长者，肠壁变薄而透明，实质器官发生变性。

(3)仔猪水肿病　为断乳前后仔猪的一种急性肠毒血症。常见皮肤、黏膜苍白，眼睑、前额水肿。胃底部黏膜水肿增厚，黏膜与肌层分离，内含淡黄色液体。结肠袢的肠系膜呈透明胶样水肿。各处淋巴结水肿，边缘充血。组织学检查，脊髓、大脑皮层及脑干部水肿和局灶性脑软化，动脉管壁水肿、细胞坏死或玻璃样变及单核细胞、嗜酸性粒细胞浸润。胃肠黏膜下层结缔组织水肿增宽，心、肝、肾细胞肿胀或脂肪变性。

2. 禽大肠杆菌病

由于致病性大肠杆菌血清型不同，可引起败血症、心包心肌炎、腹膜炎、关节炎、输卵管炎等各种疾病。

(1)败血症型　以4～10周龄雏鸡多发，不见任何症状而突然死亡。剖检可见鸡冠暗红，鼻分泌物增多，心包内有纤维素性渗出物，肝铜绿色，表面散布针尖大灰白色小点，肠黏膜充血出血，有的腹腔积液或有血凝块。

(2)浆膜炎型　包括心包炎、肝周炎、卵黄性腹膜炎、气囊炎等。共同的病变特点为有纤维素性渗出物附着于浆膜表面，浆膜增厚甚至与周围器官粘连。卵黄性腹膜炎时，腹腔内积有多量卵黄状物，散发有腥臭气味，卵泡变形、破裂。发病公鹅可见阴茎肿大，有芝麻到黄豆大小黄色脓性或干酪样结节。

(3)肉芽肿型　主要在肝、肠壁、肠系膜或肺生长出白色或黄色、花椰菜样肉芽肿，结节较坚硬，一般如粟粒或玉米粒大小。

(4)其他病型　输卵管炎型，输卵管膨大，管内有条索状含有坏死组织和细菌的干酪样物。肠炎型，多见肠黏膜充血、出血，肠内容物稀薄，含有黏液或血液。关节炎型，见关节肿胀，关节囊肥厚，关节液浑浊，并有干酪样渗出物。

3. 犊牛大肠杆菌病

急性死亡的病犊常无明显病变。有下痢症状的病犊，尸体消瘦，真胃内有大量凝乳块，黏膜充血、水肿，覆有胶状黏液，皱襞部有出血。小肠黏膜充血出血，上皮脱落，肠内容物混有血液和气泡，散发恶臭气味。肠系膜淋巴结肿大，肝、肾苍白，有时有出血点，胆囊充满黏稠暗绿色胆汁。病程长的有肺炎及关节炎病变。

4. 羔羊大肠杆菌病

(1)败血型　胸腹腔和心包腔内见有大量积液，内含纤维蛋白。某些关节，尤其是肘和腕关节肿大，滑液浑浊，关节囊内含纤维素性脓性絮片，脑膜充血，有很多小出血点，大脑沟含有脓性渗出物。

(2)肠型　真胃、小肠和大肠内容物呈黄灰色半液状，黏膜充血、微肿，肠系膜淋巴结肿胀发红，有的肺脏瘀血、水肿，呈肺炎病变。四肢可发生纤维素性化脓性关节炎。

5. 兔大肠杆菌病

会阴部皮毛污染粪便，肠内充满积液，黏膜下水肿和出血。肠道固有层水肿，有肉芽肿，但没有黏膜溃疡，在回肠和盲肠常见到绒毛脱落。

七、结核病

(一)发病机理

本病是由结核分枝杆菌引起的人和畜禽共患的慢性传染病。主要通过消化道和呼吸道传播，交配也能感染。结核杆菌是细胞内寄生的细菌，病菌侵入机体后，被吞噬细胞吞噬，但不能与溶酶体融合，因此不能形成充分成熟的吞噬体，反而使吞噬细胞成了结核杆菌的庇护所和携带者。吞噬细胞将结核菌带入局部的淋巴管和组织，在侵入的组织或淋巴结处发生原发性病灶，细菌滞留并在该处形成结核。如果机体抵抗力强，局部的原发性病灶局限化，长期甚至终生不扩散。如果机体抵抗力弱，疾病进一步发展，细菌经淋巴管向其他一些淋巴结扩散，形成继发性病灶。如果疾病继续发展，细菌进入血流，散布全身，引起其他组织器官的结核病灶或全身性结核。有研究发现，结核病的细胞免疫随病情好转而加强，而体液免疫则随病情恶化而加强。

(二)病理变化

结核病的病理特点是在多种组织器官形成肉芽肿和干酪样、钙化结节病变。在组织器官发生增生性或渗出性炎，有时两者混合存在。机体抵抗力强时，机体对结核菌的反应以细胞增生为主，形成增生性结核结节，即增生性炎。结核结节中心为坏死细胞、细菌及其分泌物形成的干酪样物，上皮样细胞和巨细胞聚集在干酪样物周围，构成特异性肉芽肿。最外围是一层密集的淋巴细胞和成纤维细胞，形成非特异性肉芽组织。当机体抵抗力降低时，机体的反应则以渗出性炎为主，即在组织中有纤维蛋白和淋巴细胞的弥漫性浸润，后发生干酪样坏死、化脓或钙化。这种变化主要见于肺和淋巴结。

1. 肺脏

有粟粒到蚕豆大小白色或黄白色结节，外有包膜包裹。发生钙化时，刀切有沙砾感。有的坏死组织溶解软化、排出后，形成肺空洞。

2. 胸膜

多见于牛，胸膜上可见密集的粟粒至豌豆大、灰白色、半透明状结节，有的融合成菜花状团块，有的呈球状，排列成层，状如珍珠，俗称“珍珠病”。

3. 淋巴结

肺门淋巴结和纵隔淋巴结病变较常见，肿大、切面外翻，切面可见灰白色坏死点。

4. 乳房

乳房内有大小不一的病灶，内含干酪样物质，病灶周围有一层包膜，最外层可见充血现象。

5. 肠道

禽结核多发生于肠道，结节突出于肠腔，质度较硬，刀切有沙砾感。

八、猪丹毒

(一)发病机理

由猪丹毒杆菌引起。除外源性感染外，健康猪体内也可带菌，当机体抵抗力下降时而发病。病原通过消化道或破损的皮肤进入体内后，很快侵入淋巴道及血液循环而发展成为菌血症。如果细菌毒力强、数量多及猪的抵抗力低，则细菌在血液和组织中大量繁殖并产生毒素，使机体的代谢、机能障碍，引起败血症，最终导致死亡。如果细菌毒力弱或机体抵抗力较强，则病菌被局限在局部器官组织中，引起局部病变，如皮肤疹块等。某些病例，由于细菌长期存在于体内的某些部位，反复刺激机体，引起局部变态反应性病变，如心内膜炎、关节炎、皮肤坏死等。

(二)病理变化

1. 急性败血型

呈现败血症的一般病变。体表皮薄的部位可见不规则形、稍隆起的紫红色充血区，即丹毒性红斑。全身淋巴结肿大，潮红或紫红，有出血斑点。脾肿大，樱桃红色，心冠状沟点状出血，心肌浑浊质脆，肝、肺瘀血、出血。肾暗红色，皮质上有散在出血点。胃肠黏膜红肿，呈卡他性或出血性炎症。

2. 亚急性疹块型

疹块多位于颈、背部并向后延至尾根部。疹块大小不等，边缘明显，呈方形、菱形或不规则形，较周围皮肤稍有隆起。损伤较重的疹块，可变为干性坏疽。

3. 慢性型

常有如下几种变化：

(1)心内膜炎　在左心二尖瓣处，可见大量灰白色的血栓样赘生物，如菜花样，表面高低不平，不易剥离。由于瓣膜变形，常引起心肌代偿性肥大，心腔扩张。

(2)关节炎　以四肢腕关节和跗关节多见。关节囊增大、变厚，关节面粗糙，关节腔内充满渗出液。严重的关节囊纤维结缔组织增生，关节变形。

(3)皮肤坏死　常见于疹块型猪丹毒。皮肤坏死部逐渐干燥变为干性坏疽，形成褐色质硬干痂。

第四节　病毒性传染病病理

一、口蹄疫

(一)发病机理

口蹄疫是反刍动物、猪等多种动物和人共患的高度接触性热性传染病。病毒经消化道、呼吸道黏膜或损伤的皮肤侵入机体上皮层中，首先在侵入部位上皮细胞中繁殖，引起细胞浆液渗出，形成一个或多个原发性水疱，又称第一期水疱，通常不被发觉。几小时后，病毒从原发性水疱侵入血液中，随血流到达淋巴结、乳腺、甲状腺、肾上腺、肝、肾等各内脏及黏膜和皮肤的上皮细胞中增殖，引起多处继发性水疱，又称第二期水疱。特别在口腔、乳头、足端、瘤胃肉柱等常受机械刺激的黏膜和皮肤处，病变较为明显。病毒还可侵入心肌和骨骼肌中，引起变性、坏死。

(二)病理变化

1. 恶性口蹄疫

无水疱形成而死亡率高，以心肌炎为特征。心室壁和乳头肌内有大小不等、界限不清的淡灰或黄白色条纹和斑块，状似虎斑，称“虎斑心”。镜检可见心肌纤维坏死，伴有单核细胞浸润，骨骼肌也有类似变化。有的还可见非化脓性脑炎。

2. 良性口蹄疫

病畜的口腔、唇黏膜、舌、齿龈、蹄叉、蹄踵、蹄冠部和母畜的乳头、乳房均可见明显水疱和烂斑，继发感染者，可出现化脓性病变。个别病例在支气管、食道、胃和肠黏膜上也有水疱或溃疡，表面覆盖一层细致的纤维素薄膜。牛的瘤胃、有时在瓣胃的瓣叶上，可见 1～2 cm 大小、圆形或不规则形的棕黑色痂块，脱落后则留下烂斑。小肠黏膜潮红，有点状出血，心包腔积液，脑室液有时增多并且浑浊。

不同动物的病变有些差异。如绵羊可能不发生水疱，或表现为坏死性糜烂，多以蹄部为主；猪一般口腔无特征性病变，而蹄冠、趾间等较明显。

二、痘病

(一)发病机理

痘病是由痘病毒引起的各种家畜、家禽和人共患的一种急性、热性、接触性传染病。哺乳动物痘病的共同特征是在皮肤上发生痘疹，禽痘则在皮肤产生增生性和肿瘤样病变。

病毒可以通过呼吸道、昆虫叮咬或破损的皮肤进入机体，在感染部位的表皮和真皮细胞内复制后被巨噬细胞吞噬，感染的巨噬细胞到达局部淋巴结，导致广泛性淋巴结增生和肿大，病毒大量增殖。然后病毒从淋巴结中释放，伴随感染的巨噬细胞进入血液并扩散到全身，产生病毒血症。病毒还可在表皮、真皮、内皮层、肌肉、关节、睾丸、浆膜等部位广泛复制。病毒在上皮细胞内复制，引起细胞变性，诱发典型的水疱性变性。由于病毒游离到血管末端，损伤血管内皮，导致血管炎或血栓，诱发局部变性和坏死。

(二)病理变化

皮肤痘疹有特征性的发生次序，即从红斑开始，变为丘疹，然后是水疱。水疱进一步发展，形成中心凹、边缘隆起发红的脐状脓疱，脓疱破溃后表面结痂，愈合后留下瘢痕。黏膜发生暂时性水疱，发展为溃疡而不形成脓疱。

1. 猪痘

眼结膜和鼻黏膜潮红、肿胀，并有分泌物。痘疹主要发生于腹下、股内侧、背部或体侧部皮肤。开始为深红色突出于皮肤表面的圆形硬实结节，直径约 1～3 cm，周围有红晕，以后见不到水疱即转为脓疱，并很快结痂。有的因摩擦使痘疹破溃，而有浆液或血液渗出物。痂皮脱落后遗留白色斑块而痊愈。镜检常见上皮细胞坏死，真皮和表皮下层出现中性粒细胞和巨噬细胞浸润。

2. 绵羊痘

死亡病例，呼吸道和消化道黏膜有出血性炎症。嘴唇、乳房和鼻咽、食道、气管黏膜常有痘疹。有明显的水疱期，水疱呈脐状，内含少量液体。脓疱多形成薄的痂壳，严重时互相融合，真皮有明显胶样水肿。前胃和真胃黏膜，有大小不等圆形或半球形坚实的结节，有的还形成糜烂或溃疡。肺脏见有干酪样结节和卡他性肺炎区。另外，常见细菌性败血症变化，如肝脂肪变性、心肌变性、淋巴结急性肿胀等。

3. 山羊痘

病羊鼻腔、眼角有脓样分泌物，皮肤无毛和毛少的部位可见痘疹，有的已形成水疱，内含黄色透明液体，有的痘疹形成痂皮。

4. 禽痘

特征是在无毛或少毛的皮肤上发生痘疹，或在口腔、咽喉部黏膜形成纤维素性坏死性假膜。有的病禽，两者可同时发生。

(1)皮肤型　在鸡冠、眼睑、喙角、耳球、腿、爪、泄殖腔以及翅内侧形成特异的痘疹。起初为轻度隆起小红斑点，迅速长成灰白色小结节。结节增大相互融合，形成粗糙、坚硬、凸凹不平的褐色痂块。眼部出现痘疹时致使鸡眼难睁。

(2)黏膜型(白喉型)　口腔、咽喉等处黏膜发生痘疹，初为圆形黄色斑点，迅速增大融合成一层黄白色干酪样坏死物，形成假膜，故又称禽白喉，随后变厚而成棕色痂块，痂块不易脱落，强行撕脱则引起出血。有的病例，假膜可延伸到喉部。如痘疹发生在眼及眶下窦，则眼睑肿胀，结膜上有多量脓性或纤维素性渗出物。

(3)混合型　皮肤、黏膜均受侵害，发生痘疹。

三、狂犬病

(一)发病机理

狂犬病俗称疯狗病，是由狂犬病病毒引起的一种人畜共患的急性接触性传染病。病毒存在于患病动物的唾液腺和唾液、泪腺、胰腺和神经组织中。通过咬伤易感动物或人的皮肤，病毒随唾液进入皮肤和皮下组织，与神经-肌肉处的乙酰胆碱受体及神经节苷脂受体等特异性结合，在靠近伤口部的肌细胞内复制。神经节细胞对狂犬病病毒极为敏感，是病毒增殖的重要场所。病毒沿神经末梢向中枢神经系统扩散，经脊髓进入脑内，并大量复制，引起神经细胞变性、坏死和功能紊乱，表现为神经症状。

(二)病理变化

本病通常无特征性剖检变化。组织学检查可见非化脓性脑炎和神经炎变化，神经元变性坏死，神经胶质细胞增生，血管周围有淋巴细胞呈围管样浸润，形成血管套。具有诊断意义的是在大脑海马回的锥体细胞或小脑浦金野细胞、脊神经节等部位的神经细胞内，见有圆形、嗜酸染色的核内包涵体。犬狂犬病时，包涵体主要见于大脑海马回的锥体细胞，牛狂犬病时，小脑浦金野细胞内包涵体检出率高。

但应注意，未检出包涵体，并不能排除本病，有报道称，猫的包涵体检出率为75%左右，猪则更低。因此须结合其他检查方法，以便确诊。

四、猪蓝耳病

(一)发病机理

又称猪繁殖和呼吸障碍综合征(PRRS)，PRRSV只感染猪，不同品种、年龄和用途的猪均可感染，但以繁殖母猪和1月龄以内的仔猪最易感。病猪的鼻分泌物、粪便、尿均含有病毒。接触感染、呼吸道和精液是主要传播途径，也可通过胎盘垂直传播。PRRSV进入机体后，侵害巨噬细胞，尤其肺泡巨噬细胞是PRRSV的靶细胞。病毒在细胞内增殖，使巨噬细胞破裂、溶解，数量减少，巨噬细胞对其他细菌和病毒的免疫功能降低，常造成其他细菌和病毒继发感染。这是本病与其他疫病常同时存在的主要原因。PRRSV可通过血液循环穿过胎盘使胎猪受到感染，从而引起妊娠后期母猪流产。

(二)病理变化

部分病猪耳朵发紫，耳、背、腹壁皮肤出血，全身淋巴结肿大，棕褐色。无并发症的病例除有淋巴结轻度或中度水肿外，呈现间质性肺炎变化，有时有卡他性肺炎。肺水肿，灰白至棕色，表面似透明，间质增宽呈胶冻样，切面湿润多汁。肝、脾、心外膜、脑膜等处有点状出血，全身淋巴结肿大、充血。镜检可见支气管上皮黏膜脱落进入管腔，支气管周边有组织细胞浸润及成纤维细胞增生，肺泡间隔增厚，单核细胞浸润及Ⅱ型上皮细胞增生，多数肺泡融合，形成大小不一的空洞结构。肺泡腔内有坏死细胞碎片。

若PRRSV和细菌、病毒混合或继发感染，则可出现相应的病理变化，如心包炎、胸膜炎、腹膜炎及脑膜炎等。间质性肺炎常混合化脓性纤维素性支气管肺炎。有些感染病例还可见胸膜炎。

鼻甲部黏膜的病变是PRRSV感染后期的特征，其上皮细胞纤毛脱落，上皮内空泡形成和黏膜下层淋巴细胞、巨噬细胞和浆细胞浸润。淋巴结、胸腺和脾脏组织肥大、增生、中心坏死，淋巴窦内有多核巨细胞浸润。血管、神经系统、生殖系统的病变也主要表现为淋巴细胞、巨噬细胞、浆细胞的增生和浸润。

流产的胎儿出现以巨噬细胞和淋巴细胞浸润为特征的动脉炎、心肌炎和脑炎。脐带发生出血性坏死性动脉炎。母猪可出现子宫内膜炎及子宫肌炎。

五、禽流感

(一)发病机理

禽流感是由A型禽流感病毒引起的禽类传染病。根据临床表现可分为高致病性禽流感(HPAI)和中低致病性禽流感(MPAI)。病毒按照血凝素(HA)和神经氨酸酶(NA)的差异，可分为许多亚型。不同的H抗原或N抗原之间无交叉反应。低致病性毒株在合适条件下很容易变为高致病性。各种品种和不同日龄的禽类均可感染A型流感病毒，在家禽中以鸡和火鸡最易感。病毒可经消化道、呼吸道、损伤的皮肤和眼结膜等途径传播。吸血昆虫可传播病毒，带毒的种蛋可垂直传播。野鸟特别是迁徙的水鸟，在本病的传播上有重要意义。

病毒侵入机体后首先在呼吸道和消化道黏膜上皮细胞内增殖，当达到一定浓度时，病毒随淋巴液进入血液，形成病毒血症，并随血流侵入肺、肝、肾、心和脑等全身组织器官，引起组织细胞肿胀、变性和坏死。疾病的严重程度主要取决于病毒毒株的毒力、宿主的抵抗力及有无并发症等。有报道认为,病毒致病能力以及在机体内扩散能力与病毒 HA 碱性氨基酸的多少和宿主体内蛋白裂解酶的分布有密切关系。

(二)病理变化

本病的病理变化因病毒株毒力强弱、病程长短及禽种不同而变化不一。

1. 低致病性禽流感

鸡的剖检病变有:呼吸道尤其是鼻窦出现卡他性、浆液纤维素性或纤维素性脓性炎症。气管黏膜充血水肿,偶尔出血,管腔中有浆液或干酪样渗出物,气囊膜浑浊。腺胃、肌胃出血,肠道出血及溃疡。腹腔内及小肠可见卡他性或纤维素性炎症。蛋鸡的卵巢炎症,卵泡出血、变性和坏死,输卵管黏膜充血、水肿,浆液性、干酪样渗出,卵黄性腹膜炎。胰腺有斑点状灰白色坏死点。有的病例肾肿胀,有尿酸盐沉积。

2. 高致病性禽流感

暴发型死亡禽仅见冠、肉髯、皮肤呈紫红色,头部、眼睑水肿,鼻窦有黏性分泌物。病程稍长者,眼观病鸡头部、上颈和脚部肿胀,鸡冠、肉髯发绀、坏死及出血。皮下可见黄色胶冻样液体,胸部、腿部等各处骨骼肌斑点状出血。气管黏膜轻度水肿,气囊壁增厚,有浆液性、纤维素性或灰黄色干酪样渗出物。心肌、脑、肺、肝、脾、肾、胃与小肠广泛充血和出血,腺胃乳头肿胀,腺胃与肌胃交界处呈带状或者球状出血,肝、脾、肾和肺常见灰黄色坏死灶,有的还可见纤维素性心包炎、胸膜炎和腹膜炎,产蛋鸡多见卵黄性腹膜炎。组织学检查,血管周围发生淋巴细胞围管现象(血管套),实质器官变性且有灶状坏死。脑膜充血、水肿,神经元变性和坏死,胶质细胞灶状或弥漫性增生。法氏囊、脾脏淋巴细胞坏死和减少。

六、猪圆环病毒感染

(一)发病机理

猪圆环病毒(PCV)有 2 个基因型,即 PCV1、PCV2。研究认为,仅 PCV2 对猪具有致病性。临床上很多疾病,如断奶仔猪多系统衰竭综合征、繁殖障碍、呼吸道综合征、增生和坏死性肺炎、仔猪先天性震颤、猪皮炎肾病综合征、增生性肠炎、渗出性表皮炎、坏死性淋巴结炎等均与 PCV2 感染相关。

猪圆环病毒致病机理至今尚不十分清楚。一般认为,PCV2 可通过消化道、呼吸道传播。成年猪可通过交配感染,仔猪可以通过垂直传播。病毒在扁桃体、局部淋巴结增殖后,向其他淋巴组织、肺、肝、肾扩散,引起临床上相关疾病的出现,诱发免疫抑制、间质性肾炎、肺炎及肝脏损伤。由于正常免疫功能受损,机体抵抗力下降,极易引起继发或并发感染,使疾病更加严重和复杂。

(二)病理变化

1. 断奶仔猪多系统衰竭综合征(PMWS)

主要病变为全身淋巴结,特别是腹股沟浅淋巴结、肠系膜淋巴结、支气管淋巴结肿胀,切面湿润,土黄色,淋巴结皮质出血者,则呈紫红色。显微镜下可见淋巴器官肉芽肿和不同程度的淋巴细胞缺失。

肺间质性炎,间质增宽,棕黄或棕红色斑驳状,触之有橡皮样弹性。镜检时见单核细胞(主要是巨噬细胞和淋巴细胞,偶尔有多核巨细胞)和Ⅱ型肥大细胞浸润,使肺泡间隔增厚。

心脏变形,质地柔软,心冠脂肪萎缩。

胸膜炎、腹膜炎。肝萎缩或肿胀,呈土黄色(黄疸)。肾肿胀,颜色变浅,皮质变薄,有时有出血点或灰白色病灶,镜检可见间质性肾炎和肾盂炎,炎症周围出现纤维素性增生区。

若继发细菌感染,则心包炎、胸膜肺炎和肝周炎等比较明显,并有纤维素性渗出物,引起器官粘连甚至化脓性病变。

2. 猪皮炎肾病综合征(PDNS)

(1)眼观病变 患猪会阴部和后肢皮肤出现圆形至不规则的红色或紫色斑块,直径为1～20 mm。并且随着病情的恶化,这些斑块会连成一片,形成不规则的结节。皮肤病变首先出现在后躯和腹部,然后逐渐向胸部、胁和耳部扩展。双肾肿大,皮质苍白,有大量直径为2～4 mm的红色点状出血斑。腹股沟淋巴结肿大出血,关节和肠道出血。

(2)显微病变 全身坏死性脉管炎,真皮和皮下组织出现坏死性血管炎,常涉及毛细血管、小血管和中等大小血管,甚至动脉,并常伴随有表皮坏死和溃疡;肾纤维素性坏死性肾小球肾炎,这种病损是Ⅲ型过敏反应的特征,属免疫介导性障碍,由免疫复合物在脉管和肾小球微血管的管壁上沉淀所致。

3. 繁殖障碍

临床出现流产、死胎、木乃伊胎增多。病猪常见非化脓性、坏死性或纤维素性心肌炎,心脏肥大和多处心肌变色。在心肌炎病变组织中存在大量PCV2。组织学检查可见肺泡中渗入单核细胞,心肌变性水肿和纤维素性坏死,而且常有淋巴细胞和巨噬细胞渗入并分布其中。

4. 猪呼吸道综合征(PRDC)

其特征性病变是出现纤维素性支气管炎和细支气管肺炎,肺泡间隔淋巴细胞和浆细胞数量减少,而单核细胞和巨噬细胞渗入,使肺泡间隔明显增厚,很多肺泡内含有大量坏死碎片,充满Ⅱ型肥大细胞,使肺泡粘连。

5. 猪增生和坏死性肺炎(PNP)

特征性病变为组织细胞和多核巨细胞的胞浆中出现形态多样的、体积较大的嗜碱性或两性包涵体。另外,也常可见到小肠和大肠派氏结的淋巴细胞减少和出现肉芽肿性炎症。

七、猪瘟

(一)发病机理

由猪瘟病毒(CSFV,以前称为HCV)引起的猪传染病。CSFV毒株存在抗原变异,通常可将其分为高、中、低和无毒力株。病毒一般经消化道、鼻咽黏膜、眼结膜感染,也可经胎盘感染。病毒通过黏膜进入体内,先在扁桃体内复制增殖,然后扩散到周围淋巴结,在感染后16 h内出现病毒血症。3～4 d后病毒侵入包括咽黏膜、胃肠道、胆囊、胰、唾液腺、子宫、肾上腺和甲状腺的内皮细胞和上皮细胞。通常在感染后5～6 d内病毒即可传到全身,并随口、鼻、泪腺分泌物及尿、粪等排泄到外界环境中。

病毒在扁桃体、内脏淋巴结、骨髓、肝脏、脾脏、肾等组织器官内大量复制,破坏免疫器官结构,抑制机体免疫功能,引起内皮细胞变性,导致血小板严重减少、纤维蛋白原合成障碍,致使机体出现多发性出血。

(二)病理变化

由于感染的CSFV毒力差异,病猪临床表现及病理变化有所不同,可分为不同类型。近年来,猪瘟的典型病理变化往往不明显。

1. 最急性型

一般无特征病变,仅见浆膜、黏膜和内脏有少量出血斑点。

2. 急性型

全身皮肤、浆膜、黏膜和内脏器官均有不同程度的出血,是病毒损伤微血管系统内皮细胞的结果。全身淋巴结特别是颌下、支气管、肠系膜及腹股沟等处淋巴结充血肿胀、出血,外观紫褐色,切面大理石样。肾皮质有针尖状数量不等的出血点,严重时有出血斑。肾盂、肾乳头出血。膀胱黏膜散在出血点。血液稀薄、发黑,不易凝固。脾不肿大,边缘出现特征性出血性梗死。

3. 亚急性型

主要表现为淋巴结、肾和胆囊等处有数量不等的出血,肺炎、坏死性肠炎病变明显,全身出血性变化较急性型轻。

4. 慢性型

实质器官见少量陈旧出血斑点,回肠、结肠、盲肠(特别是回盲瓣处)的淋巴组织和肠黏膜坏死,形成突出于黏膜表面的灰色纽扣状溃疡(固膜性炎)。

5. 持续感染型

主要是肾表面有数量不等的陈旧性针尖状出血点,皮质、肾盂、肾乳头均可见小出血点,颌下淋巴结、肠系膜淋巴结、腹股沟淋巴结有少量出血点。有时扁桃体也可见到少量出血点。本型常因病变不明显而被忽视。

6. 复杂感染型

因混合感染其他病原,体内多种组织均可出现病变。主要表现为淋巴结肿大、大理石样,肝、脾、肾等有陈旧的针尖样出血斑点和坏死灶,可见纤维素性出血性肺炎、纤维素性坏死性肠炎等病变。

八、猪传染性胃肠炎

(一)发病机理

由猪传染性胃肠炎病毒(TGEV)所致猪的高度接触性肠道传染病。各种年龄的猪都易感,但以10日龄以内的仔猪发病率和病死率高。病毒随粪便、乳汁、鼻分泌物及呼出气体排出,可通过呼吸道、消化道或乳汁感染。无论从何感染途径,病毒都被吞咽进入消化道,到达肠内的病毒在空肠、回肠上皮细胞内及结肠的某些部位增殖,引起小肠黏膜上皮细胞变性、坏死、脱落,小肠绒毛萎缩,使黏膜功能破坏和酶活性下降,造成营养成分分解及吸收障碍,电解质平衡紊乱,肠内渗透压升高而发生腹泻、脱水,最终死亡。

(二)病理变化

病猪尸体消瘦,明显脱水。病变主要在胃和小肠。胃内充满凝乳块,胃底黏膜充血,有时有出血点。小肠壁变薄,缺乏弹性,肠管扩张呈半透明状,肠腔内充满黄绿色或灰白色液体,含有气泡或凝乳块;小肠黏膜轻度充血,黏膜上皮变性、脱落。小肠黏膜绒毛萎缩,特别是空肠段绒毛可明显缩短到原来的七分之一。小肠肠系膜淋巴管内缺乏乳糜，肠系膜淋巴结充血、肿胀，切面多汁，带有红色。

心、肺、肾一般无明显病变。部分猪脾脏背面有斑点，突出于表面，肾脏、肺脏有不同程度的肿胀和间质增宽。

九、鸡新城疫

(一)发病机理

鸡新城疫病毒可通过呼吸道、消化道、眼结膜、损伤的皮肤以及交配等侵入机体。病毒先在侵入局部组织内增殖，然后迅速侵入血液扩散到全身，引起病毒血症并发展为败血症，机体多个系统受损。病毒在血液中损伤血管壁，引起出血、血浆渗出和坏死变化；消化机能紊乱，使营养物质吸收障碍，由于下痢，体内水分和蛋白成分大量丧失，还因炎性产物和坏死组织被吸收，可导致机体严重的自体中毒；巨噬细胞系统和淋巴组织受损，使机体造血功能障碍；中枢神经系统受损，则病鸡出现共济失调和肢体麻痹等神经症状；呼吸中枢功能紊乱，引起呼吸困难。

(二)病理变化

本病的主要病变是全身黏膜和浆膜出血。口腔和咽部有米粒大隆起、黄白色坏死性纤维素附着物，气管出血或坏死，周围组织水肿，气管中常蓄积多量污黄色黏液。嗉囊充满酸臭味的稀薄液体和气体。

腺胃病变具有特征性。腺胃黏膜上附着多量透明或脓样黏液，腺胃乳头或乳头间有鲜红或暗红色粟粒大小出血点，或有溃疡和坏死。肌胃角质层下也有出血点。小肠、盲肠、直肠黏膜有大小不等的出血点，尤以小肠最严重。肠黏膜出血性溃疡，表面隆起，覆有纤维素渗出物形成的假膜。

心脏扩张，心包液增多，心冠脂肪有针尖样出血点。产蛋鸡卵泡和输卵管充血明显，若卵泡膜破裂，卵黄流入腹腔则引起卵黄性腹膜炎。肝、脾、肾一般无特殊病变，胰腺组织中可见均匀分布的灰白色、粟粒大变性或坏死灶。脑膜充血或出血。

鹅发生本病时常见食管有散在白色或黄色的坏死灶，肌胃和腺胃黏膜坏死出血，肠道有广泛坏死灶和出血，法氏囊萎缩。

镜检，心、肝、肾实质细胞不同程度变性，胃肠黏膜上皮、肠淋巴滤泡坏死、出血及淋巴细胞浸润，脑实质中神经细胞变性，胶质细胞增生，血管周围淋巴细胞浸润。

十、鸡传染性喉气管炎

(一)发病机理

鸡传染性喉气管炎病毒(ILTV)可经呼吸道、消化道、眼感染，种蛋也可能传播。病毒进入鸡体后，在喉和气管黏膜上皮细胞内大量增殖，引起喉和气管炎症，在感染组织的上皮内形成核内包涵体，并出现明显的病毒血症。喉气管炎症由浆液性变为黏液性，继而发展为纤维素性、坏死性，同时伴有明显的出血病变。炎症中形成的纤维素性假膜和出血性渗出物及凝血块，阻塞喉头和气管，引起病鸡呼吸困难，甚至因窒息而死亡。

ILTV具有潜伏感染特征，病毒在体内潜伏感染的部位是三叉神经节。在应激状态、抵抗力降低时，病毒可被激活而引起发病，并在鸡群内传播。

(二)病理变化

本病的病理变化有喉气管型和结膜型两种。

1. 喉气管型

病死鸡皮肤发绀，鼻腔内积有浆液或黏液，带有血凝块或呈纤维素性干酪样物。喉头和气管肿胀、充血、出血，黏膜上覆有多量浓稠黏液、黄白色假膜或黄白色豆腐渣样渗出物，并常有血凝块。有的在喉和气管内存有纤维素性的干酪样物质，附着于喉头周围，堵塞喉腔。气管的病变在靠近喉头处最重，往下稍轻，部分病例在两支气管或一侧支气管内有条柱状黄白色豆腐渣样渗出物，从支气管延伸到肺，有些堵塞在两支气管交叉狭窄处，导致窒息死亡。镜检，早期病例在喉和气管黏膜上皮内可发现呈聚集状态的核内包涵体。呼吸道黏膜上皮细胞明显脱落，残存的黏膜上皮细胞肿胀、增生，核呈空泡变性而肿大。黏膜固有层充血、水肿，血管内皮肿胀、增生，管壁纤维素样变。固有层有多量浆细胞、淋巴细胞及单核细胞浸润。

2. 结膜型

单侧或双侧眼结膜充血、瘀血、水肿，有时有点状出血。有的病鸡眼睑水肿，角膜浑浊，眶下窦出血，窦内充满干酪样渗出物。鼻窦黏膜瘀血，有黏性渗出物蓄积，喉和气管出血轻微。

十一、鸡传染性支气管炎

(一)发病机理

鸡传染性支气管炎病毒(IBV)有 10 多个血清型，所引起的症状和病变不完全相同。主要侵害鸡的呼吸、泌尿生殖和消化系统等，以呼吸困难，拉白色或水样稀便，患病雏鸡有较高死亡率，成鸡产蛋下降，产畸形蛋、软壳蛋等为主要临床特征。IBV 主要经空气传播，进入机体后在呼吸道、肠道、肾脏和输卵管中复制。气管组织是病毒最集中侵害的器官，常出现呼吸道症状；而引起肾病型的 IBV 毒株则形成间质性肾炎，肾小管内尿酸盐大量沉积；肾机能障碍时，病禽可因中毒和脱水而死亡。

(二)病理变化

1. 呼吸型传染性支气管炎

主要病变可见气管环出血，管腔中有黄色或黑黄色栓塞物。鼻腔、鼻窦黏膜充血潮红，鼻腔、支气管中有黏稠分泌物，病程稍长的，分泌物变成干酪样，或形成栓条状阻塞气管。肺脏水肿或出血。患鸡输卵管发育受阻，变细、变短或成囊状。产蛋鸡的卵泡变形，甚至破裂。光镜下，气管、支气管黏膜纤毛脱落，上皮细胞内有包涵体，黏膜固有层和下层可见大量的淋巴细胞和浆细胞浸润。

2. 肾型传染性支气管炎

肾脏病变明显，而呼吸道病变较轻微或缺如。剖检可见鸡冠、肉垂颜色暗红，皮肤因大量失水而干燥，呼吸道可见多量黏液渗出。典型病变为肾脏肿大，出现暗红和白色条块相间斑块，或全肾苍白。两侧输尿管增粗，管内有白色尿酸盐结晶物。镜检，气管、支气管黏膜上皮坏死脱落，周围有大量淋巴样细胞增生。肾小管上皮颗粒变性，集尿管和肾小管管腔扩张，管腔中央为红染结晶，周围有大量多核白细胞和淋巴细胞增生。

3. 腺胃型传染性支气管炎

病鸡极度消瘦，雏鸡眼睛水肿，鼻腔、气管内有大量稀薄黏液，气管下段有红色环状充血。肺颜色变暗，气囊浑浊。成年鸡的呼吸系统变化轻微或不出现。典型变化在腺胃。病初腺胃肿大如小圆球，较硬，胃壁增厚，切开后自行外翻。数日后见腺胃内壁乳头增大、肿胀，可挤出白色黏稠液体，腺胃与肌胃交界处出现溃疡、出血。有的在腺胃乳头基部有环状充血。后期腺胃松弛膨大，呈长囊状，胃壁软薄，腺胃乳头平整融合，完全消失；肌胃瘪缩。有的胰腺肿大有出血点；有的肾脏肿大，有尿酸盐沉积；盲肠扁桃体肿大出血；十二指肠、空肠、直肠和泄殖腔有不同程度的出血。

十二、减蛋综合征

（一）发病机理

减蛋综合征又称鸡产蛋下降综合征（EDS-76），是由禽腺病毒引起的、使蛋鸡产蛋量下降的病毒性传染病。病毒可经消化道水平传播，但主要经种蛋垂直传播。雏鸡感染后不表现任何临床症状，血清抗体也为阴性。一直到开始产蛋，病毒才开始活动。EDS-76 病毒能使黏膜上皮细胞变性、脱落，细胞浆内分泌颗粒减少或消失，子宫的腺体细胞萎缩，这样使得钙离子转运障碍和色素分泌量减少，并使输卵管内 pH 明显降低，这种酸性环境可以溶解卵壳腺所分泌的碳酸钙，使钙盐沉着受阻，导致蛋壳形成紊乱而出现蛋壳异常。由于输卵管各部功能异常使鸡的正常产蛋周期和排泄机制受到干扰和破坏，导致产蛋率下降或产蛋停止。

经口感染成年母鸡后，病毒在鼻黏膜进行一定量的复制，形成病毒血症。感染后 3～4 d 病毒在全身淋巴组织中复制，7～20 d，病毒在输卵管峡部蛋壳分泌腺内大量复制，导致了黏膜分泌功能紊乱，蛋壳形成受阻，产蛋减少或停止。

（二）病理变化

本病眼观病变不明显，有时可见卵巢发育不良，或有出血；输卵管萎缩，黏膜发炎，卵泡软化。少数病例可见子宫水肿，腔内有白色渗出物或干酪样物，卵泡有变性和出血现象。

病理组织学检查可见子宫、输卵管腺体水肿，单核细胞浸润，黏膜上皮细胞变性、坏死。子宫黏膜及输卵管固有层出现浆细胞、淋巴细胞和异嗜细胞浸润。输卵管上皮细胞中有嗜伊红的核内包涵体，核仁、核染色质偏向核膜一侧。

十三、鸭瘟

（一）发病机理

鸭瘟又称鸭病毒性肠炎，由鸭病毒性肠炎病毒引起。传播途径主要是消化道，也可经交配、眼结膜或呼吸道传播。易感鸭经消化道等途径感染后，病毒首先在整个消化道黏膜层大量复制，引起黏膜上皮破坏、脱落、凝固性坏死后，经血流形成病毒血症。病毒广泛分布于病鸭的肝、脾、脑、血液、肺、肌肉、肾等组织器官，以食管、肺、泄殖腔和脑组织含毒量最高。局部有多量炎性细胞广泛浸润，导致广泛的局灶性坏死、肠炎和脉管炎。

（二）病理变化

以头颈部肿大和消化道黏膜出血、形成假膜或溃疡为特征。眼睑肿胀，眼角有浆液性或脓性分泌物。头和颈部皮肤肿胀，有出血斑点，切开时，流出淡黄色的透明液体。口腔、食道黏膜有点状出血或纵行排列呈条纹状的灰黄色假膜覆盖，假膜剥离后留下缺损。泄殖腔黏膜病变与食道相似，即有出血斑点和不易剥离的假膜与溃疡。食道膨大部分与腺胃交界处有一条灰黄色坏死带或出血带，肌胃角质膜下层充血和出血。十二指肠、空肠、直肠可见重度出血及坏死病灶。

病死鸭呈败血症变化，皮肤、气管、肺、心冠脂肪及心外膜、肝脏、肾、卵黄蒂、胰腺、法氏囊等瘀血或出血。肝脏表面和切面有大小不一、形状不规则的灰白色或灰黄色坏死灶，而有的白色坏死灶中心为红色出血点。胆囊肿大，充满黏稠的墨绿色胆汁。脾脏呈黑紫色，体积缩小，或有灰白或灰黄色坏死点。心外膜和心内膜上有出血斑点，心腔里充满凝固不良的暗红色血液。雏鸭感染时法氏囊充血发红，有针尖样黄色小斑点，到后期，囊壁变薄，囊腔中充满白色、凝固的渗出物。产蛋母鸭的卵巢滤泡增大，有出血点和出血斑，有时卵泡破裂，引起腹膜炎。

十四、鸭病毒性肝炎

(一)发病机理

由鸭肝炎病毒引起，该病毒有三个血清型。鸭病毒性肝炎通常是指Ⅰ型病毒所致。易感鸭经消化道和呼吸道等途径感染Ⅰ型鸭肝炎病毒后，病毒在肝脏实质器官中大量繁殖，导致肝细胞弥漫性变性和坏死，肝出血区可见大量坏死的肝细胞。血管周围有不同程度颗粒白细胞和淋巴细胞等炎性细胞浸润，小叶间胆管上皮增生。病毒还可以随血液循环到达脾脏、肾脏、胰腺、脑和胆囊等器官，进行大量复制，造成细胞变性坏死，器官组织炎症等。如免疫器官受病毒侵害后发生退行性变化，导致免疫功能急剧下降。雏鸭感染后法氏囊出血、坏死并发生萎缩。发生病毒性脑炎时，病鸭出现痉挛、角弓反张等一系列明显的神经症状。

(二)病理变化

特征性病变主要在肝脏。肝肿大、边缘钝圆，质地柔软脆弱，颜色灰红、土黄或斑驳状，肝表面有弥漫性出血点或出血斑；胆囊肿胀呈长卵圆形，充满褐色、淡绿色或淡茶色胆汁；胰腺有散在性分布的灰白色坏死灶和斑点状出血；脾脏和肾脏有不同程度的肿胀，表面有出血点或呈斑驳状；心肌常呈淡灰色，质软有瘀血，似开水煮样；此外，部分病例还可见喉、气管、支气管等有轻度卡他性炎症及脑充血、出血等现象。镜检，肝组织广泛出血，肝细胞弥漫性变性、坏死，坏死灶周围和肝细胞索之间淋巴细胞浸润，小叶间胆管上皮增生；肾小管上皮细胞肿胀或脂肪变性；脑膜和脑内血管扩张，神经细胞变性和坏死，胶质细胞增生，淋巴细胞与胶质细胞形成血管套。雏鸭法氏囊上皮皱缩和脱落，淋巴小结萎缩。

Ⅱ型、Ⅲ型鸭肝炎病毒引起的病变与Ⅰ型肝炎相类似。

十五、小鹅瘟

(一)发病机理

小鹅瘟是由小鹅瘟病毒所引起的雏鹅的一种急性或亚急性败血性传染病。除经消化道感染外，也可经种蛋垂直传播。易感鹅感染小鹅瘟病毒后，病毒首先在肠道黏膜层大量复制，导致小肠黏膜广泛的急性卡他性炎症，肠黏膜绒毛因病毒损害及局部血液循环和代谢障碍，发生渐进性坏死，上皮层坏死脱落，整个绒毛的结构逐渐破坏，并与相邻的坏死绒毛融合在一起，黏膜层的整片绒毛连同一部分固有层脱落。以后细胞成分进一步发生崩解碎裂和凝固。小鹅瘟病毒经血液循环广泛存在于患鹅的血液、肝、脾、心、肺、肾、胃、肠和脑组织中，在各组织器官复制，引起这些器官组织的病理损害，导致全身性淋巴网状系统细胞增生反应。在神经组织、血管组织、淋巴网状系统和消化道黏膜引起变性、坏死和炎症过程，表明小鹅瘟病毒为嗜器官性病毒。

（二）病理变化

1. 最急性型

剖检时仅见小肠黏膜肿胀、充血或出血，黏膜上覆盖有大量淡黄色黏液；肝脏肿大，充血出血，质脆易碎；胆囊胀大、充满胆汁；其他脏器的病变不明显。

2. 急性型

除全身呈现败血症病变外，肠道病变较为明显。十二指肠特别是起始部黏膜弥漫性红色，空肠中段、后段及回肠大片黏膜坏死脱落，与其纤维素性渗出物凝聚形成长短不一的栓子样物体，质地坚实，似香肠样，长度约 2～6 cm 或更长，堵塞肠腔。眼观肠管极度膨大，体积比正常肠管增大 2～3 倍，淡灰白色。剪开肠道后可见肠壁变薄，栓子不与肠壁粘连，易从肠道中取出。切开栓子，其中心是深褐色的干燥肠内容物，外层包裹着由坏死的肠黏膜和纤维素性渗出物凝固形成的厚层的灰白色伪膜。有些病例缺少这种典型变化，而是肠腔中充满黏稠的内容物，黏膜充血发红，呈卡他性炎症变化。解剖时还可见肝脏肿大，呈深紫色或黄红色，质脆；胆囊胀大，充满暗绿色胆汁；脾脏肿大，呈暗红色；肾脏稍肿大，呈暗红色，质脆易碎。心壁扩张，心耳及右心室积血。大腿内侧皮下、胸肌、心内外膜、肺脏等部位有瘀斑、瘀点。

3. 亚急性型

病鹅肠道栓子病变更为明显。1 月龄以上的病鹅肠道形成的假膜可以从十二指肠段开始，整个肠段均有栓子状假膜，有的栓子状假膜可延伸到直肠。

镜检可见，具有栓块的肠段呈纤维素性坏死性炎症，肠黏膜的绒毛和肠腺消失，固有层有淋巴细胞、单核细胞浸润。脑膜和脑实质小血管扩张充血和出血，脑内可见细小软化灶，神经细胞变性或坏死，胶质细胞增生形成血管套。肝瘀血，肝细胞变性，局部有灶状坏死及炎性细胞浸润。

十六、犬瘟热

（一）发病机理

本病是由犬瘟热病毒（CDV）引起的犬的一种高度接触性、致死性传染病。CDV 是一种泛嗜性病毒，可感染多种细胞与组织，造成相应的症状。一般情况下，通过气溶胶与上呼吸道黏膜上皮接触而感染，病毒首先侵入上呼吸道，经鼻腔、咽部和气管侵入机体，24 h 后扩散至扁桃体、咽后和支气管淋巴结，2～4 d 后病毒大量增殖进入循环系统形成病毒血症，并且随着被感染的中性粒细胞和大单核细胞扩散到肝、脾、肺、胸腺、胃、小肠、骨髓等组织和器官，使机体免疫功能受到严重破坏，病毒是否进一步扩散及增殖取决于动物自身的抵抗能力。8～9 d 后病毒进一步扩散至上皮细胞和神经组织，免疫状态低下的犬，9～14 d 后病毒扩散分布到整个机体。患犬会发生肠炎、肺炎及皮肤溃疡灶，脚垫皮肤角化病等，3～4 周后会出现神经症状而死亡。

（二）病理变化

成年犬表现为结膜炎、鼻炎，上呼吸道、肺部和消化道也有不同程度的卡他性炎症，重症病例肺部充血性水肿和坏死性支气管炎。如果继发感染，可发生化脓性支气管肺炎。肠黏膜脱落，肠系膜淋巴结肿胀。有神经症状的犬常可见鼻和脚垫的皮肤角化病。脑膜充血，脑室扩张。幼犬通常出现胸腺萎缩。

病理组织学检查，在呼吸道、膀胱和肾盂上皮细胞、网状细胞中可以见到包涵体。包涵体常见于胞浆中，胞核中偶尔可见，多数呈卵圆形，嗜酸性。死于神经症状的病例，可在脑组织中发现非化脓性炎症，有时可见神经胶质细胞及神经元内有核内和胞浆内包涵体。

第五节　寄生虫病病理

一、球虫病

（一）发病机理

球虫病是由球虫引起的原虫病。土壤、饲料或饮水中的感染性卵囊被畜禽吞入后到达肠管，子孢子脱囊逸出，进入肠上皮细胞吸取营养，通过反复地由裂殖体分裂而成为裂殖子，并重新进入新的上皮细胞内生长发育，这样多世代增殖，使上皮细胞遭受严重破坏。肠黏膜上皮细胞消失，绒毛萎缩，降低采食量和饲料中养分的吸收率，上皮糜烂与溃疡引起渗出性肠炎，可诱发贫血、低蛋白血症、脱水等。

经两个或多个世代后，一部分裂殖子发育为大配子母细胞，最后发育为大配子。另一部分发育为小配子母细胞，继而生成许多带有两根鞭毛的小配子。活动的小配子钻入大配子体内（受精），成为合子。合子迅速由被膜包围而成为卵囊，离开宿主细胞随粪便排出体外。因此，检查粪便中卵囊是诊断本病的一种重要方法。

（二）病理变化

球虫的毒力与宿主种类、感染细胞的类型和定位等多种因子有关。

1. 鸡球虫病

死鸡消瘦，鸡冠和可视黏膜苍白或青紫，泄殖腔周围羽毛被粪便污染，常带有血液。不同球虫种类引起的肠道病变部位和程度有所不同。柔嫩艾美耳球虫主要侵害盲肠，故又称盲肠球虫病，急性者两根盲肠肿大 3～5 倍，肠内充满凝固的混有暗红色血液的内容物，肠上皮变厚并有糜烂，直肠黏膜可见有出血斑。毒害艾美耳球虫损害小肠中段，病变部肠管扩张、肥厚、变粗，严重坏死。肠管中有凝固血块，使小肠在外观上呈现淡红色或黄色。巨型艾美耳球虫主要侵害小肠中段，肠管扩张，肠壁肥厚，内容物黏稠，呈淡灰色、淡褐色或淡红色，有时混有少量血液。堆型艾美耳球虫多侵害十二指肠前段，在上皮表层发育，而且同期发育阶段的虫体常聚集在一起。因此被损害的十二指肠和小肠前段出现大量淡灰色斑点或条纹，排列成横行，外观呈阶梯样。布氏艾美耳球虫主要引起小肠后段与直肠的伪膜形成和干酪样肠栓，镜检坏死物中有大量球虫。

2. 兔球虫病

引起兔球虫病的球虫有多种，兔艾美耳球虫寄生于胆管上皮引起肝球虫病，其余均寄生于肠黏膜上皮引起肠球虫病，但多见混合感染。肝肿大，表面和实质内有粟粒至豌豆大白色或淡黄色脓样结节或条索，沿胆小管分布，胆囊肿大，胆汁浓稠。慢性肝球虫可见肝小叶间和胆小管周围结缔组织增生，肝细胞萎缩。肠管充血，有的出血，肠臌气，十二指肠扩张肥厚。慢性病例肠黏膜呈淡灰色，有白色小结节，并有化脓性或坏死性病灶。

3. 猪球虫病

特征性病理变化主要发生在空肠和回肠。空肠和回肠内充满暗红色稀薄水样内容物，肠黏膜有大量出血斑和弥漫性坏死，肠系膜淋巴结肿大，其他脏器无肉眼可见病变。镜检，在肠黏膜上皮细胞内见到大量已成熟的球虫裂殖体、裂殖子等。

4. 牛球虫病

病牛尸体消瘦，可视黏膜苍白，肛门外翻，肛门周围和后肢被含血稀便所污染。盲肠、结肠、直肠发生出血坏死性炎症，内容物稀薄，混有血液、黏液和纤维素。肠壁淋巴滤泡肿大，呈灰白色，其上部黏膜常发生溃疡。肠系膜淋巴结肿大。组织学检查，病变部位的肠黏膜上皮细胞发生变性、坏死和脱落，在肠腔内形成许多细胞碎屑。尚存的上皮细胞内可发现处于不同发育时期的球虫。黏膜固有层有大量嗜酸性粒细胞浸润。

5. 鸭球虫病

整个小肠呈出血性肠炎，肠壁肿胀、出血，黏膜上有出血斑或密布针尖大小的出血点，有的见有红白相间的小点，有的黏膜上覆盖一层糠麸状或奶酪状黏液，或有淡红色或深红色胶冻样出血性黏液。

二、附红细胞体病

(一)发病机理

附红细胞体是一种能引起人和多种动物感染的寄生生物。据报道，吸血昆虫、注射针头、交配可传播本病，也可经胎盘垂直传播，很多呈隐性感染。致病机理尚不完全清楚。附红细胞体感染机体后，吸附于红细胞上，并从中吸取养分，使红细胞膜出现损伤，红细胞膜通透性增加，膜脆性增高，甚至出现膜凹陷和空洞，使血浆进入红细胞内引起红细胞破裂，携氧功能丧失。当机体免疫力下降或受到其他病原体侵袭时，附红细胞体大量增殖，损伤的红细胞增多，逐渐出现贫血及黄疸。在机体免疫系统免疫监视和自身识别功能作用下，将附红细胞体寄生的红细胞作为异种抗原，加速进行吞噬，从而加剧了贫血和血红蛋白尿的形成。同时还引起机体产生自身抗体 IgM 型冷凝素，攻击被感染的红细胞，导致 II 型变态反应，进一步引起红细胞溶解，加重了贫血和血红蛋白下降。除此之外，由于附红细胞体大量繁殖，可引起部分组织器官严重损伤，机体代谢紊乱、酸碱失衡，如酸中毒和低血糖症等严重后果。

(二)病理变化

主要病理变化为贫血及黄疸。皮肤及可视黏膜苍白、黄染，并有大小不等暗红色出血点或出血斑，眼角膜浑浊，无光泽。皮下组织干燥或黄色胶冻样浸润。血液稀薄色淡、呈水样，不易凝固。全身肌肉、浆膜腔内脂肪黄染。皮下组织及肌间水肿，黄染。多数有胸水和腹水。

心包积液，心外膜有出血点，心肌松弛，色熟肉样，质地脆弱，心冠沟脂肪轻度黄染。肝脏肿大变性呈黄棕色，表面有黄色条纹状或灰白色坏死灶。胆囊膨胀，内部充满浓稠明胶样胆汁。脾脏肿大变软，呈暗黑色或土黄色，有的脾脏有针头大至米粒大灰白或灰黄色丘疹样坏死结节，脾组织中吞噬细胞含铁血黄素沉着。肾浑浊肿胀，质脆，皮质有微细出血点或黄色斑点。全身淋巴结肿大，呈紫红色或灰褐色，切面多汁，有灰白色坏死灶和出血斑点。脑膜充血、出血，脑室内脑脊液增多。膀胱黏膜黄染并有少量出血点。胃底出血、坏死，十二指肠充血，肠壁变薄。

三、旋毛虫病

（一）发病机理

本病为人畜共患的寄生虫病。动物采食了含有包囊的肌肉后，幼虫在胃内脱囊而出，到达小肠内发育为成虫。成虫交配后，钻入肠腺和淋巴间隙，经过 7～10 d 产出幼虫。幼虫大部分进入黏膜下的微血管，随着血液循环到达全身各处，只有在横纹肌纤维内才能进一步发育为感染性幼虫，特别是活动量较大的肋间肌、膈肌中较多，常引起肌肉发生变性。

旋毛虫的宿主范围十分广泛，犬、猪的活动范围广，吃到动物尸体的机会很多，对动物粪便的嗜食性较强，因此感染率要比其他动物高。

（二）病理变化

成虫侵入小肠上皮时，易引起急性肠炎，可见小肠黏膜肥厚、水肿、充血、出血，炎性细胞浸润。肠腔内充满黏液样分泌物，黏膜有出血斑或溃疡。

幼虫侵入肌肉时，局部肌肉急性发炎，表现为肌细胞变性，肌纤维肿胀，横纹消失，组织充血和出血，局部炎性细胞浸润。严重者肌纤维发生坏死，肌间结缔组织增生。后期，采取肌肉做活组织检查或死后肌肉检查发现肌肉表现为苍白色，切面上有针尖大小的白色结节，显微镜检查可以发现虫体包囊，包囊内有蜷曲状的幼虫一至数条，外围有结缔组织包裹，时间较长的可发生钙化。

四、猪囊尾蚴病

（一）发病机理

猪囊尾蚴病又称猪囊虫病，是由猪带绦虫的幼虫引起的人畜共患寄生虫病。人是猪带绦虫的终末寄主，也是其中间寄主，人因吃了污染其虫卵的食物而感染。虫卵入胃后，其胚膜经胃液处理，为消化液中的蛋白酶所破坏，头节外翻，利用吸盘和小钩固着于肠黏膜，以肠内消化的食物为营养，除对肠黏膜的机械损伤外，其代谢产物可引起肠道功能紊乱和某些神经症状，不断产生的节片脱落后随粪便排出。

猪是猪带绦虫的中间寄主。虫卵被猪吞食后，在小肠经消化液作用，六钩蚴逸出，通过肠系膜静脉和淋巴循环到达全身各个部位，如肌肉组织、脑、肝、肺、肾等器官。在寄生局部形成占位与机械损伤，其分泌代谢产物或虫体死亡释放的蛋白类物质，往往引起周围组织的炎症反应及水肿。

（二）病理变化

猪囊尾蚴为白色半透明的小囊泡，长 6～10 mm，宽约 5 mm，囊内含有透明的液体，囊壁上有一乳白色的小结，其中嵌藏着一个头节。囊虫包埋在肌纤维间，像散在的豆粒或米粒。在严重感染的情况下，病猪肉呈苍白色而湿润，囊尾蚴除寄生于各部分肌肉外，还可寄生于脑、眼、肝、脾、肺等部位，甚至在淋巴结和脂肪内也能找到囊尾蚴。在寄生初期，囊尾蚴外部有细胞浸润，继之发生纤维性变，约半年后虫体死亡而钙化。

五、弓形虫病

（一）发病机理

本病是由龚地弓形虫引起的人和多种动物共患的寄生虫病。猫是终末宿主，其他动物为中间宿主。猫食入了感染弓形虫的动物（老鼠等）后，速殖子与缓殖子在肠上皮细胞内进行无性生殖和有性繁殖，生成裂殖体、配子体、合子，变为卵囊，随粪便排出体外。

弓形虫经消化道、呼吸道及伤口侵入中间宿主后，其中的子孢子随血液和淋巴液进入全身各脏器或组织的细胞中，在胞浆内以出芽方式进行无性繁殖，增殖大量的速殖子，直至细胞胀破。逸出的速殖子又可侵入邻近的细胞，如此反复不已，造成局部组织的灶性坏死和周围组织的炎性反应。如机体免疫功能正常，可迅速产生特异性免疫而清除弓形虫，形成隐性感染，虫体可在体内形成包囊，长期潜伏。一旦机体免疫功能降低，包囊内缓殖子即破囊逸出，引起复发。如机体免疫功能缺损，则虫体大量繁殖，引起全身广泛性损害。

（二）病理变化

内脏最特征的病变是肺、淋巴结和肝，其次是脾、肾、肠。肺肿大，呈暗红色，间质水肿增宽，切面流出多量带泡沫的浆液，肺表面有局灶性灰白色坏死灶。全身淋巴结肿大，有大小不等的出血点和灰白色的坏死点，尤以腹股沟部和肠系膜淋巴结最为显著。肝瘀血肿大，表面有散在针尖至黄豆大小灰白或灰黄色的坏死灶。脾脏在病的早期显著肿胀，有少量出血点，后期萎缩。肾黄褐色，表面和切面有针尖大出血点和坏死灶。胃肠黏膜肿胀肥厚，有糜烂或溃疡灶，从空肠至结肠有出血斑点。心包、胸腔和腹腔有积水。有的脑、脊髓组织内有灰白色坏死灶。

组织学检查，在肝坏死灶周围的肝细胞浆内、肺泡上皮细胞内和单核细胞内、淋巴窦内皮细胞内，常见有单个和成双的或3～5个数量不等的弓形虫，形状为圆形、卵圆形、弓形或新月形等不同形状。

复习思考题

1. 根据你所掌握的知识，剖检时，哪些动物疾病可出现败血性病变？

2. 动物心肌、骨骼肌有坏死灶，一般见于哪些疾病？

3. 哪些动物疾病可出现肝脏坏死灶？

4. 猪瘟的特征性病理变化有哪些？鸡新城疫的主要病理变化有哪些？

5. 剖检时，若发现肠道有明显的坏死、出血性炎症病变，应考虑哪些疾病？

6. 某500头规模的猪场，进入4月份以来，陆续有部分猪发病，少数严重者出现死亡。剖检发现肺肿大，间质增宽，切开后从切面流出多量泡沫样液体，试分析其可能的疾病。如要确诊，还需进行哪些检查？

7. 在进行病理学检查诊断过程中，哪些病理变化具有示病意义？

8. 一养猪户有50～60 kg肉猪100多头，近期有30多头突然发病，干咳，呼吸困难，呈犬坐姿势，有的口鼻流出泡沫样分泌物，体温 41～42℃。取严重者剖检，见全身黏膜、实质器官、淋巴结出血，心包积液，肺切面呈大理石样，质度稍硬，气管、支气管黏膜有泡沫状黏液。试分析：该群病猪的主要病变是什么？可能是什么疾病？如何处理？

9. 哪些疾病可以引起肝肿大？其病理变化特点如何？

10. 猪囊虫病、旋毛虫病的病变特征有哪些？如何检查？

实 训 指 导

实训一 局部血液循环障碍

【目的要求】 掌握常见组织器官局部血液循环障碍的眼观和镜检病理变化。

【实训材料】 相关大体标本、病理组织切片、幻灯片、CAI课件、图片和挂图、光学显微镜、投影仪等。

【方法步骤】

1. 肺瘀血

眼观：肺脏呈暗红色，体积肿大，质地变硬，重量增加，被膜紧张，切面外翻，流出大量暗红色、泡沫状血样液体。

镜检：肺泡壁毛细血管及小静脉扩张，充满红细胞；肺泡腔内有大量均质淡红染的浆液，有时还可见少量红细胞及心衰细胞。

2. 肝瘀血

眼观：急性瘀血时，肝呈暗红色或蓝紫色，体积肿大，质脆易碎，被膜紧张，边缘钝圆，切面外翻，流出大量暗红色的液体。慢性瘀血时，肝脏切面上形成暗红色瘀血区和土黄色脂变区相间的花纹，如槟榔切面，称“槟榔肝”。

镜检：中央静脉及肝窦高度扩张，充满红细胞，肝细胞索因压迫，排列紊乱，肝细胞大量萎缩、坏死，小叶周边肝细胞肿胀，胞浆内出现大小不一的空泡(肝脂变)。

3. 出血

脾脏血肿：病变呈黑红色硬块，球形，突出于器官表面，切开有血液流出。

脑溢血：部分脑组织破坏，被血块取代，周围组织水肿，血管有栓塞。

肾瘀点：猪瘟时，肾皮质下有弥漫性针尖样红色出血小点。

肺瘀斑：猪瘟时，肺外观红色，肺外膜下有外形不整、大小不一的褐色斑块(出血斑)。

4. 动脉血栓(慢性猪丹毒疣性心内膜炎)

眼观：心内膜上有菜花状赘生物，黄白色，质地脆而硬，与瓣膜及心壁牢固相连，不易剥离，表面粗糙。

镜检：白色血栓主要由血小板、纤维蛋白构成，后期发生结缔组织增生和炎性细胞浸润，血栓被机化。

5. 栓塞

动物实验：取健康兔一只，沿耳缘静脉注入 5～10 mL 空气，观察动物有何表现，死亡后剖检观察心脏及全身静脉的表现。

切片标本：细菌性栓子，在小淋巴管和淋巴窦内见细菌团块、纤维素和白细胞。

6. 脾出血性梗死（猪瘟）

眼观：脾脏边缘部有大小不一的黑红色突起，质硬，切面呈倒三角锥形，结构模糊不清。

镜检：脾脏红髓、白髓界限不清，组织结构被破坏，小血管和脾窦扩张充血，大量红细胞聚集于组织中，脾脏淋巴细胞显著减少，细胞核碎裂、消失。

7. 肾贫血性梗死

眼观：梗死区呈灰白色，干燥，质地脆弱，切面呈倒三角锥形，梗死区与周围组织有明显界限，并有红色充血反应带。

镜检：肾组织细胞大体结构尚可辨认，但精细结构不清，细胞核溶解消失，细胞浆呈颗粒状，在其外围有数量不等的中性粒细胞浸润。

【实训报告】

(1)绘出肺瘀血、肝瘀血、肾贫血性梗死的镜检病理变化特征。

(2)充血、瘀血、出血在大体标本和组织切片上如何区别？

(3)空气栓塞致死家兔时，分析死亡原因和栓子运行途径，并描述剖检各脏器的病理变化。

(4)用组织学知识解释不同器官的梗死灶为什么具有不同形状。

实训二　水　　肿

【目的要求】 通过实训掌握常见组织器官水肿的眼观和镜检病理变化。

【实训材料】 大体和切片标本、幻灯片、CAI 课件、光学显微镜、投影仪等。

【方法步骤】

1. 肺水肿

眼观：肺体积增大，重量增加，质地变实，被膜紧张，边缘钝圆，切面外翻，流出大量淡黄红色、泡沫状液体。透明感增强，肺间质增宽。

镜检：肺泡壁毛细血管扩张充满红细胞，肺泡腔内含大量均质红染的水肿液，水肿液中有脱落的上皮细胞，肺间质因水肿液积聚而增宽。

2. 皮下水肿

眼观：皮肤肿胀，弹性下降，指压留痕，如生面团状。切面流出大量淡黄色、透明、清亮液体，皮下结缔组织富含液体，呈胶冻样。

镜检：皮下组织间隙增宽，结缔组织疏松，胶原纤维肿胀、彼此分离。组织间隙中有大量均质红染的水肿液。

3. 胃壁水肿

眼观：胃壁增厚，黏膜湿润有光泽，透明感增强。切面外翻，流出大量无色或淡黄色透明液体，黏膜下层明显增宽，呈透明胶冻样。

镜检：胃壁黏膜固有层、黏膜下层甚至肌层和浆膜层中有大量均质红染的液体，组织松散，黏膜上皮细胞、胶原纤维、平滑肌彼此分离。

4. 肾盂积水大体标本

眼观：肾盂、肾盏扩张，呈大小不一的空腔，肾实质萎缩。

5. 肝水肿

眼观：肝脏变化不大明显，肝脏稍肿大，质地变实，颜色变淡。

镜检：肝小叶的窦状隙极度扩张，充满均质粉红染的浆液，肝细胞受压迫而萎缩。

【实训报告】

(1)记录所观察标本的病理变化，分析其发生机理。

(2)绘出肺水肿和肝水肿的镜检病变特征。

实训三　脱　　水

【目的要求】　通过不同浓度食盐溶液引起红细胞形态变化实验，推理说明机体脱水时对细胞的影响。

【实训材料】　抗凝血，带凹载玻片，滴管，10%、0.9%、0.1%氯化钠溶液，显微镜。

【方法步骤】

(1)将 3 种浓度氯化钠溶液分别滴入 3 块玻片的凹内，数滴即可，勿太多，以防溢出。

(2)分别向各玻片凹内不同浓度的氯化钠溶液中滴入抗凝血 1 滴。

(3)稍等片刻后，轮流将载玻片置于低倍镜下，观察红细胞状态，直至出现变化为止。

(4)将物镜换成高倍，再观察各玻片凹内红细胞变化情况。

【实训报告】记录不同浓度氯化钠溶液引起红细胞变化的结果，并分析原因。

实训四　细胞与组织损伤

【目的要求】　通过实训掌握常见器官组织萎缩、变性、坏死的眼观和镜检病理变化。

【实训材料】　相关大体标本、病理组织切片、CAI 课件、图片、挂图、幻灯片、光学显微镜、投影仪等。

【方法步骤】

1. 鼻甲骨萎缩大体标本(猪传染性萎缩性鼻炎)

眼观：鼻黏膜肿胀、充血、水肿，鼻腔中有浆液性、黏液性或化脓性分泌物。鼻甲骨退化，上下卷曲极度萎缩，鼻腔变成大腔洞，鼻筒歪斜不正。

2. 肝压迫性萎缩(羊细颈囊尾蚴)

眼观：肝表面突起鸡蛋大小充满透明液体的白色囊泡，内含大量细颈囊尾蚴，囊泡周围的肝实质因压迫而萎缩。

镜检：肝细胞索受压变窄，肝细胞变小，胞浆深染。

3. 肾颗粒变性

眼观：肾体积肿胀、被膜紧张、边缘钝圆、颜色苍白浑浊，好似沸水烫过，质地脆弱，切面隆起、外翻，皮髓质界限不清。

镜检：肾小管上皮细胞肿大，突入管腔内，边缘不整齐，胞浆浑浊，充满红染颗粒，胞核清楚可见，肾小管管腔狭窄或闭锁。

4. 肝水泡变性病理切片

镜检：低倍镜下见肝细胞索紊乱，红色着染不均，肝窦贫血，狭窄闭锁。高倍镜下见某些肝细胞内充满大量大小不一的水泡，胞核肿大，淡染。

5. 肝脂肪变性

眼观：肝体积肿大，边缘钝圆，表面光滑，质软易碎，呈黄褐色或土黄色。组织结构模糊，触之有油腻感。

镜检：肝细胞肿胀，胞浆内出现大小不一的脂肪滴，HE染色呈空泡状，胞核被挤于一侧或消失。

6. 心肌脂肪变性(牛口蹄疫)

眼观：心外膜下和心室乳头肌及肉柱的静脉血管周围可见脂变部分呈灰黄色的条纹和斑点，分布在正常色彩的心肌之间，红黄相间，外观似虎皮样斑纹，称"虎斑心"。

镜检：变性心肌纤维中出现脂肪小滴，HE染色呈空泡状，心肌纤维因脂肪压迫而萎缩，核浓染。

7. 肾小球透明变性病理切片

镜检：低倍镜下见肾皮质萎缩，肾小管减少导致肾小球相对集中。高倍镜下见肾小管的正常组织结构完全丧失，肾小球上皮细胞胞浆内出现嗜伊红的圆珠状透明滴状物。

8. 骨骼肌蜡样坏死

眼观：坏死组织浑浊肿胀，干燥坚实，呈灰黄色或灰白色，形似石蜡。

镜检：坏死的肌纤维肿胀、断裂、横纹消失，胞浆均质红染，有的崩解成颗粒状，细胞核消失。间质水肿增宽，可见成纤维细胞增生和单核细胞、浆细胞等浸润。

9. 淋巴结干酪样坏死

眼观：淋巴结体积肿大，表面有大小不等的圆形或类圆形结节，切面见皮质和髓质中有白色或灰白色的干酪样或豆腐渣样的坏死物质，质地松软易碎。

镜检：坏死灶中心细胞核消失，均质红染，周围有许多胞体较大、分界不清的浅红色上皮样细胞组成的细胞带，其中散在数量不等的多核巨细胞，在外围有大量结缔组织形成的包囊，并散在数量不等的淋巴细胞和浆细胞。

10. 皮肤干性坏疽大体标本

眼观：坏死皮肤干枯皱缩，呈棕褐色或黑色，质地硬，与正常皮肤有明显界限。

【实训报告】

(1)描述所观察病理标本的病变特征。

(2)绘出肝脏水泡变性、心肌脂肪变性、淋巴结干酪样坏死时的显微病理变化。

(3)绘出坏死时细胞核的变化。

实训五 适应与修复

【目的要求】 识别肥大、增生、肉芽组织、钙化、包囊形成的大体病变和显微病理变化。

【实训材料】 相关大体标本、病理组织切片、CAI课件、图片、挂图、幻灯片、光学显微镜、投影仪等。

【方法步骤】

1. 心肌肥大

眼观:心脏体积增大,心尖钝圆,心腔变大,乳头肌、肉柱变粗,心室壁和室中隔增厚。

镜检:心肌纤维变粗,肌细胞核变大,肌纤维数量增多,间质相对减少,血管增粗。

2. 肝假性肥大大体标本

眼观:因肝片吸虫在肝内寄生,导致慢性炎症,肝间质内结缔组织大量增生并深入肝实质内,压迫肝实质使之发生萎缩,肝体积增大,变硬。

3. 横纹肌再生病理切片

镜检:横纹肌纤维坏死、断裂,一些肌纤维的断端膨大,有数个淡染的肌细胞核增生聚集,呈花蕾状,横断面上形成多核巨细胞样细胞。

4. 肠壁增生

眼观:肠黏膜表面被覆多量黏液,肠黏膜固有层结缔组织增生、肥厚,结缔组织增生不均,使黏膜表面呈现颗粒状。

镜检:黏膜固有层和黏膜下层结缔组织大量增生,侵及肌层和黏膜下组织,并有大量淋巴细胞、浆细胞和巨噬细胞浸润。

5. 肉芽组织

眼观:肉芽组织表面覆盖有炎性分泌物形成的痂皮,痂皮下肉芽色泽鲜红,呈颗粒状,湿润,触之易出血。

镜检:肉芽组织表面均质红染,散在多量炎性细胞,下层为幼稚的成纤维细胞和丰富的毛细血管,再下层成纤维细胞逐渐成熟,并分泌合成胶原纤维,毛细血管和炎性细胞减少,最下层是排列规则的胶原纤维束和少量的成熟结缔组织。

6. 钙化(牛肺结核)

眼观:在肺组织中有白色、石灰样、坚硬、大小不一的结节,刀切有沙沙声。

镜检:HE染色钙盐呈蓝紫色细颗粒状。

7. 肝寄生虫结节包囊形成大体标本

眼观:肝表面可见大小不一的结节,结节呈半球样隆起,边缘规整,结节中央为白色石灰样物质,结节周围包以灰白色膜样结构即包囊。

【实训报告】

(1)绘出心肌肥大、肉芽组织的显微病理变化。

(2)说明机化和包囊形成的组织结构和作用。

(3)说明肉芽组织的形成、结构特点和功能。

实训六 炎 症

【目的要求】 掌握变质性炎、渗出性炎、增生性炎的病理变化特征，能识别各种炎性细胞的形态特征。

【实训材料】 炎症大体病理标本和组织切片、CAI课件、挂图、幻灯片、光学显微镜、投影仪等。

【方法步骤】

1. 兔变质性肝炎

眼观：肝脏体积肿大，变黄，质地变脆，粗糙。

镜检：大量肝细胞肿胀，肝细胞索排列紊乱，其中部分肝细胞已经坏死，核碎裂甚至消失，窦状隙内炎性细胞增多。多数汇管区血管及结缔组织中性粒细胞浸润。

2. 牛纤维素性肺炎

眼观：肺脏大面积发生实变，病变肺叶体积增大，呈暗红色或灰红色，质地变实，间质增宽，外观似网格状，严重的在肺胸膜表面有丝状、絮状或网状的纤维素性渗出物。

镜检：肺泡腔内有大量的网织纤维素和红细胞、少量白细胞和脱落的上皮细胞，肺间质增宽，有大量渗出物聚集。

3. 猪浆液性肺炎

眼观：肺外观色彩不一，炎症病灶呈紫红色，膈叶和心叶大部分区域发生肺气肿，气肿区苍白，肺脏体积增大，质地变实，表面湿润有光泽。

镜检：肺泡壁毛细血管扩张充血，多数肺泡腔内充满均质红染的浆液，并混有数量不等的白细胞和脱落的肺泡上皮细胞。有的肺泡壁断裂，融合成较大的肺泡壁。

4. 腹壁皮下蜂窝织炎

眼观：在皮肤和腹壁肌之间的皮下组织中可见弥漫性淡黄色蜂窝状肿胀，其中蓄积淡黄色脓液。

镜检：皮下疏松结缔组织水肿，其中有大量中性粒细胞弥漫性浸润，多数中性粒细胞已经破坏形成脓球，局部固有组织溶解液化，炎灶与周围组织界限不清。

5. 鸡盲肠出血性肠炎大体标本

眼观：肠黏膜肿胀、潮红，呈弥漫性红色，同时散在大小不一的出血点，黏膜表面附着有黏稠、红色炎性渗出物。一些区域黏膜坏死、脱落。

6. 特异性增生性炎(牛结核)

眼观：肺胸膜表面有肿块样增生物，形态不规则，表面凹凸不平，质地坚硬，刀切发出“沙沙”声，切面呈灰白色。

镜检：镜下有大量大小不一的增生性结节，结节中心细胞核消失，均质红染，周围有许多胞体较大、分界不清的浅红色上皮样细胞组成的细胞带，其中散在数量不等的多核巨细胞，在外围有大量结缔组织形成的包囊，并散在数量不等的淋巴细胞和浆细胞。

7. 炎性细胞的识别

(1)中性粒细胞:起源于骨髓干细胞,胞核一般分成 2～5 叶,幼稚型中性粒细胞的胞核呈弯曲的带状、杆状或锯齿状而不分叶。HE 染色胞浆内含淡红色中性颗粒。禽类的中性粒细胞称为嗜异性颗粒细胞,胞质中含红色的椭圆形粗大颗粒。

(2)嗜酸性粒细胞:细胞核一般分为 2 叶,各自呈卵圆形,胞浆丰富,内含粗大的强嗜酸性颗粒。

(3)嗜碱性粒细胞:细胞核呈分叶状,但常不清楚,胞质内含粗大、大小分布不均、染成蓝紫色的嗜碱性颗粒。颗粒可覆盖在细胞核上。

(4)单核细胞和巨噬细胞:血液中的单核细胞受刺激后,离开血液到结缔组织或其他器官后转变为巨噬细胞。这类细胞体积较大,圆形或椭圆形,常有钝圆的伪足样突起,核呈卵圆形或马蹄形,染色质细颗粒状,胞浆丰富,内含许多溶酶体和少数空泡,空泡中常含一些消化中的吞噬物。

(5)上皮样细胞:外形与巨噬细胞相似,呈梭形或多角形,胞浆丰富,内含大量内质网和许多溶酶体。胞膜不清晰,胞核呈圆形、卵圆形或两端粗细不等的杆状,核内染色质较少,着色淡。与复层扁平细胞中的棘细胞相似。

(6)多核巨细胞:这类细胞由多个巨噬细胞融合而成,细胞体积巨大,胞浆丰富,在一个细胞体内含有许多大小相似的胞核。胞核的排列方式有三种:一是细胞核沿细胞体的外周排列,呈马蹄形,称朗罕氏巨细胞;二是细胞核聚集在细胞体的一端或两极;三是细胞核散布在整个巨细胞的胞浆中。

(7)淋巴细胞:分大淋巴细胞和小淋巴细胞。小淋巴细胞胞核为圆形或卵圆形,常见在核的一侧有小缺痕,核染色质较致密,染色深,胞浆很少,嗜碱性。大淋巴细胞数量较少,胞浆较多。

(8)浆细胞:由 B 淋巴细胞受抗原刺激后演变而成。细胞呈圆形,较淋巴细胞略大,胞浆丰富,轻度嗜碱性,细胞核圆形,位于一端,染色质致密呈粗块状,多位于核膜的周边呈辐射状排列,呈车轮状。

【实训报告】

(1)绘出几种炎性细胞的示意图,并说明其在临床诊断中的意义。

(2)绘出皮下蜂窝织炎、纤维素性肺炎、牛结核增生性炎的显微病变图。

实训七　肿　瘤

【目的要求】 通过实训识别动物常见肿瘤的病理变化及主要特征,掌握良性和恶性肿瘤的形态结构及区别。

【实训材料】 相关大体标本、病理组织切片、CAI 课件、图片、挂图、幻灯片、光学显微镜、投影仪等。

【方法步骤】

1. 皮肤乳头状瘤

眼观:肿瘤突出于皮肤表面,形似菜花状,肿瘤基底部有蒂,切面呈乳头状,有许多指状的突起，灰白色，与周围组织界限清晰。

镜检：乳头表面为增生的分化成熟的被覆上皮，中央为肿瘤间质，有大量血管及纤维组织，并有少量的炎性细胞浸润。瘤细胞分化成熟，似正常的鳞状上皮，但细胞层数增多，角质化，肿瘤无浸润性生长，基底膜完好。

2. 纤维瘤

眼观：瘤体呈结节状，有包膜，边界清晰，切面灰白色，质地坚韧。

镜检：胶原纤维粗细不等，纤维束可平行、可交叉或呈漩涡状，与正常纤维组织相似。瘤组织内结缔组织细胞和纤维的比例发生变化，细胞成分分布不均。

3. 纤维肉瘤

眼观：肿瘤呈结节状或不规则肿块状，切面灰红色，质地较脆，鱼肉状，呈急剧的浸润性生长。

镜检：瘤细胞弥散分布，多呈梭形，大小不一，胞浆较少。核大而形状不一，多呈圆形或梭形，染色质丰富，浓染，可见病理性核分裂象及少数瘤巨细胞，有的区域瘤细胞呈束状或漩涡状排列。瘤组织间质少，血管丰富。

4. 脂肪瘤

眼观：瘤体呈扁圆形或圆形、分叶状，包膜完整，黄色，质地柔软有油腻感，瘤体大小不等，切面可见肿瘤组织内有薄层的纤维组织间隔。

镜检：瘤组织由分化成熟的脂肪细胞和少量纤维组织构成，与正常的脂肪组织相似，有完整的纤维包膜。瘤细胞排列紊乱，间质将瘤组织分隔为大小不一、形状不规则的小叶状结构。

5. 皮肤鳞状细胞癌

眼观：皮肤表面有菜花样肿胀物，肿瘤表面有溃疡形成，切面灰白色，肿瘤组织呈蟹足状向周围组织浸润性生长，边界不清。

镜检：鳞状上皮层数增多，排列紊乱，极性消失。癌细胞突破基底膜向深层组织呈浸润性生长，呈片状或条索状，与间质分界清楚，癌细胞形成大小不等的癌巢。癌细胞分化好，体积较大，多边形，核大深染，可见分裂象，癌巢中心为红染层状角化物，即“癌珠”。

6. 肾母细胞瘤

眼观：肾呈结节状，瘤体大小不一，质地较硬，呈灰白色。

镜检：瘤细胞胞浆较少，淡嗜碱性，分散或密集存在于组织之间。分化度差别较大，低分化瘤细胞一般是圆形或椭圆形，高分化的瘤细胞一般呈梭形。核仁清晰，有核分裂象。

7. 淋巴肉瘤

眼观：瘤组织呈大小不等的结节，灰白色，表面光滑，与周围组织界限清晰，在组织表面形成扁平的隆起，切面乳白色、油脂样。器官体积增大。

镜检：淋巴组织的正常结构破坏消失，被大量分化不成熟、大小不等、染色不均的淋巴细胞样瘤细胞所替代。多见核分裂象。

8. 鸡马立克氏病大体标本

(1)神经型：可见臂神经丛、腹腔神经丛、坐骨神经丛和内脏大神经粗大，呈灰白色或黄色，神经纤维纹理和光泽消失，水肿。

(2)内脏型：肝脏肿大，质地较脆，可见粟粒大至黄豆大灰白色肿瘤，几个至数十个不等，稍突出于肝脏表面，肿瘤质地柔韧。腺胃肿大，增厚，质地坚实，浆膜苍白，切面有出血或溃疡。

卵巢呈菜花样，体积增大明显。脾脏肿大，表面可见针尖大小或米粒大小的肿瘤结节。

(3)皮肤型：皮肤上形成肿瘤结节，癌组织呈疥癣状，表面有结痂形成，遍布皮肤各处。

(4)眼型：虹膜发生环状或斑点状褪色，呈弥漫性灰白色、浑浊不透明。瞳孔边缘不整齐。

【实训报告】

(1)比较良性和恶性肿瘤的区别。

(2)绘出纤维肉瘤、鳞状细胞癌、乳头状瘤显微病变图。

实训八 器官病理

【目的要求】 通过实训掌握机体各脏器发生病变时的大体及组织学病理变化。

【实训材料】 相关大体标本、病理组织切片、CAI课件、图片、挂图、幻灯片、光学显微镜、投影仪等。

【方法步骤】

1. 心血管系统病理

(1)牛创伤性心包炎

眼观：心包腔高度充盈，心包扩张增厚，失去原有的透明光泽。心包腔内蓄积多量纤维素性渗出物，剥离心包后心外膜浑浊粗糙，渗出物凝缩成干酪样。心壁及心包上可见刺入的异物。

镜检：心外膜的间皮细胞变性、坏死、脱落，与心外膜相连的心肌变性、坏死，心肌间质充血、水肿。炎性渗出物由纤维素、中性粒细胞、巨噬细胞、红细胞与脱落的间皮细胞等组成。

(2)急性心肌炎

眼观：心肌呈暗灰色，质地松软，心脏扩张，尤以右心室明显，在心外膜下和心室乳头肌及肉柱的静脉血管周围，可见心肌脂变部分呈灰黄色的条纹或斑点，分布在正常色彩的心肌之间，红黄相间，即“虎斑心”。

镜检：心肌纤维变性、坏死、崩解，间质血管充血、出血、水肿和炎性细胞浸润。

(3)溃疡性心内膜炎

眼观：心脏瓣膜上有灰黄色或灰白色血栓样附着物，质脆易脱落，剥离后可见凹陷的溃疡灶。

镜检：局部心内膜组织坏死崩解成均质红染物，溃疡边缘不整齐，表面附有大量由纤维素、崩解细胞与细菌团块组成的血栓凝块。

2. 呼吸系统病理

(1)小叶性肺炎

眼观：病变肺组织质地较坚实，实变区暗色红至淡灰红到灰色不等，切面有大小不等的岛屿状病灶，散在分布于各肺叶。

镜检：细支气管上皮细胞不同程度变性、坏死和脱落，管腔中有多量浆液性、黏液性、化脓性渗出物。细支气管壁及周围结缔组织充血、水肿、炎性细胞浸润。肺泡壁毛细血管扩张、充血，充满均质红染的浆液，并见纤维素渗出和炎性细胞浸润。

(2)间质性肺炎

眼观:病变部呈灰白色或灰红色,云雾状,呈局灶性分布。质地稍硬,缺乏弹性,切面平整。有的部位纤维化,体积缩小、变硬。

镜检:肺间质的纤维组织大量增生,小支气管、细支气管黏膜下层中有大量单核细胞、淋巴细胞浸润,肺泡壁上有大量单核细胞、淋巴细胞浸润,使肺泡壁增厚。肺泡腔内含有均质红染的浆液,并有中性粒细胞、单核细胞和淋巴细胞渗出,部分肺泡扩张,融合成大的肺泡腔。

(3)化脓性肺炎

眼观:肺实质可见粟粒大小的脓肿,呈黄色。脓肿边缘充血、水肿,切面有浓稠脓液排出。脓肿周围有结缔组织脓肿膜包裹。

镜检:肺组织有大量中性粒细胞和少量单核细胞浸润,肺正常组织结构完全被破坏,脓肿周围有结缔组织增生形成的包膜,有些部位可见蓝色钙化灶。

(4)肺泡性肺气肿

眼观:肺体积显著增大,被膜紧张,色泽苍白,肺组织柔软而缺乏弹性,指压留痕,并有捻发音,切面干燥呈海绵状。

镜检:肺泡高度扩张,肺泡壁变薄、破裂或消失,融合成大的囊腔。肺泡壁毛细血管闭塞缺血。呼吸性支气管明显扩张,小气管和细支气管可见炎性细胞浸润。

3. 消化系统病理

(1)急性卡他性胃炎

眼观:胃黏膜呈现弥漫性充血、潮红、肿胀增厚,尤以胃底黏膜病变最为明显。黏膜表面被覆大量浆液性渗出物,并有出血点和糜烂。

镜检:胃黏膜上皮细胞变性、坏死、脱落,固有层和黏膜下层毛细血管扩张、充血,并有淋巴细胞浸润,组织间隙中有大量浆液性渗出物及炎性细胞浸润,杯状细胞增多并脱落,黏膜下层有轻度充血和水肿。

(2)胃溃疡

眼观:溃疡面大小和形状不一致,可呈圆形或不正形。溃疡表面覆盖污秽色坏死物质,溃疡灶边缘肿胀肥厚。

镜检:溃疡表面有少量炎性渗出物,下层为坏死的胃腺上皮组织,溃疡底部明显充血、出血,有不同程度的炎性细胞浸润和成纤维细胞增生。溃疡边缘黏膜上皮轻度增生。

(3)出血性肠炎

眼观:肠壁黏膜肿胀、增厚,有点状、斑状或弥漫性出血。黏膜表面覆盖多量红褐色黏液。肠内容物中混有血液,呈淡红色或暗红色。

镜检:黏膜上皮和腺上皮变性、坏死和脱落,黏膜固有层和黏膜下层血管显著扩张,充满红细胞,并伴有炎性细胞浸润。

(4)纤维素性肠炎

眼观:肠黏膜充血、出血和水肿,黏膜表面被覆黄白色絮状、片状、麸糠样纤维素性假膜,干硬,不易剥离。

镜检:肠黏膜上皮脱落,黏膜表面被覆大量炎性渗出物,内含大量纤维素、黏液和中性粒细胞。黏膜固有层和黏膜下层小血管充血、水肿和炎性细胞浸润。

(5)肝硬变

眼观:肝脏体积缩小,边缘锐薄,质地坚硬,表面凹凸不平或颗粒状。肝被膜增厚,切面上可见十分明显的淡灰色结缔组织条索围绕着淡黄色圆形的肝实质。肝内胆管管壁明显增厚。

镜检:肝正常结构破坏,结缔组织广泛增生,肝组织出现大小不等的假小叶,肝细胞排列紊乱,部分肝细胞萎缩、变性。在增生的结缔组织中有新生毛细血管和假胆管。

4. 泌尿生殖系统病理

(1)急性增生性肾小球肾炎

眼观:肾脏轻度或中度肿大,充血,包膜紧张,表面光滑,颜色较红。切面可见皮质由于血管增生而变宽,纹理模糊,与髓质分界清楚。

镜检:肾小球毛细血管扩张充血,内皮细胞和系膜细胞肿胀增生,肾小球体积显著增大,几乎占据整个肾小球囊腔。囊腔内有渗出的白细胞、红细胞和浆液。

(2)间质性肾炎

眼观:肾体积肿大,颜色苍白,质地柔软,被膜易剥离。切面苍白湿润,皮髓界限模糊,肾实质较坚实,皮质纹理不清。

镜检:肾间质小血管扩张充血,肾小球及肾小管周围间质结缔组织内有大量成纤维细胞增生,其间有大量淋巴细胞、单核细胞和浆细胞浸润。

(3)子宫内膜炎

眼观:子宫腔内积有浑浊、黏稠的渗出物,子宫内膜充血和水肿,部分黏膜脱落。

镜检:子宫内膜部分上皮细胞变性、坏死或崩解。固有层毛细胞血管数量增多并高度扩张充满红细胞,结缔组织疏松肿胀,富含均质红染无结构样物质,其间散在渗出的中性粒细胞和红细胞。

(4)化脓性乳腺炎

眼观:病变乳叶肿大、变实、易切开。乳池和输乳管黏膜显著充血,切面有灰黄色或灰红色结节状病灶,按压有浑浊的脓液流出。

镜检:乳腺组织内出现大小不等的坏死灶。局部腺泡和腺管上皮细胞变性、坏死溶解,并有大量中性粒细胞浸润。坏死灶周围出血和充血,附近腺泡上皮肿大,在腺泡内聚集有白细胞、红细胞和脱落的上皮。间质充血水肿,并见结缔组织增生。

5. 神经系统病理

(1)化脓性脑炎(猪链球菌病)

眼观:大脑蛛网膜和软脑膜浑浊、增厚,血管怒张充血,并可见散在瘀点。脑回增厚,扁平,脑沟变窄。脑质地变软,切面可见充血和出血。

镜检:软脑膜血管扩张充血、出血,血管内皮细胞肿胀、增生、脱落。血管周围大量中性粒细胞、单核细胞和淋巴细胞浸润。脑实质内小血管扩张充血、出血,皮层浅部出现小脓肿灶,病灶区脑组织液化溶解,局部被炎性细胞和脓细胞替代。

(2)非化脓性脑炎(马乙型脑炎)

眼观:脑膜充血、出血,脑回变扁,脑沟变浅,切面上有细小的出血点,脑室扩张。

镜检:脑血管扩张明显,血管周围间隙增宽,水肿。在小血管周围有大量淋巴细胞和单核细胞浸润形成血管套。血管内皮细胞肿胀、脱落。神经元细胞肿胀、变性、坏死,尼氏小体部分或全部溶解。细胞浆嗜伊红深染。在变性、坏死的神经细胞周围有小胶质细胞增生,形成“卫星”,有些小胶质细胞进入坏死的神经细胞内呈噬神经元现象。

6. 免疫系统病理

(1)出血性淋巴结炎(猪瘟)

眼观:淋巴结肿大,呈弥漫性暗红色或黑红色,被膜紧张,质地变实,切面湿润并含大量血液,呈暗红色与灰白色相间的大理石样外观。

镜检:淋巴组织充血、出血,淋巴窦内及淋巴组织周围有大量红细胞,淋巴小结也可见出血,并有浆液和炎性细胞浸润。

(2)浆液性淋巴结炎(猪肺疫)

眼观:淋巴结体积增大,质地柔软,呈潮红色或紫红色,切面湿润多汁,隆起,颜色暗红。

镜检:淋巴结被膜及实质的小血管和毛细血管明显扩张充血、出血,淋巴窦扩张,充满浆液,窦壁细胞肿大、增生,并在窦内大量堆积,扩张的淋巴窦内,有不同数量的中性粒细胞、淋巴细胞和浆细胞。

(3)化脓性淋巴结炎

眼观:淋巴结体积增大,有黄白色化脓灶,切面可见脓汁流出。有些地方形成脓肿。

镜检:淋巴窦内聚集浆液和大量中性粒细胞,窦壁细胞增生、肿大,中性粒细胞有的发生变性、崩解,形成脓液,在化脓灶周围有纤维组织增生并形成包囊。

(4)慢性脾炎(马传染性贫血)

眼观:脾脏轻度肿大,质地变硬,被膜增厚,边缘钝圆,切面平整或稍隆突,脾小体增大呈灰白色颗粒状突起。

镜检:红髓淋巴细胞、巨噬细胞弥漫性或局灶性增生,白髓淋巴细胞变性、坏死。

(5)急性炎性脾肿(猪丹毒)

眼观:脾脏体积显著增大,被膜紧张,边缘钝圆,质地柔软,切面隆起呈紫黑色并富含血液。白髓和脾小梁纹理不清,脾髓柔软,用刀易刮下。

镜检:脾髓内充满大量血液,脾实质细胞弥漫性坏死、崩解,数量明显减少;白髓体积缩小,甚至几乎完全消失,仅在中央动脉周围残留少量淋巴细胞;红髓中固有细胞成分减少,仅在小梁和被膜附近可见一些淋巴细胞。

7. 骨、关节、肌肉病理

(1)骨软症

眼观:四肢长骨弯曲变形,骨端膨大,关节相应膨大,骨骼硬度下降,容易切割,骨髓腔狭窄。肋骨和肋软骨结合部呈结节状或半球状隆起,左右两侧成串排列。

镜检:骨骺软骨细胞肥大,并在局部大量堆积,使软骨带增宽,且软骨细胞凸向骨干侧,呈岛屿状或舌状生长。骨内膜和骨外膜也见有大量未钙化的骨样组织,软骨细胞增多。

(2)关节炎大体标本

眼观:关节肿胀,关节囊紧张,关节腔内积聚有浆液性、纤维素性或化脓性渗出物,滑膜充血、增厚。

(3)痛风

眼观:关节肿大、变形,特别是腿部和脚趾关节。剖开关节腔可见关节腔内有半液体的尿酸盐沉着,关节软骨面、关节滑囊、关节周围由于尿酸盐沉积而呈白色。

镜检:局部组织坏死,肉芽组织及异物巨细胞增生,尿酸盐呈针状结晶或球状团块。

【实训报告】

(1)绘出小叶性肺炎、胃溃疡、肝硬变、急性增生性肾小球肾炎、非化脓性脑炎、出血性淋巴结炎的显微病变图。

(2)描述所观察病理标本的病变特征。

实训九 尸体剖检诊断技术

【目的要求】 通过对病死动物的尸体剖检，掌握动物尸体剖检的方法，包括剖检前的准备工作，常见动物的剖检术式，器官及组织病理变化的检查方法，各类病料的采取、包装、保存和送检的方法，病理剖检报告的书写，培养学生综合分析病理变化的能力，为临床应用打好基础。

【实训材料】

1. 动物 病死猪、鸡、羊、兔等。

2. 器械 剥皮刀、解剖刀、手术刀、手术剪、镊子、肠剪、骨剪、骨钳、卷尺、磨刀石、注射器、针头、搪瓷盘等。

3. 药品 0.1%新洁尔灭、3%来苏儿、3%碘酊、75%酒精、10%福尔马林等。

【方法步骤】

1. 外部检查

2. 皮下检查

3. 胸、腹腔的打开及视检

4. 内脏的取出和视检 具体方法参考第一章尸体剖检诊断技术。

5. 病理解剖学综合诊断 根据剖检所见，进行综合分析，判断病变的主次，采用病理解剖学术语，总结病变特征。根据病理解剖学诊断，结合病畜生前的临床症状及其他相关资料，经过推理判断，找出各病变之间的内在联系，阐明疾病的本质，最后对死亡的病畜禽提出诊断病名，判断死因，并提出处理意见和建议。

6. 撰写病理剖检报告

【实训报告】 作动物尸体剖检记录和尸体剖检报告一份。

实训十 病理大体标本制作技术

【目的要求】 通过实训了解病理大体标本制作的注意事项，掌握病理大体标本的制作过程。

【实训材料】 病死的畜禽、手术刀、手术剪、镊子、标本缸、玻璃板、纱布、棉花、福尔马林、酒精、蒸馏水、甘油、松香等。

【方法步骤】

1. 取材和清理

(1)选作病理标本的器官,越新鲜越好,病变要具有代表性,既有病变部分,也有正常部分作为对照。

(2)标本厚度以 2～5 cm 为宜,较大的器官切取部分组织固定。在切取过程中,尽量避免暴力牵拉和挤压,防止组织受到损坏。

(3)标本取出后,应根据实际需要加以修整,除去多余的组织或根据标本的情况切开、剪裁,切面应平整。

(4)新鲜标本忌水洗,遇有液体过多时,可用干布拭去,必须冲洗时,可用生理盐水略洗。

2. 标本的固定

除特殊要求外,均用 10%福尔马林溶液为固定液。固定时间一般为 1 周左右。固定时应注意:

(1)固定液的量应为所采标本体积的 5～10 倍。

(2)标本在固定的容器中应平展,以免在固定过程中变形。较大标本在固定过程中要更换固定液 1～2 次。

(3)固定的标本应避光放置,室温不可过高或过低,以 18℃为宜。

(4)每个标本在固定时,应以细线系一小木牌,记下编号。标本入缸后,可将木牌悬于缸外,以便检查。

3. 装瓶和保管

保存液为 5%～10%的福尔马林溶液。采用大小不等的立方形玻璃(或有机玻璃)标本瓶(缸)盛放标本,用封瓶剂封口,贴上标签,写明病变名称、固定液种类和标本采取与制作日期。在装瓶和保管时应注意以下几点:

(1)标本装瓶前,应将玻璃瓶(缸)洗刷干净,洗后用 5%石炭酸溶液浸泡,晾干备用。

(2)固定好的标本取出后应先用流水充分冲洗,根据需要可作适当修整。

(3)标本瓶(缸)内可根据观察需要放置自做的玻璃支架或玻璃板,用以绑缚标本。

(4)封瓶剂的制备:氧化锌 300 g,桐油 100 g,松香 5 g,将桐油加热煮熔松香,煮后冷却置于瓶内封闭保存。用时取氧化锌放在石板上,注入桐油,随加随搅,当能拉出黏稠丝条时即可使用。将制成的胶条趁热粘瓶口周围,用瓶盖用力压下,使之牢固密贴瓶口,置暗处 2～3 d。

【实训报告】 按要求自行制备一个病理大体标本。

实训十一 组织切片技术

【目的要求】 通过实训了解病理组织切片的制作方法,掌握石蜡切片制作的基本技术。

【实训材料】 病死的畜禽、手术刀、手术剪、镊子、切片机、恒温箱、烤片机、福尔马林、酒精、蒸馏水、二甲苯、冰醋酸、丙酮、石蜡、苏木精、伊红等。

【方法步骤】

1. 取材

病理组织越新鲜越好，切取组织块的刀剪要锋利，不可挤压、拉扯病料，以免造成人为的损伤。取材时必须选择正常与病灶交界处的组织，由表及里、由浅入深的切取，大小以 1.5 cm×1.5 cm×0.3 cm 为宜。特殊病料应根据器官的结构特点切取。管状、囊状和皮肤组织应注意横切和纵切的区分。切取好的组织，放入事先准备好的装有固定液的广口瓶中并做好标记。

2. 固定

常用的固定液为 10％的福尔马林溶液。所用固定液应为组织块体积的 10 倍左右。一般把组织块浸入固定液后过夜，于第二天更换固定液一次，以便取得更好的固定效果。

3. 冲洗

固定后的组织块，应将固定液洗去。常用流水冲洗 12～24 h。及时冲洗有停止固定的作用，防止固定过度，有利于制片染色。

4. 脱水

常用的脱水剂为酒精。用从低浓度至高浓度的酒精逐渐脱尽组织中的水分。程序为 70％、80％、90％、95％、100％的酒精，各脱水 2～4 h，其中在 100％酒精中要进行两次各 2～4 h的脱水，以保障脱水完全。脱水的时间要适度，时间短，脱水不尽；若时间过长，则会促使组织收缩变硬。如中途因故不能进行下去，则可将组织退回 80％酒精中保存。

5. 透明

常用的透明剂为二甲苯。组织在二甲苯中停留的时间不宜过长，应根据不同组织而定，一般透明时间在 30 min 左右即可。在透明过程中，应不断观察组织内的酒精和二甲苯的交换情况，切勿透明过度。

6. 浸蜡

浸蜡的目的是以石蜡置换出组织块中的二甲苯，使较软的组织块变成有一定硬度的组织蜡块，以便切成薄片。浸蜡时，先将组织块放入二甲苯和石蜡各半的混合液中，于 52～58℃温箱中放置 1 h，然后将组织移入保持在 52～56℃温箱中的石蜡 2～3 h，一般更换石蜡 3 次总共 3 h 左右即可。浸蜡时间过长会造成组织脆硬，切片时易破碎；浸蜡时间短，则浸蜡不透，难以制成好的切片。

7. 包埋

取出已烘热的包埋框，随即将温箱中熔蜡缸中的熔蜡倒入包埋框中，再用加热的镊子取出组织块，将切面向下，平置于框底，用镊子轻轻压平，待包埋框内石蜡表面凝结成薄层，即可投入冷水中，使之迅速凝固。石蜡完全凝固后，用加热的外科刀片，按组织块位置将蜡块修整成大小相当、平整的方块备用。

8. 切片

在切片之前应先修块，将修好的蜡块固定在石蜡切片机上，将切片刀装在刀架上，刀刃与蜡块表面成 5°夹角，调整蜡块与刀至合适位置，使蜡块与刀刃接触。转动切片机转轮直至切出完整的切片，切片的厚度为 4～6 μm。切出蜡条之后，用毛笔轻轻托起，用眼科镊夹起，放入展片机中，展片的温度为 40℃左右。待切片完全展平后，即可进行分片和捞片。捞片后应立即写上编号，在空气中略微干燥后即可烤片。

9. 染色

组织切片先经二甲苯Ⅰ脱蜡 10～20 min，二甲苯Ⅱ脱蜡 5 min，然后分别放入 100%（两次）、95%、85%、70%酒精 2～5 min，水洗 2 min。水洗后将切片依次放入苏木精染液 1～5 min，自来水洗 3～5 min，1%盐酸酒精分化 20 s，自来水洗 1 min，1%稀氨水返蓝 30 s，自来水洗 5～10 min，伊红染色 20 s～5 min，自来水洗 30 s，85%酒精脱水 20 s，90%酒精 30 s，95%Ⅰ酒精 1 min，95%酒精Ⅱ 1 min，无水乙醇Ⅰ 2 min，无水乙醇Ⅱ 2 min，二甲苯Ⅰ 2 min，二甲苯Ⅱ 2 min，二甲苯Ⅲ 2 min。

10. 封片

将已透明的切片从二甲苯中取出，适当擦去二甲苯，在切片部位，滴一滴中性树胶，随即用盖玻片盖上，轻压，排出气泡。贴上标签，送恒温箱中烤干。

一个质量较好的常规石蜡切片应符合以下标准：切片完整，厚度 4～6 μm，厚薄均匀，无褶皱，无刀痕；染色核浆分明，红蓝适度，透明洁净，封裱美观。

【实训报告】 按要求自行制备一片病理组织石蜡切片。

附:实践技能考核项目

序号	项目名称	考核内容	考核方法	评分等级及标准
一	病理检查技术	(一)尸体剖检准备 1. 剖检时间、场地选择 2. 剖检器材、药品准备 3. 剖检人员自我防护 4. 尸体运送 5. 剖检记录用品准备	(猪、牛、羊、禽、马)以实际操作为主,另加口试	优:能独立正确完成各项准备工作 良:能独立正确完成大部分准备工作 及格:能完成大部分准备工作,部分环节有错误 不及格:不能独立完成准备工作
		(二)尸体剖检术式 1. 剖检前尸体检查 2. 剖检步骤、方法 3. 器官检查与采出 4. 病变描述与记录		优:方法正确,操作规范、熟练 良:操作基本正确,个别环节不规范 及格:操作不熟练,某些环节有错误 不及格:基本没有掌握剖检术式
		(三)病料的采集、包装和送检 1. 用于微生物检查的病料 2. 用于病理检查的病料 3. 用于毒物检查的病料		优:方法正确、熟练 良:方法基本正确,个别环节有错误 及格:方法大部分正确,小部分错误 不及格:操作方法大部分不正确
		(四)尸体处理 1. 挖坑掩埋法 2. 毁尸焚烧法 3. 发酵腐败法		优:正确掌握三种处理方法 良:较正确掌握三种处理方法 及格:基本正确掌握三种处理方法 不及格:一种或一种以上处理方法不正确
二	病变识别技术	1. 局部血液循环障碍病变识别 2. 组织细胞损伤病变识别 3. 各种炎症病变识别 4. 常见肿瘤病变识别 5. 其他异常病变识别	大体标本、切片和尸体剖检病例观察	优:病变识别正确率90%以上 良:病变识别正确率80%以上 及格:病变识别正确率60%以上 不及格:病变识别正确率60%以下
三	病理分析技术	1. 分析病变的形成过程 2. 分析疾病的原因 3. 分析病理过程发展趋势 4. 提出防治原则	临床病例	优:分析全面、正确,有理有据,符合实际 良:分析思路正确,与实际基本一致 及格:掌握分析方法,不准确 不及格:不会分析或与实际完全不一致

参考文献

[1] 陈怀涛,等.兽医病理学.北京:中国农业出版社,2005.

[2] 赵德明.兽医病理学.2 版.北京:中国农业大学出版社,2005.

[3] 甘孟侯.中国禽病学. 北京:中国农业出版社,2000.

[4] 李玉林.病理学.7 版.北京:人民卫生出版社,2008.

[5] 林曦.家畜病理学.3 版.北京:中国农业出版社,1999.

[6] 陆桂平. 动物病理.北京:中国农业出版社,2001.

[7] 武忠弼,等.病理学.3 版.北京:人民卫生出版社,1992.

[8] 张荣臻.家畜病理学.北京: 农业出版社,1981.

[9] 张书霞.兽医病理生理学.3 版.北京:中国农业出版社,2005.

[10] 郑明学.兽医临床病理解剖学.北京:中国农业大学出版社,2008.

[11] 郑世民,等.动物病理生理学.哈尔滨:黑龙江教育出版社,2007.

[12] 周铁忠,陆桂平.动物病理.2 版.北京:中国农业出版社,2006.

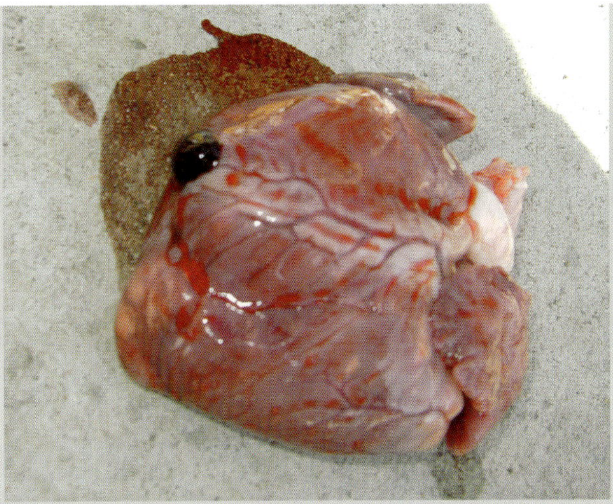

彩图1　猪口蹄疫　心肌炎

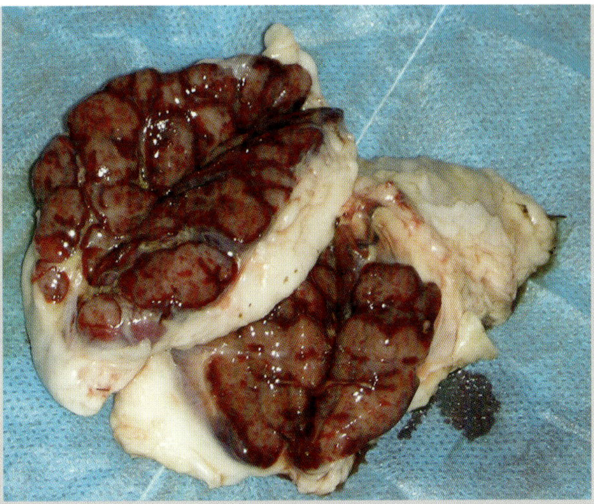

彩图2　猪瘟　出血性淋巴结炎

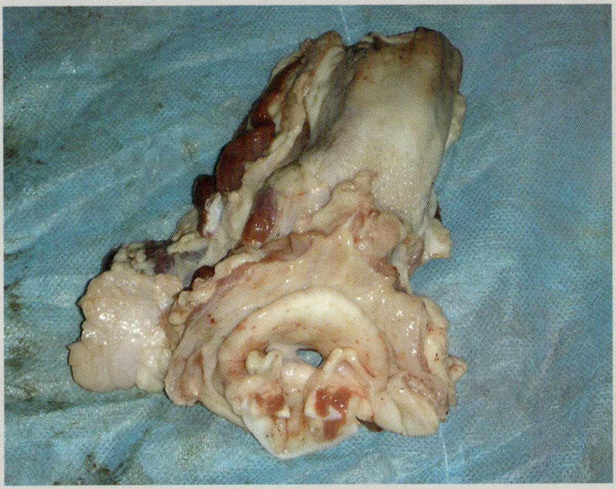

彩图3　猪瘟　会厌黏膜的出血点

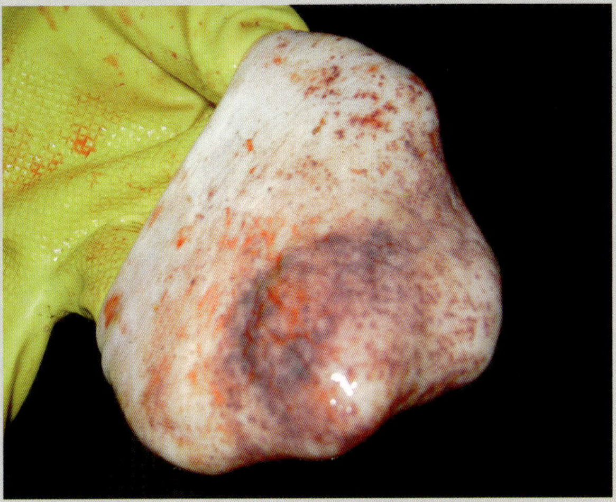

彩图4　猪瘟　膀胱黏膜的出血点

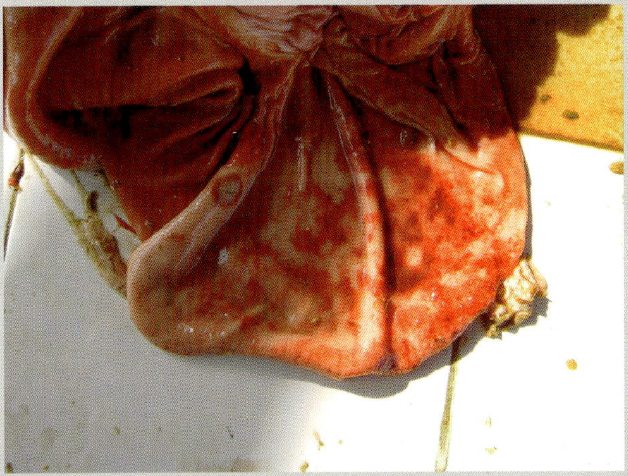

彩图5　猪瘟　胃黏膜的出血与溃疡

彩图6　猪胃溃疡

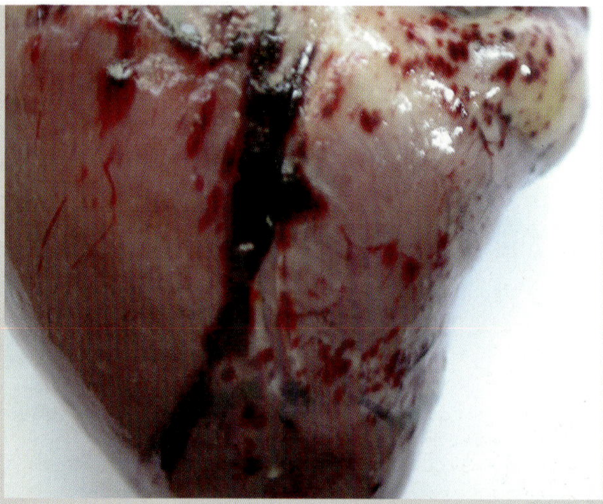

彩图7　心肌出血　（李承明提供）

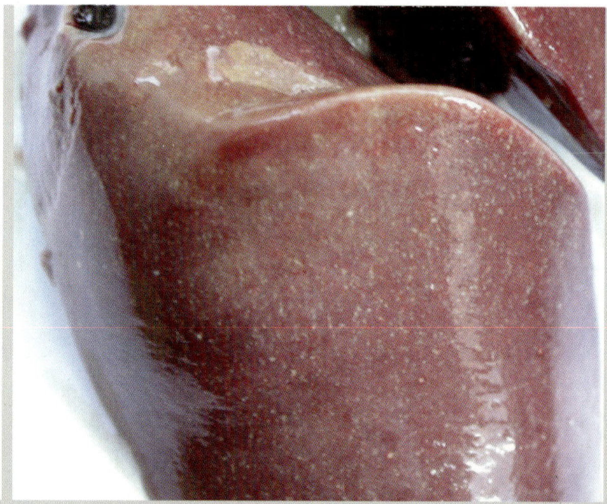

彩图8　肝脏坏死灶（李承明提供）

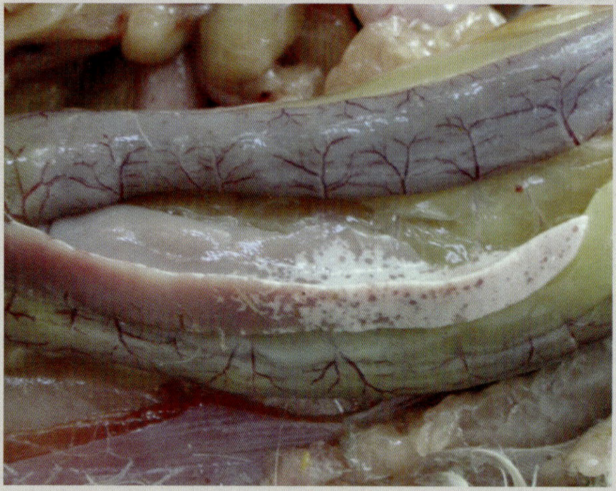

彩图9　胰腺坏死（李承明提供）

彩图10　鹅肌胃切面的坏死灶

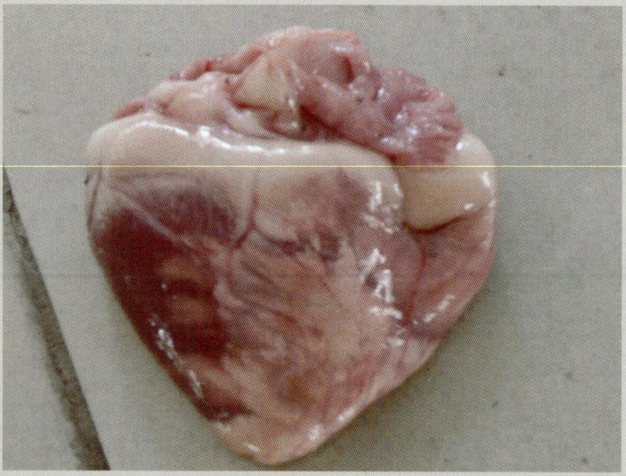

彩图11　羊缺硒　心脏

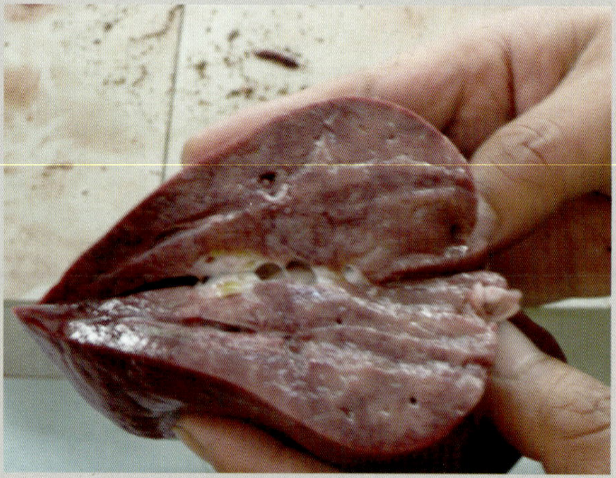

彩图12　羊缺硒　肝脏